I0033327

Lorenz von Pansner

Versuch einer Monographie der Stachelbeeren

Verlag
der
Wissenschaften

Lorenz von Pansner

Versuch einer Monographie der Stachelbeeren

ISBN/EAN: 9783957002327

Auflage: 1

Erscheinungsjahr: 2014

Erscheinungsort: Norderstedt, Deutschland

Hergestellt in Europa, USA, Kanada, Australien, Japan
Verlag der Wissenschaften in Hansebooks GmbH, Norderstedt

Cover: Foto ©SueSchi / pixelio.de

Versuch

einer

Monographie der Stachelbeeren

des sel.

Dr. Lorenz v. Panzner,

Kaiserl. Russ. Staatsrath, Ritter u. s. w.

— ⚜ —

Bearbeitet und geordnet

von

Heinrich Maurer,

Handelsgärtner in Jena.

Jena,

bei Carl Doebereiner.

1852.

Nach einem arbeitsreichen Leben erlöste heute Morgen um 3 Uhr ein sanfter Tod unsern inniggeliebten Vater, den

Grossh. Sächs. Hofgärtner

Heinrich Maurer

von seinen schweren Leiden.

Schmerzerfüllt zeigen dies ergebenst an

Jena, Cossebaude,
den 6. September 1885

seine trauernden Söhne

L. Maurer,
Grossh. Garteninspector;

K. Maurer,
Handelsgärtner.

Vorbemerkung.

Beauftragt von den Erben des hochverdienten fel. Herrn Staatsraths Ritter v. Pansner die Bearbeitung der von ihm hinterlassenen Materialien zu einer Monographie der Stachelbeeren zu übernehmen, bin ich diesem Wunsche um so lieber gefolgt, als das freundliche Wohlwollen, dessen mich der Verstorbene würdigte und mein eigenes Interesse für Beerenobst im Allgemeinen hinreichend Veranlassung dazu gaben.

Die Pietät, womit man besonders in neuerer Zeit das Andenken werther und um irgend einen Gegenstand verdienter Männer zu ehren bemüht ist, wird nicht nur das Bestreben der Hinterlassenen entschuldigen ihm ein letztes Denkmal hiermit aufrichten zu wollen, als auch mich, daß ich mich diesem Auftrage unterzogen habe.

Möge diese Arbeit als ein anregendes Mittel dastehen, bis es Erfahrenern gelingt, etwas Vollendeteres zu bieten.

Ausgedehntere Zusätze und umfassend verbessernde Aenderungen zu machen habe ich mir nicht erlaubt, damit Freunde und Bekannte des Verstorbenen ihn selbst wieder erkennen mögen.

Indem ich die Nachsicht der Kenner in Anspruch nehme, wünsche ich von Herzen, daß die wirklich außerordentlichen Bemühungen des sel. Herrn Verfassers auf einem noch unbearbeiteten Felde gehörig erkannt und gewürdigt werden möchten.

Jena, im December 1851.

H. Maurer.

Vorrede des Verfassers.

Im Jahre 1846 ließ ich den ersten Versuch einer systematischen Anordnung der Stachelbeersorten als Manuscript drucken, jedoch nur in wenigen Exemplaren, und vertheilte solche an Freunde, allgemein bekannte Pomologen und einige Gartenbauvereine. Ungeachtet dieser erste Versuch noch sehr unvollkommen und mangelhaft ist, so schenkten ihm doch mehrere Kenner öffentlich in einigen Zeitschriften, so wie auch in Briefen an mich ihren Beifall.

Diesen ersten Versuch würde ich gern besser und vollkommener geliefert haben, wenn ich reichere Stachelbeeranpflanzungen und mehrere gute Vorarbeiten Anderer dazu hätte benutzen können, die ich in der Vorerinnerung des kleinen Werkchens angezeigt habe.

Bei der Bearbeitung dieser neuen systematischen Anordnung standen mir ungleich mehr Hülfsmittel zu Gebote. Seit fünf Jahren hat sich meine Stachelbeeranpflanzung gar sehr vermehrt. Ich zähle jetzt in meinem Garten an 650 Stachelbeerbäumchen, unter welchen an 400 verschiedene

Sorten, die ich theils als Geschenke vom Herrn Geh. Rath
v. Struve, Kaiserl. Russ. Minister in Hamburg, theils auch
durch Tausch aus Frauendorf, Jena, Daschütz, Erfurt,
Köstritz u. s. w. erhielt.

Bei der Menge der Stöcke, deren Früchte fast zu einer
Zeit reifen, wäre es mir nicht möglich gewesen, in der kurzen Zeit alle allein zu untersuchen und von allen genaue Beschreibungen zu machen, wenn mir nicht der hiesige Künstler,
Herr Krighoff, drei Sommer nach einander freundlich bei-
gestanden hätte. Seiner getreuen Mithülfe verdanke ich es,
daß ich die Beeren der neuangepflanzten Stöcke untersuchen
und beschreiben, und alle schon früher gemachten Beschreibungen jedes Jahres revidiren konnte, bei welcher letztern
Arbeit wir zu unserer größten Freude nur sehr wenig zu
verbessern fanden.

In den verschiedenen Sendungen von Stachelbeersorten
hatte ich oft mehrere unter einerlei Namen erhalten, so daß
ich von mancher Sorte 2, 3, 4, ja 5 Exemplare zu haben
glaubte. Bei der Untersuchung der Früchte zeigte sich aber
wenig Uebereinstimmung und manche Beere, welche roth sein
sollte, war grün u. s. w. Ich hatte also nun die Aufgabe,
nicht blos den wahren Namen der Sorte ausfindig zu machen,
sondern auch die Richtigkeit des Namens jeder Sorte zu
prüfen.

In meinem ersten Versuche sind viele beschriebene
Sorten ganz falsch benannt. Denn beim Bearbeiten desselben

kannte ich noch kein anderes Hülfsmittel, als das Werk des
Pfarrers Christ *), und dieses war sehr unzureichend zur
Ausführung der richtigen Namen. Erst später, nach Beendi-
gung des Drucks, wurde ich in Stand gesetzt, den richtigen
Namen vieler Sorten zu finden, da mir der Herr Geh.
Rath v. Struve in Hamburg das Verzeichniß der Früchte
u. s. w. der Londoner Gartenbaugesellschaft mittheilte.

Dieses Verzeichniß erschien schon im Jahre 1842 in
London unter dem Titel: A Catalogue of the Fruits
cultivated in the Garden of the Horticultural Society of London. Third Edition. In der Vorrede
ist angezeigt, daß Herr Robert Thompson, Oberaufseher
in dem Garten des Vereins, dessen Fleiß und pomologische
Kenntnisse gerühmt werden, diesen Katalog verfaßt habe.
Die Stachelbeeren (304 Sorten) findet man in demselben von
Seite 71 bis 80 verzeichnet und beschrieben. Das Verzeichniß ist in alphabetischer Ordnung. Bei jeder Sorte findet
man in mehrern Columnen die Haupt- und einige besondere
Kennzeichen. Nach den angegebenen Hauptkennzeichen nach
Farbe, Beschaffenheit der Oberfläche und Form der Beeren
habe ich, bald nach Empfang dieses gedruckten Verzeichnisses,
die Sorten systematisch geordnet und diese Anordnung in
deutscher Sprache unter dem Titel: Englische Stachelbeersorten kurz beschrieben von R. Thompson, im
Jahre 1846 auf einen Bogen drucken lassen. — Da Thomp-

---

*) Handbuch über die Obstbaumzucht und Obstlehre von J. L. Christ.
Frankfurt a. M., 1817. 4te Aufl.

son ein wahrer Sachkundiger ist und in seiner Stellung jede Sorte echt und mit dem richtigen Namen erhalten konnte, so muß man wohl die Namen der von ihm beschriebenen Sorten als richtig anerkennen, und die Ansicht derer, die man unter irgend einem in seinem Verzeichnisse vorkommenden Namen erhält, nach den von ihm angegebenen Kennzeichen prüfen, welches ich bei meinen Sorten mit aller Sorgfalt um so eher thun zu müssen glaubte, da dieses Verzeichniß, so wie auch die letzte Ausgabe von **Downing's Fruits and Fruit Trees of America**, von mehrern amerikanischen Gartenbaugesellschaften als vollgültige Autorität erkannt worden ist.

Bei dieser genauen Prüfung fand ich, daß ein großer Theil von meinen Sorten richtig benannt war, ein anderer Theil zwar einen falschen Namen hatte, aber doch der wahre Name aufgefunden wurde, ein dritter Theil aber auch falsch benannt war, jedoch der wahre Name derselben nicht ausfindig gemacht werden konnte. Die Beschreibung dieser letztern habe ich mit den falschen Namen in die Anordnung aufgenommen, aber denselben nicht blos mit !? bezeichnet, sondern ihn auch noch in Klammern eingeschlossen. Den wahren Namen ausfindig zu machen, bleibt fernern Untersuchungen vorbehalten.

Von gedruckten Hülfsmitteln benutzte ich, außer den schon angegebenen Schriften von Christ und Thompson, noch den weitläuftigen Artikel Stachelbeeren im Hauslerikon 7ter Theil, ferner die Werke von Dittrich und

Rubens *). In den beiden ersten oben angezeigten Schriften sind blos die Beschreibungen von Christ copirt, Rubens aber liefert nicht blos eben dieselben, sondern auch mehrere neue und zwar zusammen von 98 Sorten englischen Stachelbeeren.

Außerdem erhielt ich noch einen sehr schönen reichen Beitrag von Beschreibung vieler, mir früher nur dem Namen nach bekannt gewesener Sorten von Herrn Eugen Fürst zu Frauendorf, der mir aus der Nachlassenschaft seines Vaters eine Sammlung von 245 Blättern Abbildung von Stachelbeeren zur Benutzung gefälligst überschickte. In dieser Sammlung ist jede Sorte auf einem Octavblatte, an einem Zweige hängend, nebst Stacheln und einigen Blättern farbig dargestellt, und unter jeder Abbildung ist die Beschreibung derselben ganz in der Art, wie sie früher Pfarrer Christ gemacht hat. Mehrere davon stimmen mit frühern anderweitigen Beschreibungen ganz überein, die meisten aber sind neu und namentlich von den Sorten, welche in der Frauendorfer Allgem. Deutschen Gartenzeitung (1827. Nr. 28. S. 217—223) verzeichnet, und wo 119 Sorten mit Klose's Namen bezeichnet sind.

Alle in den angezeigten Quellen sich findenden längere und kürzere Beschreibungen von Stachelbeersorten habe ich,

---

*) Systematisches Handbuch der Obstkunde ⁊c. von J. G. Dittrich. 3ter Band. Jena, Mauke, 1841.

Vollständige Anleitung zur Obstbaumzucht ⁊c. von F. Rubens. 2ter Band. Essen, Bädeker, 1841.

wenn nur die allgemeinen Kennzeichen: Farbe, Beschaf=
fenheit der Oberfläche und Gestalt angegeben wa=
ren, mit meinen Beschreibungen in dieser systematischen An=
ordnung zu vereinigen gesucht.

Den Verfasser einer jeden hier vorkommenden Beschrei=
bung kann man leicht erkennen. Meine Beschreibungen unter=
scheiden sich durch die Angabe der Größe und Schwere der
Früchte und durch größere Vollständigkeit; bei denen von
Thompson ist immer die von ihm beachtete Richtung der
Zweige des Strauchs angegeben; bei den von Fürst erhalte=
nen und bei ihm in Abbildung befindlichen ist im alphabeti=
schen Register ein **F.** gesetzt; die übrigen ohne besondere
Merkmale sind von Christ, Dittrich und Rubens. —
Die Beschreibungen Anderer habe ich aus Mangel an Mitteln
zur Prüfung der Richtigkeit derselben, auf Treu und Glauben
als richtig aufgenommen und sie so, wie ich sie vorfand,
treu wieder gegeben, jedoch ohne die Richtigkeit derselben zu
verbürgen. Blos bei den von Fürst erhaltenen habe ich mir
in der Angabe der Gestalt eine Berichtigung erlaubt. Sie ist
bei vielen Sorten als länglich bezeichnet, aber bei genauer
Betrachtung der Abbildung zeigte sich das Elliptische,
Ovale oder Birnförmige, welches ich an dem gehöri=
gen Orte statt des unbestimmten Länglich setzte *).

---

*) Da ich die Sorten, deren wahre Gestalt von den ältern Pomologen
nicht genau bestimmt, sondern blos als länglich bezeichnet ist, in die systemati=
sche Anordnung auch mit aufnehmen zu müssen glaubte, so war ich genöthigt, in
derselben die Abtheilung: länglich beizubehalten, in der sie so lange bleiben

Das beigefügte alphabetische Register dient zur Auffindung der Namen der beschriebenen Sorten in der systematischen Anordnung. Man merke nur auf die beigesetzten Hauptkennzeichen, welche anzeigen, in welcher Abtheilung man den Namen aufzusuchen hat.

Außerdem sind in dieses Register auch noch alle andern Namen der Stachelbeersorten eingereiht, die ich nur habe auffinden können, und bei jedem sind die wenigen mir bekannt gewordenen Kennzeichen derselben gesetzt, die aber nicht genügten, um diese Sorten in die systematische Anordnung aufnehmen zu können.

Diese letztern Namen sind fast insgesammt aus handschriftlichen und gedruckten Verzeichnissen englischer, französischer und deutscher Handelsgärtner mit unsäglicher Geduld und Mühe zusammengetragen. In diesen Verzeichnissen, besonders denen der deutschen Handelsgärtner, sind oft die englischen Namen so arg verstümmelt, daß es dem sachkundigsten und scharfsinnigsten Entzifferer nicht möglich ist, den wahren Namen aus der Hieroglyphe herzustellen, deßhalb habe ich eine Menge solcher verstümmelter Namen ganz weggelassen, jedoch einige in die systematische Anordnung aufgenommen, von welchen ich die Beere beschrieben habe, aber solche mit einem Fragzeichen bezeichnet.

---

müssen, bis man durch die Bestimmung ihrer wahren Form ihnen die gehörige Stelle anweisen kann.

Dem Vorgange Christs, den englischen Namen der Stachelbeersorten deutsche Namen beizufügen, glaubte ich um so unbedenklicher folgen zu dürfen, da wir noch gar keine besondern deutschen Namen für die verschiedenen englischen Stachelbeersorten haben. Kein Wunder ist es, daß uns diese bis jetzt noch ganz fehlen, da die deutschen Gärtner die Stachelbeersorten von den Engländern verschrieben, solche mit dem englischen Namen erhalten und fortpflanzen, jedoch ohne an die Cultur derselben zu denken, wozu es ihnen aber auch an Aufmunterung fehlt, die dagegen den Stachelbeer-züchtern in England auf mancherlei Weise im vollen Maaße zu Theil wird.

Indessen ist zu hoffen, daß unsere deutschen Pomologen, die doch schon mehrere Abtheilungen der Pomologie bearbeitet haben, die bis jetzt sehr vernachläßigte Abtheilung über die Stachelbeeren in Zukunft mehr beachten, die schon in Deutschland befindlichen Sorten, unter welchen gar schöne kostbare, so wie auch die sogenannten deutschen Stachelbeeren und die Sämlinge mehr ihrer Aufmerksamkeit würdigen, die Cultur derselben nach Kräften befördern, und dann durch Beihülfe mehrerer charakteristischer Kennzeichen und einer vollkommenen Terminologie, bessere und umfassendere Beschreibungen und eine vollkommnere systematische Zusammenstellung der vielen verschiedenen Sorten liefern werden, als ich jetzt zu geben vermag. Dieses ist aber nicht so schnell gemacht, sondern verlangt Zeit und kostet auch einen ziemlichen Aufwand von Mühe, Arbeit und Geduld. Alsdann ist aber zu wünschen, daß sich mit diesem Gegenstande ein Mann befasse, der für denselben eben das leistet, was wir dem thätigen und gelehrten Oken für die gesammte Naturgeschichte verdanken.

Der Anhang, enthaltend die richtige Aussprache der hier vorkommenden englischen Wörter und Eigennamen für Deutsche, die ich dem Herrn **Dr. Piutti,** Arzt bei der Wasserheilanstalt in Elgersburg, verdankte, wird meinen der englischen Sprache unkundigen Landsleuten, welche die englischen Namen doch richtig auszusprechen wünschen, hoffentlich willkommen sein.

Blos auf Zureden einiger Freunde, die mein Zögern der Herausgabe dieser Schrift mißbilligten, mich auf meine vorgerückten Lebensjahre und meinem eben nicht noch ein langes Leben versprechenden Gesundheitszustand aufmerksam machten und meinten, daß es doch Schade wäre, wenn die in so vielen Jahren mühsam gesammelten Beobachtungen rc. nach meinem vielleicht unerwartet schnellen Tode in die Hände Unkundiger fallen, oder gar verloren gehen sollten, entschloß ich mich, diese Schrift dem Publikum zu übergeben, jedoch mit dem festen Vorsatze, sie, so lange es mir noch möglich ist, durch Beobachtungen rc. immer der Vollständigkeit und Vollkommenheit näher zu bringen. Zu diesem Zwecke werde ich auch jede freundliche Erinnerung, gefällige Mittheilung und Bemerkung über nöthige Verbesserungen von Sachkundigen sehr dankbar annehmen und benutzen. —

Schenkt mir der gütige Himmel noch einige Jahre, und Kraft und Lust zur Arbeit, so hoffe ich auch noch die vielen, aus einer Menge Schriften gesammelten Notizen, so wie auch die eigenen Erfahrungen und Beobachtungen über die Zucht und Cultur der Stachelbeeren in ein Ganzes verarbeiten zu können.

Arnstadt, im December 1850.

Dr. L. v. Pansner.

Inhaltsverzeichniß.

Einleitung.

Da die systematische Anordnung der sehr verschiedenen, bis jetzt bekannten Stachelbeersorten auf die genaue Kenntniß der Stachelbeerfrüchte und ihren mannigfaltigen, genau zu bestimmenden Kennzeichen beruht, so müssen wir zuerst die Beeren im Allgemeinen näher betrachten, ehe wir die Kennzeichen derselben einzeln angeben und solche mit passenden und bestimmten Ausdrücken bezeichnen.

Bekanntlich gehört die Stachelbeerpflanze zu denjenigen Gesträuchen, deren Knospen am Ende des Winters stark anschwellen, aus welchen dann, nach dem Verschwinden des Schnees und beim Eintritt gelinder Witterung, im März und April, die jungen Blätter zugleich mit den Blüthenknospen, bei einigen Stöcken jedoch früher, bei andern später, aus einem dornigen Blattwulste hervorbrechen. Mit dem fernern schnellen Wachsen der Blätter entwickelt sich zugleich auch aus den Blüthenknospen die auf dem Fruchtknoten sitzende Blume.

Der Kelch der Blume ist einblättrig, aufgeblasen und in 5 zurückgebogene Einschnitte getheilt. Die Blume hat 5 kleine, zugestumpfte, aufwärts stehende, bunte Blätter, die mit dem Rande des Kelchs verwachsen sind und in selbiger abwechselnd mit und zwischen den Blumenblättern, 5 pfriemenförmige Staubfäden mit dicht aufliegenden und am Rande aufgesperrten Staubbeuteln, in deren Mitte ein zweispaltiger Stempel.

Die Blume fällt nach Beendigung der Befruchtung nicht ab, sondern bleibt fest auf dem Fruchtknoten sitzen, aber sie verändert ihre Farbe, wird trocken, und die zurückgebogenen Einschnitte des Kelchs richten sich auf, werden dunkel und lederartig, umschließen das Innere der Blume und bilden nun den sogenannten Butzen oder Schnuppen.

1

Der Fruchtknoten, die zukünftige Beere, ist vom ersten Erscheinen desselben an, grün, bei einigen Sorten ganz rund, bei andern länglich und zeigt schon im Werden zum Theil die Gestalt, welche die Beere bei der Reife erlangt, zum Theil auch die Beschaffenheit der äußern Oberfläche derselben, ob sie glatt oder rauh sein wird. Die Beeren wachsen ziemlich schnell, behalten aber ihre grüne Färbung so lange, bis sie der Reife näher entgegen gehen. Die vollkommene Reife erfolgt ohngefähr 4 Monate nach der Blüthe. Alsdann zeigen die Beeren ihre eigenthümliche Farbe der Haut, sowie auch mehrere Adern.

Bei der Beschreibung der Stachelbeeren haben schon frühere Pomologen den Ausdruck „Adern" gebraucht, den ich in eben dem Sinne beibehalte. Nur zuweilen hat man die Wörter Rippen, Nerven, als gleichbedeutend gebraucht. Man versteht darunter bei reifen Beeren mehrere Streifen, welche beim Stiele oder nahe bei demselben anfangen, in gerader Linie nach der Blume zugehen und zwar vorzüglich an der obern Hälfte der Beeren in gleicher Entfernung von einander, bei der Blume zusammenstoßen und also die Beeren in ihrer Längenrichtung so umschließen, wie die, die Meridiane vorstellenden Linien, einen Globus.

Diese Adern sind im Innern der Haut ansitzende oder wandständige, undurchsichtige Rippen, haben zwar einerlei, aber von der der Haut verschiedene Farbe, jedoch unterscheiden sich 2 derselben von den übrigen durch ihre größere Dicke und ihren Ursprung. Diese 2 stärkern oder dickern und breitern stehen einander gegenüber und theilen die Beere in ihrer Längenrichtung in 2 gleiche Hälften. Sie bilden den Mutterkuchen oder die wandständigen Samenträger, längs welchen man, bei reifen sehr stark durchscheinenden Beeren in kleinen Distanzen Büschel von einigen Fäden entdeckt, die, in der viel Saft enthaltenden Fleischmasse nach der Mitte zugehend, sich in horizontalen Schichten über einander strahlenförmig ausbreiten und an deren Spitzen länglich runde, plattgedrückte Samenkörner sitzen, die gleichsam 2 sehr nahe einander gegenüber stehende gerade Wände bilden.

Gelegentlich bemerke ich hier, daß bei einigen wenigen runden Sorten diese Samenträger verkürzt vorkommen. Die Beeren erhalten dadurch das Ansehen, als ob man sie in der Richtung vom Stiele zur Schnuppe mit einem feinen Bande zusammen geschnürt hätte und die beiden Hälften aufgeschwollen wären. Rund um die Beere ist über den Samenträgern eine ziemlich tiefe Furche.

Die 4 andern Adern auf jeder Seite zwischen den Samenträgern unterscheiden sich von diesen dadurch, daß die im Innern der Haut wandständigen runden Rippen oder Nerven weit schwächer (etwa von der Dicke einer Schweinsborste) sind und 2 von ihnen unten beim Stiele am Mutterkuchen, die 2 andern ebenfalls am Stiele, aber ganz nahe bei den Samenträgern, oder auch zuweilen etwas höher hinauf an denselben entspringen, zuerst gebogen sind, bis sie, wie schon oben bemerkt wurde, ohngefähr in der Hälfte der Beere alle nebst den Samenträgern in gleiche Entfernung von einander kommen, die sie bis zur Spitze (Blume) beibehalten.

Längs diesen Adern sind auf der Haut der Beere eine Menge **Punkte** (vielleicht Drüsen oder Warzen). Die größten derselben haben den Durchmesser von circa den hundertsten Theil eines Zolles, andere sind aber so klein, daß man sie kaum mit unbewaffneten Augen erkennen kann. Sie sind rund, oval, vor der Reife der Beere etwas erhaben und grün, bei reifen Beeren aber platt und von Farbe gelblich, weißlich und röthlich. Die Umwandlung tritt bei den Punkten näher nach der Blume zu früher ein, als bei denen näher nach dem Stiele zu, welche letztere oft noch grün sind, wenn die Umwandlung der erstern schon geschehen ist. Sie stehen nicht regelmäßig beisammen, sondern meistens in kleinen Parthieen, oder auch ganz einzeln, nur selten sind sie perlschnurförmig nahe bei einander stehend auf den Adern. Sie kommen auch nicht in gleicher Menge auf den Beeren vor; einige Sorten haben viele, andere nur wenige solche Punkte.

Die das Innere der Beere ausfüllende, durchscheinende Fleischmasse, besteht aus Zellgewebe, in dessen Zellen sich eine Flüssigkeit, der Stachelbeersaft befindet, der sich durch einen eigenthümlichen

1*

Geruch und einen eigenthümlichen, obgleich verschiedenen, meistens aber angenehmen Geschmack auszeichnet, nach welchem letztern man den Werth, die Qualität jeder Beerensorte taxirt.

Zur Unterscheidung und Beschreibung der verschiedenen Stachelbeersorten sind folgende Kennzeichen genau zu beobachten:

1) die Farbe,
2) die Beschaffenheit der Oberfläche,
3) die Gestalt,
4) die Größe und das Gewicht,
5) die Zeit der Blüthe und Reise,
6) die Beschaffenheit des Stiels der Beeren.
7) die Blätter,
8) die Zweige,
9) die Stacheln,
10) der Habitus des Strauchs im Allgemeinen.

1) Die Farbe.

Bei den Stachelbeeren hat man zu sehen auf die Färbung der Haut, der Adern und der Haare.

Ihre Hauptfarben sind: roth, grün, gelb und weiß. Bei diesen Arten der Farben bestimmt man zuweilen noch die Höhe oder Intensität derselben durch die Wörter hell und dunkel, welche man vorsetzt, z. B. dunkelgrün, hellroth. Es kommen bei den der freien Einwirkung der Sommerhitze ausgesetzten Beeren, besonders aber bei den überreisen, welche dunkel werden, Uebergänge aus einer Farbe in die andere vor; z. B. bei den Rothen in's Braune oder Schwarze.

Nicht selten ist die Färbung der Beere bei der Blume verschieden, gewöhnlich lichter, und diese Verschiedenheit ist auch noch zu bemerken.

Manche Beeren sind auf der Oberfläche der Haut nicht ganz einfarbig, sondern haben Punkte, Flecken, Streifen von verschie=

denen Farben, besonders aber roth — und sind also bunt, besonders
auf der Sonnenseite. Diese Farbenzeichnung kommt insgemein
bei gelben und weißen Sorten vor.

Die Farbe der Haut über den Samenträgern und
Adern ist gewöhnlich verschieden von der ganzen Oberfläche, ins=
gemein etwas lichter, zuweilen aber verschieden, wird aber eben so
bestimmt, wie die Farbe der ganzen Oberfläche der Beere.

Die Farbe der über den Adern befindlichen, kaum Ein=
hunderttheil einer Linie im Durchmesser haltenden, oft mikroskopischen
Punkte ist ebenfalls zu bemerken und anzugeben. Diese Punkte
(wahrscheinlich Drüsen) sind insgesammt ganz undurchsichtig, aber
immer verschieden von der Farbe der Haut und der Adern, am Häu=
figsten gelblich und weißlich.

Bei den rauhen und haarigen Beeren ist die Farbe der Haare
zu beobachten, und zwar von der ersten Entwickelung der Beere an.
Bei einer weißen runden Sorte fand ich, eine seltene Erscheinung,
daß die Haare auf den kaum hervorgetretenen Fruchtknoten das
schönste Scharlachroth zeigten, welches aber beim fernern Wachsen
der Beere bald verschwand. Die Haare wurden weiß. Diese Beere
ist an einem selbstgezogenen Sämling erwachsen, den ich deßhalb mit
dem Namen die Veränderliche belegte.

2) Beschaffenheit der Oberfläche.

Die deutschen pomologischen Schriftsteller gebrauchen bei der Be=
schreibung der Oberfläche gewöhnlich blos die Ausdrücke, glatt
und haarig und zuweilen starkbehaart und geben zuweilen die
Farbe der Haare an.

Nach Thompson ist die Beschaffenheit der Oberfläche der Stachel=
beeren entweder glatt, oder wollig, oder auch haarig. — In=
dessen scheint diese Bestimmung nicht ganz consequent, indem die
Wolle auch zu den Haaren gehört, und das Wollige feinhaarig ist
und überdem auf den von ihm als wollig bezeichneten Beeren oft

auch längere und steife Haare zugleich zerstreut und einzeln vorkom=
men, so daß man solche Sorten zu den wolligen und haarigen zählen
kann. Es scheint daher besser und bestimmter zu sein, wenn man
blos zweierlei Beschaffenheiten der Oberfläche annimmt, nämlich:
glatt und haarig.

Glatt nennt man die Beere, wenn man auf ihrer Oberfläche
mit unbewaffneten Augen keine Haare bemerkt. In diesem Falle ist
die Beere auch mehr oder weniger glänzend. — Ganz voll=
kommen glatt ist wohl selten eine Beere, indem man bei vielen ganz
glatt scheinenden, mit einer Loupe, eine sehr feine Wolle erblickt.

Bei den mit Haaren besetzten (haarigen) Beeren hat man
zu sehen

1) auf die Stärke der Haare, welche entweder schwach, oder
mehr oder weniger stark sind. Die schwachen sind meistens
weich und gekrümmt, wie Wolle, wollig, die starken
aber gerade, an der Basis und an der Spitze steif und
dornenartig, kegelförmig und sind nicht selten oben und
unten von verschiedener Farbe;

2) auf die Länge der Haare, da man kurze und lange an=
nimmt. Die Größe der längsten beträgt etwa 1½ Linie. Die
Begriffe sind zwar relativ, aber durch die Uebung im Unter=
suchen lernt man bald mehr oder weniger lange Haare unter=
scheiden;

3) auf die Menge der Haare, nach welcher die Beeren mit
vielen oder wenigen Haaren besetzt, also dicht= oder
dünnbehaart sind;

4) auf die Vertheilung der Haare, indem sie entweder einzeln
stehen und unregelmäßig vertheilt sind, oder beinahe regel=
mäßig neben einander stehen, welches bei den dichtbehaarten
der Fall ist;

5) auf die Farbe der Haare, die man eben so bestimmt, wie
die der Haut;

6) auf die Spitze der Haare, welche nicht selten mit einer knopf=

förmigen weißen, durchsichtigen, oder auch farbigen Drüse besetzt ist.

Thompson erwähnt von den oben angezeigten Merkmalen oder Kennzeichen, die man bei der genauen Betrachtung der Haare findet, gar nichts.

3) Die Gestalt.

Die Form der Stachelbeeren ist immer rund, und zwar entweder kuglich, oder langgestreckt. Zur Bestimmung der Gestalt nehme man zwei durch die Mitte der Beere gehende Linien an, und zwar die eine vom Stiele bis zur Blume, welche die Länge bestimmt, und nenne solche die Längenachse; die andere aber, welche die erstere rechtwinklich durchschneidet und die Dicke anzeigt, und nenne diese die Querachse.

Ferner denke man sich zwei Durchschnitte der Beere in der Richtung der Achsen u. s. w.

Thompson nimmt bei seiner Beschreibung der Stachelbeeren folgende Gestalten derselben an:

„round, roundish, roundish oblong, oblong, oval, obovate, ovale.“

Es ist zu bedauern, daß er keine Erläuterung dieser seiner Terminologie giebt. Wie es scheint, so hat er dieselbe von der entlehnt, deren man sich zur Beschreibung der Gestalt der Blätter bedient, welches sehr wohl geschehen kann, wenn man nur die Begriffe, die man mit jedem Ausdrucke verbinden muß, genau bestimmt, und sie bei der Bestimmung der Gestalt der Beeren anwenden kann. Was er nun unter roundish oblong und oblong versteht, ist wahrlich nicht klar. Oblong nennen nur Botaniker ein Blatt, dessen Längendurchmesser den Breitendurchmesser nicht mehr als um das Doppelte übersteigt; andere aber nennen ein Blatt oblong, wenn der Längendurchmesser mehr als das Doppelte des Breitendurchmessers hält, aber Stachelbeere mit einem solchen Umrisse hat man noch gar nicht. — Zu der ersten Erklärung würde das oval gehören, wenn ein Blatt mehr lang als breit, doch oben und unten gleich breit, und dabei oben und unten und auf den Seiten vom Kreisbogen eingeschlossen. Dies könnte nun auch roundish oblong sein.

Um nun Thompson's Angaben benutzen zu können, mußte ich sichere Anhaltepunkte suchen; und diese fand ich durch die Vergleichung seiner und meiner Beschreibungen von einerlei Beeren. Daraus ergab sich,

1) daß die als roundish oblong beschriebenen Sorten zum Theil zu den rundlichen, zum Theil zu den elliptischen gehören, wohin ich sie nach meinen Beobachtungen in die Ordnung setzte. Die andern von ihm eben so bezeichneten Sorten, die ich nicht vergleichen konnte, habe ich sämmtlich zu den rundlichen gerechnet;

2) daß das oblong von Th. mein elliptisch ist;

3) daß sein obovat mein eiförmig (oval) bezeichnet;

4) daß die beiden letzten Ausdrücke: oval und oval zuweilen das Eiförmige, zuweilen das Birnenförmige, zuweilen auch rein elliptisch anzeigen. Ich habe sämmtliche mit den drei letzten Wörtern bezeichneten Beeren, wenn ich die Gestalt nicht anders fand, zu den eiförmigen (ovalen) gesetzt, jedoch, um Irrungen zu vermeiden, jederzeit die von ihm gebrauchten Ausdrücke zur Bezeichnung der Gestalt beigefügt.

Die deutschen Pomologen brauchten bei der Angabe der Gestalt der Stachelbeeren bisher blos die Ausdrücke rund, rundlich und länglich oder lang, ohne eine nähere und genauere Bestimmung der zuletzt genannten Form.

Oblongus, länglich, länglichrund, 2 bis 4 mal in der Länge größer, als in der Breite; ellipticus, elliptisch, länglichrund; obovatus, verkehrt-eirund; ovalus, eiförmig, eirund, länglichrund, doch unten dicker und breiter als oben; ovalis, oval, eirund, mehr lang als breit, doch oben und unten gleichbreit und dabei oben und unten und auf den Seiten von Kreisbogen eingeschlossen. (Siehe lateinisch-deutsches Handwörterbuch der botanischen Kunstsprache und Pflanzennamen von J. F. Krüger. Quedlinburg und Leipzig, Basse 1838.)

Will man bei der Unterscheidung der Stachelbeersorten von einander die Worte im Evangelium Matth. Cap. 7, B. 20: „An ihren Früchten sollt ihr sie erkennen", und hier in einem andern Sinne als Vorschrift gelten lassen, so hat man bei der genauen Untersuchung und Beschreibung der Beeren auf folgendes zu achten:

1) die Beeren müssen vollkommen reif sein;

2) die Beeren müssen von gesunden und gut cultivirten Stöcken genommen werden;

3) man nehme als Kennzeichen zur Beschreibung der Beeren die Erscheinung als Merkmal an, die bei der Betrachtung aller am meisten oder vorherrschend sich zeigt.

Schon Thompson bemerkt über die Beschaffenheit der Oberfläche der Beere ganz richtig folgendes:

„Einige Barietäten, die als glatt angezeigt sind, kommen nicht immer so vor, sondern man findet deren Oberfläche sparsam mit Haaren besetzt; wiederum, obgleich manche Barietäten unter allen Umständen entschieden haarig sind, findet man Früchte schlecht behaart, ja glatt an einem und demselben Stocke. In solchen Fällen nimmt man das an, was sich am häufigsten zeigt."

Derselbe Fall ist auch bei andern Kennzeichen. Unter den Beeren an einem Stocke, die man zu den rundlichen rechnet, findet man auch oft entschieden kugelrunde, und noch andere beinahe elliptische. Unter den Beeren mit verschiedenfarbigen Flecken kommen viele ohne solche Flecken vor. Solche Abweichungen von dem als Kennzeichen angenommenen Merkmale giebt man bei den speciellen Beschreibungen an.

4) Die Größe und ihr Gewicht.

Siehe §. 13.

5) Die Zeit der Blüthe und der Reife.

Gewöhnlich bestimmt man blos die Reifzeit und gebraucht die Ausdrücke: frühreifend und spätreifend, oder zeitigend. Die Reifzeit kann schon im Monat Juni sein, ist aber gewöhnlich erst im Monat Juli und August. Sie läßt sich nach dem Datum nicht genau angeben, da sie von gar mancherlei Umständen abhängt. Blos dieses scheint als Resultat mehrerer meiner Beobachtungen festzustehen, daß sie etwa 4 Monate nach der ersten Erscheinung der Blüthe eintritt. Je früher also ein Stock blüht, desto eher zeitigt die Beere. Da nun aber die zur Entwickelung der Blüthe günstige Witterung jedes Jahr nicht an einem bestimmten Tage eintritt, sondern früher oder später, zuweilen schon im März, zuweilen erst im April, so kann auch die Zeit der Reife nicht jedes Jahr einerlei sein. So fand ich, daß die Früchte an ein und demselben Stocke in dem einen Jahre schon am 10. Juli, in einem andern erst am 15. August reiften. — Hierzu kommt nun noch die Beschaffenheit der Witterung im Sommer, die nicht stets gleich ist, durch welche das Wachsthum der Früchte mehr oder weniger begünstigt wird, und dann auch die Reifzeit derselben näher gerückt und weiter geschoben wird. Die Ausdrücke frühreifend und spätreifend zeigen daher nicht die Zeit, das Datum an, wenn eine Frucht reif ist, sondern vergleichungsweise, daß die eine Sorte früher oder Später zur Reife kommt, als die andere. – Will man aber ohngefähr das Datum der Reifzeit bestimmen, so kann dieses wohl nicht anders geschehen, als wenn man bei jeder Sorte aus mehrjährigen Beobachtungen derselben das Mittel sucht und an= nimmt.

6) Beschaffenheit des Stiels der Beere.

Der Stiel ist entweder einfach und trägt nur eine Beere, oder er ist beinahe von der Mitte an zweitheilig und trägt zwei Beeren. Mehr Beeren wie zwei an einem Stiele, wie bei den Johannisbeeren, habe ich bei den Stachelbeeren noch nicht gefunden.

Ferner ist der Stiel lang oder kurz, stark oder schwach, glatt oder rauh.

7) Die Blätter.

Bei den Blättern ist zu bemerken, ob sie die gewöhnliche Gestalt haben, ob sie durch größere oder kleinere Einschnitte getheilt sind (einige Sorten haben sogenannte Petersilienblätter); ferner auf ihre Größe, auf die Beschaffenheit der obern und untern Fläche, die zuweilen glatt, glänzend und fettig anzufühlen, bei andern wollig und haarig ist. — Auch ist die Farbe zu beachten. Bei einigen Sorten sind im Frühjahre die jungen Blätter mehr oder weniger braun, welche Farbe aber beim fernern Wachsen wieder verschwindet. Die Blätter sind in 3 Haupteinschnitte getheilt und haben haarige Stiele. Sie sitzen wechselsweise an den Zweigen und erscheinen zugleich mit den Blüthen aus einem gemeinschaftlichen Auge.

8) Die Zweige.

Auf das Kennzeichen, das man an den Zweigen zu beobachten hat, war man früher gar nicht aufmerksam. Man bemerkte blos höchstens starke und schwache Zweige, den Trieb langer Latten. Thompson beobachtete dieses Kennzeichen zuerst, und charakterisirt die Sorten durch die Richtung der Zweige: a) aufwärts, b) seitwärts und c) abwärts gehend.

9) Die Stacheln.

Die Stacheln des Stachelbeerstrauchs sind nicht eigentlich Stacheln, wie bei dem Rosenstocke, bei welchem sie keine regelmäßige Stellung haben, und von der Rinde, auf welcher sie nicht fest sitzen, leicht abgebrochen werden können, sondern es sind mehr Dornen. Wir behalten aber hier die im gemeinen Leben, sowie in den ältesten Zeiten angenommene Benennung „Stacheln" bei. Bei dem Stachel-

beerſtrauche iſt es der dornenförmige Blätterwulſt, der bisweilen nur
eine Spitze, unmittelbar unter dem Blatte, gewöhnlich **2** oder **3**
Spitzen in einer divergirend auseinandergehenden Richtung bildet, und
abwechſelnd an den entgegengeſetzten Seiten des Stammes, der Zweige
und Schößlinge in gewiſſen Diſtanzen ſich findet.

Die auf der Rinde befindlichen Stacheln ſind anfangs grün und
weich, werden aber nach vollendetem Wachsthum gelblich‐braun und
holzig. Bei den Sämlingen verwandeln ſich die auf der Rinde des
jungen Stammes befindlichen feinen Haare bald in feine Stacheln
von verſchiedener Länge, zwiſchen welchen die gewöhnlichen längern
Stacheln hervorbrechen.

Dieſe ſcharfzugeſpitzten Stacheln ſind: lang oder kurz, dick
und ſtark oder ſchwach, rund oder breit, gerad oder abwärts
gekrümmt.

Man ſieht alſo bei den Stacheln auf deren Anzahl, Länge
oder Größe, Stärke und Form.

10) Der Habitus der Pflanze im Allgemeinen.

---

§. 1.

Ueber die Namen der Stachelbeeren im Allgemeinen.

Es ist wohl keine andere Frucht, der man in Deutschland so verschiedene Namen beigelegt und solche auch auf mannigfaltige Weise verändert hat, als die Stachelbeeren; man entlehnt sie theils von den Eigenschaften des Strauchs, theils von Kennzeichen der Beeren, theils vom Gebrauch derselben, theils sind es auch Namen von zweifelhafter noch zu untersuchender Abstammung.

Die älteste deutsche Benennung der Stachelbeeren ausfindig zu machen, hatte ich bis jetzt noch keine Gelegenheit und die Belehrung eines Kundigen über diesen Gegenstand, wird mich und wohl auch manchen Andern sehr erfreuen; ich kann das blos angeben, was ich in einigen alten Schriften fand.

Ribes grossularia Linn. Ribes grossularia aculeata. Uva spina. Uva crispa. Grossularia. Grossularis. Agresta.

Deutsch: Stachelbeeren nennt man nicht blos die Frucht, sondern auch den Strauch. Landschaftliche Benennungen der Beeren sind: Grossel=, Grusel=, Kraus=, Kräusel=, Kreuz=, Kloster=, Stichel=, Stich= oder niederdeutsch Stickbeeren (in Bremen). Die rothe, oder grüne haarige Rauchbeere, Heckenbeere, Grünbeere, Eiterbotzen, Aiterbutzen (in Baiern), Ackros, Agras (in Oesterreich), Agrosel (von den Deutschen in Ungarn).

Holländisch: Steekelbessen, steekelbezien, kruisbezie.

Schwedisch: Krusbaer.

Englisch: Goose - Berry, Feaberry, Feverberry (in Cheshire), Feabes, Fapes (in Norfolk), Carberry.

Französisch: Groseiller oder Groseiller épineux, der Busch — Gadellier, Groseille, groseille verte, groseille à maquereau, die Beere — Gadelle, Griselle (in Piemont).

Italienisch: Uva spina, Agresto.

Spanisch: Uva crispa (crespa).

Böhmisch: Chlupale yahedy.

Russisch: Smoródina kruschównaja, die Beere — kruschównik, der Strauch.

Polnisch: Agrest, Beere und Strauch — kosmatki, Stachelbeeren.

Ungarisch: Egresch.

Slavisch: Egres.

Ehstnisch: Tikkel marjad, tahkel marjad, reval., tikker pu marja, dörptsch.

Neugriechisch: αγρωστάφυλα, der Strauch — αγρωστάφυλον, die Beere.

Haben die alten Griechen und Römer die Stachelbeere, Ribes grossularia L. gekannt?

Es ist sehr zweifelhaft, ob die alten Griechen und Römer die Stachel- und Johannisbeere gekannt haben. Der alte gelehrte Botaniker Leonhartus Fuchsius sagt von den Stachelbeeren in seinem 1542 herausgegebenen Werke S. 186: „Veteribus ne Graecis et Latinis frutex ille (nämlich uva crispa) cognitus fuerit, me ignorare adhuc ingenue fateor." Und von der Johannisbeere S. 632: „Graecis cognitus fuerit necne frutex ille nondum compertum habeo *)."

Da die Stachelbeere in Griechenland wild wächst, wo sie nach Dr. Fraas Nachrichten (S. dessen Synopsis plantarum florae classicae p. 24, 38 et 46) in den tiefern Schluchten der obern Wald-region, in einer Höhe von circa 3000 Fuß am Parnaß vorkommt, also in einer Gegend, die den alten Griechen sehr bekannt war; da sie ferner auch in der Krim heimisch ist, in welcher die Griechen Co-lonien angelegt hatten, da man endlich auch allgemein annimmt, daß die besten Sorten Stachelbeeren nebst den Johannisbeeren im 16ten Jahrhunderte von der jonischen Insel Zante nach England gebracht worden seien, so sollte man wohl vermuthen, daß die alten Griechen diese Beeren müßten gekannt und auch ein besonderes Wort zur Bezeich-nung derselben gehabt haben. Die Neugriechen nennen sie ἀγρωστά-φυλον (wilde Traube), den Strauch αγρωσταφυλά und die Johan-

---

*) De Remberti Dodonaei stirpium historia. Antverpiae 1583 p. 735 ist bestimmt gesagt: „Nomen frutex hic apud Veteres non habet, qui eum non cognoverunt, vel neglexerunt."

nißbeere φϱανκοστάφυλον (fränkische oder europäische Traube); aber ein altgriechisches Wort für Stachelbeere fehlt, weshalb auch Fraas in seiner Synopsis nicht die Ribes uva crispa hat aufnehmen können. Alle alte griechische Namen, die man in ältern und neuern Zeiten den Stachelbeeren beilegte, bezeichnen nach genauen Untersuchungen ganz andere Pflanzen. So ist κυνόσβατος (beim Hippocr., Diosc. und Theophr.) nach Fraas p. 74. Rosa sempervirens L. und ἴσος des Theophr. nach Fraas p. 183. 184. Vitex agnus L.

Ebenso fehlt auch ein altklassisches lateinisches Wort für Stachel= beere. Es sollen zwar, wie Loudon (S. dessen Encykl. des Garten= wesens I. S. 13) schreibt, „die Römer, nach Plinius, auch Stachel= beeren gehabt haben, die aber nicht sonderlich gewesen zu sein scheinen, da der Himmelsstrich zu heiß ist, als daß dort, außer auf den Hügeln, gute hätten wachsen können." Indessen hat hier wohl Loudon einen Mißgriff gethan, wenn er der Autorität des Compilators Plinius folgt, da dieser den Namen Cynosbatos gebraucht, und damit fälschlich Ribes nigrum L., sowie auch Capparis spinosa L. bezeichnen soll.

Die lateinischen Namen Uva spina, Uva crispa, Ribes, Grossularia sind neuern Ursprungs, aber die Zeit des Entstehens derselben kann ich bei meinen beschränkten literarischen Hülfsmitteln nicht anzeigen. Wegen der lateinischen Benennung der Stachelbeeren fährt Fuchsius in der oben angeführten Stelle fort: „Quare cum nomen aliud quo hunc appellaremus in promptu non esset, vulgarem et qua omnes hodie herbarii utuntur nomenclaturam usurpare volui- mus. Uvam autem crispam fruticem hunc dixerunt ab intortis fereque in circulum versis (crispa alii vocant) foliis, et acinis quos producit." — Tabernomontanus nennt die Stachelbeere außer= dem noch uva spina und grossularia. (S. dessen Werk von den Kräutern 1543.) — Hieronymus Bock schreibt (in seinem Kräu= terbuche 3r Th. 1546 S. 15 und 16) von den Namen der Stachel= beeren: „Obbeschriebene Dorn nennte man Grosselbeeren, latine Gros- sularis, an Zweifel der zehen heütlein halben, dann sie krachen, wann sie mit zenen zerbissen werden." Grossularia leiten andere ab von grossulus, als Diminutiv von grossus = ficus immaturus, mit welcher grüne unreife Stachelbeere im Aeußern eine Aehnlichkeit haben. Das Wort Ribes braucht Fuchsius blos zur Bezeichnung der Johan= nisbeeren, indem er von diesen sagt: Mauritanis et officinis hodie Ri- bes nominatur. — H. Bock giebt (in s. Kräuterbuche) der Stachelbeere noch mehrere lateinische und griechische Benennungen, die aber insgesammt ganz andern Pflanzen zukommen. Die angegebenen sind von den Botanikern des vorigen und jetzigen Jahrhunderts auf mancherlei Weise gebraucht und geändert worden.

Um bei dem Geben neuer Namen große Verirrungen und Mißverständnisse zu vermeiden, ist es durchaus nothwendig, denselben festen Regeln zu folgen, die mehrere Gartenbaugesellschaften in Amerika unter sich festgesetzt und angenommen haben.

Diese Regeln sind von Herrn Dr. Gempp in St. Louis in der Allg. Gartenzeitung von F. Otto 1848 S. 113—115 abgedruckt und folgen hier.

Die Grundregeln der amerikanischen Pomologie.

Durch die Art und Weise, in welcher besonders in der letzten Zeit Früchte von keinem, oder einem nur höchst geringen Werthe in's Publikum gebracht, mit einladendem Namen versehen und weiter verbreitet wurden, ist nicht nur, zum großen Schaden der Käufer, eine undurchdringliche Verwirrung in der Bestimmung der Sorten eingerissen, sondern es konnte auch von der wissenschaftlichen Genauigkeit in der Pomologie keine Rede mehr sein. Mit Vergnügen sieht man daher, daß von verschiedenen Seiten Schritte geschehen sind, um diesem Uebelstande zu begegnen, und es haben daher die Gartenbaugesellschaften zu Massachusets, Pensylvanien und Cincinnati — denen sich auch kürzlich die von St. Louis angeschlossen hat — eine Reihe von Grundregeln der amerikanischen Obstkunde festgestellt.

Diese Grundregeln werden nicht verfehlen auf die Benennung und Beschreibung der Früchte den Charakter einer wissenschaftlichen Deutlichkeit und Genauigkeit zu drücken, so daß die Pomologie in Zukunft den ihr zukommenden Rang unter den andern Zweigen der Naturwissenschaften einnehmen kann. Zugleich werden die Besitzer von Gärten gegen die Unzahl von gewöhnlichen Erzeugnissen gesichert sein, die von Leuten, deren Kenntnisse sie durchausnicht als Richter über die wirklichen Verdienste einer neuen Varietät befähigt, als neue Früchte erster Qualität ausgeboten werden.

Dieses ist der erste Schritt, der sowohl hier, wie in Europa gemacht wird, feste, allgemeine Gesetze in der Nomenclatur der Pomologie aufzustellen. Jeder Sachverständige weiß, welche grenzenlose

Verwirrung in den Fruchtverzeichnissen herrschte, bevor die londoner Gartenbaugesellschaft es unternahm, alle bekannten Varietäten zu sammeln und zu prüfen. Durch das Zurückbringen von Tausenden von Synonymen auf ein Paar Grundnamen ist ein großer Schritt vorwärts geschehen: doch weitere Fortschritte verlangt die Pomologie. Sie verlangt, daß auch ein gewisser Werth festgestellt werde, ohne welchen eine neue Frucht nicht würdig sein soll, einen Namen zu bekommen; und bevor sie unter einem bestimmten Namen gehen kann, soll die genaueste Beschreibung öffentlich bekannt gemacht werden. Ueberdieß, um jeden möglichen Irrthum in der Beschreibung zu vermeiden, sollen Früchte nur von solchen Personen beschrieben werden, deren anerkannte Erfahrung und Kenntnisse sie unbestritten hierzu qualificiren.

Es ist nicht zu bezweifeln, daß, um die nöthige Gleichförmigkeit herbeizuführen, und um diesen Maßregeln denjenigen festen Stützpunkt zu geben, den seine allgemeine Nützlichkeit verdient, alle übrigen Gartenbaugesellschaften in den vereinigten Staaten auf der Stelle diesen Grundregeln beistimmen werden. Durch diesen Schritt, und dadurch, daß die Gartenculturgesellschaften in die Comité's für Früchte nur anerkannt tüchtige Pomologen wählen, werden sie vermögend sein, diesen großen Zweck vollständig zur Ausführung zu bringen, und so wird dieser Zweig des Gartenbaues auf einmal auf den Standpunkt gestellt werden, der ihm bei den Vorzügen der Vereinigten Staaten, als ein mit Obstsegen überschüttetes und stets neue Obstvarietäten erzeugendes Land gebührt. Folgendes sind

die Grundregeln der amerikanischen Pomologie.

I. Kein neuer Sämling einer Frucht soll zu einem Namen oder einer pomologischen Empfehlung berechtigt sein, wenn er nicht besser, oder wenigstens von gleicher Güte mit einer ähnlichen Varietät ist, die schon zum ersten Rang gerechnet wird; oder wenn er, obgleich im Geschmack von nur zweiter Güte, doch durch raschen Wuchs, Unempfindlichkeit gegen Frost, oder große Ergiebigkeit im Verhältniß zu ähnlichen Spielarten sich des Anbaues werth zeigt.

II. Der Erzeuger, erste Anbauer, oder derjenige, welcher eine neue einheimische werthvolle Varietät bekannt macht, soll das Recht haben, einen Namen für dieselbe vorzuschlagen; welcher Name, wenn er passend, d. h. nach den Regeln der Nomenclatur gebildet ist, von demjenigen beibehalten werden soll, der diese Frucht zum erstenmale

2

öffentlich beschreibt. Ist der Name aber nicht sachgemäß oder gegen die Regeln, so hat der Beschreiber das Recht, einen neuen Namen zu geben.

III. Keine einheimische Frucht soll als benannt angesehen werden, wenn sie nicht von einer competenten Person, welche die schon existirenden Varietäten kennt, oder von einem Pomologen von anerkanntem Rufe, oder von dem bestehenden Ausschusse einer Gartenbaugesellschaft für Früchte in pomologischen Ausdrücken auf's genaueste beschrieben wurde.

IV. Die Beschreibung soll folgende Einzelheiten umfassen: Die Form und äußere Farbe, die Beschaffenheit und Farbe des Fleisches, den Geschmack der Frucht; bei Steinfrüchten die Größe und Form des Steines, das Anhangen oder Nichtanhangen des Fleisches, die Form der Naht und die Vertiefung am Stiel; bei Kernfrüchten die Größe des Kerngehäuses und der Samen, die Länge, Stellung und Einfügung des Stiels und die Form des Auges; bei Pfirsichen die Form der Blattdrüsen und die Größe der Blüthe; bei Wein die Form der Trauben; bei Erdbeeren den Charakter der Blüthe, ob männliche oder weibliche. Und wenn sich eine besondere Auszeichnung in der Belaubung, im Wachsthume des jungen Holzes oder des tragbaren Baumes zeigt, soll dieses angeführt werden.

V. Der Name einer neuen Varietät soll erst dann als angenommen betrachtet werden, wenn die Beschreibung derselben wenigstens in einer Zeitschrift für Horticultur oder Agricultur, die eine ausgedehnte Verbreitung im Lande hat, oder in einem pomologischen Werke von anerkannter Autorität veröffentlicht wurde.

VI. Bei Ertheilung von Namen an neuerzeugte Varietäten sollen alle widriglingenden, gemeinen oder geschmacklosen Benennungen, wie z. B. Schafsnase, Schweinekoben u. dergl. vermieden werden.

VII. Keine neuen Namen sollen ertheilt werden, welche aus mehr wie zwei Wörtern bestehen, ausgenommen, wenn der Name des Erzeugers hinzugefügt wird. So werden alle unnöthig langen Benennungen, wie: neue große schwarze Herzkirsche, oder neue graue Winterbutterbirne u. s. w. vermieden.

VIII. Charakteristische Namen, oder solche, die sich auf die Güte, den Ursprung, oder das Aeußere und das Verhalten der Frucht oder des Baumes beziehen, sollen vorgezogen werden. Sie können sich auf wesentliche Eigenschaften beziehen, wie „goldner Süßling", Donauer's Spätling u. s. w., oder auf den localen Ursprung, wie Newton-Pippin, Hudson-Mirabelle, oder auf die Zeit der Reife, wie „früher Röthling, Frost=Mirabelle", oder auf die Form und Farbe, wie „Goldtropfen, blaue Pearmain"; oder man wähle Namen, die zur Erinnerung an einen besondern Zeitpunkt, Ort oder Person dienen, wie „Tippecance, La Grange, Baldwin etc."

IX. Alle überflüssigen Bezeichnungen sollen vermieden werden: so anstatt: „Thompson's Sämlings=Butterbirne", besser „Thompson's Butterbirne", oder noch einfacher „Thompson's Birne".

X. Bevor einer neuen Frucht ein Name beigelegt wird, soll über ihre Eigenschaften allerwenigstens eine zweijährige Erfahrung entscheiden.

XI. Wenn zwei Personen eine neue einheimische Frucht beschrieben haben, soll der zuerst veröffentlichte Name und Beschreibung, wenn den hier aufgestellten Regeln Genüge geleistet wurde, Geltung haben.

XII. Keine Person, die neue Früchte von andern Ländern einführt, soll die Erlaubniß haben, dieselben umzutauschen, oder denselben ihren eignen Namen beizulegen. Die Frucht soll vielmehr einem competenten Richter zur Ermittlung des wahren Namens vorgelegt werden.

XIII. Bei der Feststellung von Namen von schon bekannten oder beschriebenen Früchten, soll der Katalog der Londoner Gartenbau=Gesellschaft als europäische Autorität, und die letzte Ausgabe von Downing's „Fruits and Fruit Trees of America" als amerikanische Autorität gelten.

§. 2.
Wildwachsende Stachelbeeren.

R i b e s.

Pentandria. Monogynia. Corolla pleiopetala supera. Cal. ventricosus 5 fidus coloratus petala alternaque stamina garens. Pistillum 2 fidum. Bacca globosa, placentis adversis.

2 *

Ribes Aculeata.

Pedunculis 1 — 3 *flori.*

Grossularia.

R. pedunculis bracteatis, foliis obtuse trilobis utrinque pubescentibus, aculeis ramorum trifidis rectis. *Europ. Sibir.* (R. Uva crispa L., reclinatum L. varr.)

Oxyacanthoides.

R. pedunculis abbreviatis subbifloris, foliis trilobis glabris, aculeis ramorum confertis. *Amer. bor.*

Menziesianum. *Pursh.*

R. pedunculis subbifloris, floribus tubulosis, baccis aculeatis, foliis sub — 5 lobis basi truncatis subtus tomentosis, ramis hispidissimis, aculeis gemmarum 3 fidis. *Amer. bor. ora occ.*

Rotundifolium. *Michaux.*

R. pedunculis 1 floris, floribus tubulosis, baccis glabris, foliis suborbiculatis repando — angulatis pubescentibus, acculeis sparsis simplicibus. *Carolina.*

Hirtellum. *Michaux.*

R. pedunculis 1 floris, baccis glabris, foliis semitrifidis dentatis, ramis hispidiusculis, aculeis sparsis simplicibus. *Amer. bor.*

Gracile. *Michaux.*

R. pedunculis subbifloris erectis petiolisque capillaribus, floribus campanulatis, baccis glabris, foliis lobatis inciso — dentatis pubescentibus, aculeis sparsis brevissimis. *Amer. bor.*

Microphyllum. *Kunth.*

R. spinis subsolitariis rectis, foliis parvis subreniformibus 5 fidis supra pubescentibus subtus glabriusculis, pedunculis brevissimis 2 floris, calycibus campanulatis. *Mexico.*

Triflorum. *Willdenow.*

R. pedunculis subbifloris nutantibus, staminibus petala spathulata superantibus, baccis glabris, foliis oblongis inciso — lobatis basi cuneatis glabriusculis, aculeis subaxillaribus brevissimis. *Amer. bor.* (R. stamineum Hornemann.)

Speciosum. *Pursh.*

R. pedunculis subtrifloris elongatis glanduloso — ipilosis, floribus tubulosis, staminibus longissime exsertis, foliis subrotundo — cuneatis, inciso — crenatis glabris, aculeis gemmarum triplicibus. *Amer. bor. ora occ.*

Floribus racemosis.

Diacantha.

R. racemis erectis glabris, bracteis pedicellos superantibus, foliis ovato — oblongis basi cuneatis 3 partitis dentatis glabriusculis, aculeis geminis stipularibus. *Sibir.*

Saxatile. *Pallas.*

R. racemis erectis glabris, bracteis pedicellos aequantibus, foliis subrotundo — ovatis incisis basi cuneatis glabris, aculeis sparsis. *Sibir.*

Lacustre. *Poiret.*

R. racemis laxis pendulis pilosis, baccis hispidis, foliis 5 fido — palmatis, laciniis inciso — pinnatifidis ciliatis, aculeis ramulorum confertissimis flexilibus. *Ins. lacus Huronum.* (R. oxyacanthoides Michaux.)

Cynosbati.

R. racemis nutantibus paucifloris, floribus campanulatis, baccis hispidis, foliis sublobatis inciso — dentatis pubescentibus, aculeis subaxillaribus. *Amer. bor. Japon.*

Orientale. *Desfontaines.*

R. racemis suberectis brevibus, baccis tuberculato — pilosis, foliis orbiculatis inciso — lobatis hirsutis, aculeis raris. *Syria.*

Aus *C. Linnaei* Syst. veget. curante *Curtio Sprengel.* Vol. I. Gottingae. 1825. p. 812. Vol. IV. Pars II. Gotting. 1827. p. 101.

§. 3.

Verbreitung der Stachelbeeren auf dem Erdball.

Die Stachelbeeren sind wildwachsend auf der nördlichen Halbkugel der Erde, in Europa, Asien und Amerika weit verbreitet,

und Schubert meint (siehe dessen Gesch. der Natur u. s. w. 2. B.
2. Abth. S. 552): „daß die Familie Ribes für die kalte Zone der
nördlichen Halbkugel Repräsentant der Cereen sei." Man findet sie
namentlich in Großbrittanien, Schweden, Rußland, Deutschland*),
Frankreich, in der Schweiz, in Piemont**), Griechenland, in der
Krim (in Taurien); in Sibirien, namentlich im Altai und in den
Nertschinskischen Gebirgen, auf Kamtschatka; in Amerika: auf der
Nordwestküste, in Canada und Pensylvanien.

Indessen ist die Frage: ob die Stachelbeeren in allen diesen Ländern wildwachsend ihren Geburtsort haben, oder ob sie nicht in einigen derselben aus andern Gegenden dahin gebracht worden sind.
So findet man in Schweden die Stachelbeeren jetzt wildwachsend an
den Zäunen, aber sie sollen aus andern Ländern schon cultivirt dahin
gebracht worden und, wie man es allenthalben sieht, durch Menschen und Vögel der Same in's Freie gebracht und nun der Strauch
verwildert und acclimatisirt sein. Nach des bekannten Botanikers
Fischer in St. Petersburg brieflicher Mittheilung, soll man im europäischen Rußland die Stachelbeeren nirgends weiter wildwachsend
finden, als in der Krim; indessen werden sie doch bis über den 60°
N. Br. hinauf in den Gärten gezogen, aus welchen sie sich durch
Samen im Freien verbreitet haben und an vielen Orten wildwachsend zu sein scheinen. Im Allgemeinen behaupten die Schriftsteller,
daß die besten Sorten Stachelbeeren mit den Johannisbeeren im 16ten
Jahrhunderte von der jonischen Insel Zante durch die Engländer in
ihr Land gebracht worden sind und Loudon bemerkt (s. dessen Encykl.
des Gartenwesens I. 959): „daß Turner solche im J. 1573 erwähnt
habe." — Die Neugriechen nennen aber die Johannisbeere fränkische (europäische) Traube, φραγκοστάφυλον, aus welchem
Namen man wohl schließen muß, daß die Johannisbeere erst aus
andern Ländern Europa's nach Griechenland eingeführt worden ist.

„Die Römer sollen," wie Loudon (I. 13.) schreibt, „nach Plinius, auch Stachelbeeren gehabt haben, die aber nicht sonderlich gewesen
zu sein scheinen. Der Himmelsstrich ist zu heiß, als daß dort, außer

---

*) Im südlichen und mittlern Deutschland in den meisten nicht zu hoch
gelegenen Wäldern.

**) Nach Fintelmann (Obstbaumzucht II. 674) sind sie am häufigsten in
Frankreich und Piemont, doch auch nur die kleine und grüne Sorte.

auf den Hügeln, gute hätten gedeihen können." In dem heutigen Italien sollen sie (nach Loudon I. 958) kaum dem Namen nach bekannt sein.

Aus dem Angeführten erhellet, daß es uns sehr schwer sein möchte, jetzt noch das eigentliche Vaterland der Stachelbeeren zu ermitteln. Blos dieses ist gewiß, daß sie nur in einem gemäßigten Landstriche wild vorkommen, durch die Cultur aber an ein etwas wärmeres und kälteres Clima gewöhnt werden können, und daß sie selbst noch über den 60.° N. Br. in Gärten gezogen werden.

Bei der Untersuchung, wie weit nach Norden und nach Süden zu die Stachelbeere wild wächst, ist auch noch zu beachten, in welcher Höhe über der Meeresfläche sie in den verschiedenen Gegenden vorkommt. Von der gemeinen Stachelbeere behauptet man, daß sie auf einer Höhe bis zu 4000 Fuß noch wachse, und Ribes acicuIare findet man, nach einer handschriftlichen Nachricht von Dr. Gebler, im Altai in einer Höhe von 1200—2300 par. Fuß.

§. 4.

Cultur der Stachelbeeren im engern Sinne.

Hierbei dürfte zunächst zu bemerken sein: Lage und Boden des Grundstücks einer Stachelbeerpflanzung und innere Einrichtung desselben.

Erziehung und Vermehrung der Stachelbeerpflanzen

    a) aus Samen,
    b) durch Ausläufer,
    c) durch Ableger,
    d) durch Stecklinge,
    e) durch Veredlung und Copuliren.

Garten zu einer Stachelbeeren=Anpflanzung.

Der Hauptzweck einer Stachelbeer=Anpflanzung ist: durch die Cultur schöne, große und wohlschmeckende Früchte zu gewinnen. Durch eine Anlage im freien Felde, ohne alle Umzäunung, wird man diesen Zweck wohl schwerlich erreichen, da doch gewiß nur sehr Wenige im Stande sein möchten, allen den, einer solchen Anlage von Menschen und Vieh drohenden Gefahren und Verlusten vorzubeugen.

Daß erste Erforderniß ist daher eine hinlängliche Befriedigung derselben.

Ferner ist die Lage gegen die Himmelsgegend wohl zu beachten. Der Garten muß gegen die Nordwinde durch Gebäude oder Anpflanzungen von hochwachsenden Bäumen hinlänglich geschützt sein, die Wärme und das Licht der Sonne und die Luft muß auf die Stöcke frei einwirken können. Durch beständigen Schatten von dicht-belaubten Bäumen, sowie durch hohe Häuser an der Südseite gehindert, können die unter oder bei denselben stehenden Stachelbeerstöcke und die Früchte derselben nie den Grad der Güte und Vollkommenheit erlangen, als die, bei welchen die wohlthätige Einwirkung der zu ihrer vollkommenen Entwicklung und ihrem Gedeihen nöthigen Elemente keinen Gegenstand aufhält oder hemmt. Eine etwas nach Süden zugeneigte Lage des Gartens ist aus mehreren Gründen einer vollkommenen Ebene bei einer neuen Anlage vorzuziehen.

Endlich richte man seine ganze Aufmerksamkeit auf eine genaue Untersuchung des Bodens, und zwar nicht blos der Erdkrume, sondern auch des Untergrundes.

Von der Beschaffenheit des Untergrundes hängt gar vieles ab, und man hat zu untersuchen, ob er felsig ist, und welches die Ge-birgsart ist, aus welcher er besteht, ob solche besonders Kiesel=, Thon= oder Kalkerde enthalten, ob er durch Gerölle verschiedener Art, aus festem oder lockern Sande gebildet wird, ob er das Wasser leicht durchläßt, oder dasselbe auf dem Untergrunde stehen bleibt, und daher derselbe naß und vielleicht sumpfig ist. Im letztern Falle muß man den Garten durch Abzugskanäle zu entwässern suchen, oder einen Teich graben lassen, in welchem sich das Wasser sammelt und wo man mit dem Ausgegrabenen den Boden erhöht und dadurch trocken legt. Ein etwas feuchter Boden sagt dem Gedeihen des Sta-chelbeerstrauchs mehr zu, als ein ganz trockener.

Die Beschaffenheit der Erdkrume hängt zum Theil von der Natur des Untergrundes ab, indem sich immer Theile der letztern in die erstere, bei der Bearbeitung derselben einmengen. Indessen hat man noch gar nicht untersucht, wie das Mischungsverhältniß der Be-standtheile der Erdkrume sein muß, in welcher der Stachelbeerstrauch am besten gedeiht. Im Allgemeinen sagt man blos: daß der Stachel-beerstrauch vorzüglich schwarze Gewächserde, ein mürbes, weiches und fruchtbares Land liebt.

„Jeder Gartenboden, der gut gedüngt ist, und einen trocknen Untergrund hat, eignet sich für die Stachelbeere. Ein mürber und feuchter Boden bringt übrigens die größten hervor." (Siehe Loudon I. 960.)

Haynes empfiehlt eine Mischung von Torf und Lehm, gut mit Mist versetzt und eine schattige Lage. (Siehe Loudon I. 960.)

Die innere Einrichtung eines Gartens, in welchem eine Stachelbeeranpflanzung sein soll, hängt von den anderweitigen Zwecken, welche der Gartenbesitzer zu erreichen sucht, sowie von seiner Phantasie allein ab. Sehr selten wird man einen Garten finden, in welchem man blos Stachelbeeren anpflanzt; indessen lernte ich doch einen Mann kennen, der aus seinem kleinen, blos mit Stachelbeeren bepflanztem Grundstücke, in der Nähe einer Stadt, jedes Jahr einen ansehnlichen Gewinn zieht. Gewöhnlich wird der Garten auch noch mit Küchen= gewächsen bepflanzt, welches, wie weiterhin gezeigt werden wird, sehr wohl geschehen kann.

Bei der Eintheilung des Gartens ist zuerst und vor allem, in Rücksicht auf die Stachelbeerzucht, darauf zu sehen, daß man das schicklichste Local zur Anlegung einer Baumschule für die Stachelbeeren auswähle, auf welchem man nicht nur die, zur Gewinnung junger Stachelbeerpflanzen aus Samen, nöthigen Beete anlegt, sondern auch den gehörigen Platz gewinnt, um eine hinreichende Menge junger Stachelbeerstöcke so weit zu erziehen, daß man die Sorten erkennen und sie an feste Plätze in den Garten setzen kann.

Zu diesem Zwecke bedarf man

1) eines Samenbeetes, um junge Pflanzen aus Samen zu gewinnen;

2) eines Stecklings= oder Vermehrungsbeetes, oder auch mehrere derselben;

3) mehrere Zuchtbeete, auf welchen man die jungen Pflanzen u. s. w. so lange pflegt, bis sie zum erstenmal Früchte tragen, und von welchen man sie in den Garten versetzt.

Wie man in dem Garten einen besondern Platz zur Anlegung einer Stachelbeeranpflanzung einzurichten hat, wird weiter unten an= gezeigt werden.

Zur ersten Anpflanzung muß man sich junge tragbare Stöcke von den besten Sorten zu verschaffen suchen. Am leichtesten erhält man solche von reellen Handelsgärtnern. Zugleich muß man sich

junge Stöcke zur weitern Bepflanzung selbst ziehen. Es soll nun ge=
zeigt werden, wie man dabei zu verfahren hat.

Erziehung und Vermehrung des Stachelbeerstrauchs.

Der Stachelbeerstrauch hat ein sehr reiches Fortpflanzungsver=
mögen. Er läßt sich auf alle nur mögliche Arten fortpflanzen, die
auf Bäume und Sträucher anwendbar sind, selbst durch Wurzel=
stücken. Man erzieht und vermehrt ihn

    a) um Varietäten fortzusetzen, durch Wurzelausläufer, durch
        Absenker und durch Stecklinge,

    b) um neue Varietäten zu bekommen aus Samen.

a) Die Vermehrung und Erziehung der Stachelbeer=sträuche aus Samen.

Die geflissentliche Vermehrung und sorgfältige Erziehung der
Stachelbeeren aus Samen hat in Deutschland bis jetzt wenig Ein=
gang gefunden. Gegen dieses Verfahren scheint man vielmehr abge=
neigt zu sein, da es mehrere unserer vaterländischen pomologischen
Schriftsteller für langweilig und unsicher erklären. Die Eng=
länder aber, die sich unter allen europäischen Nationen am meisten
und mit dem besten Erfolge mit der Stachelbeerzucht beschäftigen,
belehren uns eines bessern, indem wir ihnen alle die neuen, schönen
und großen Sorten Beeren verdanken, die von ihnen blos aus Sa=
men gewonnen worden sind, wir aber von ihnen theuer genug kaufen,
um unsere Gärten damit zu schmücken. Die Produkte des Fleißes
unserer Nachbarn können und müssen wir dankbar benutzen, aber auch
wir selbst müssen uns bemühen, dasselbe Ziel zu erreichen. Diesem
Bestreben steht gar kein triftiger Grund, kein Hinderniß entgegen,
wenn wir nur nicht Mühe und Arbeit scheuen, Kopf anwenden und
naturgemäß verfahren.

Die Gewinnung und Aufbewahrung des Samens der Stachelbeersorten und über die Keimkraft desselben.

Um gute Samen von den Stachelbeeren zu gewinnen, soll man
aus den vollkommen reifen Beeren von den größten und besten Sor=
ten, aus jeder einzelnen Beere den Saft mit den Kernen in einer mit
reinem Wasser gefüllten Schale oder Schüssel mit den Fingern leise
ausdrücken und die Kerne durch Waschen im Wasser gehörig reinigen,

die gewonnenen Kerne auf Löschpapier ausbreiten, im Schatten an einem kühlen Orte gut abtrocknen lassen, und sie in Papiersäcken bis zur Aussaat an einem trocknen Orte wohl verwahren.

Andere geben sich bei der Gewinnung der Samenkerne nicht so viel Mühe, indem sie die Kerne aus dem Trester, die beim Auspressen der Beeren, um den Saft zur Bereitung des Stachelbeerweins zu erhalten, zurückbleiben, blos auswaschen. Ja noch Andere haben dieses nicht einmal gethan, sondern den Trester selbst, ohne die Kerne daraus zu gewinnen, zerbröckelt, ausgestreut und unter die Erde gebracht, und dadurch Stachelbeersämlinge erhalten. Dieses ist der Erfahrung ganz analog, da man bei alten Stachelbeerstöcken nicht selten Sämlinge findet, die durch den Samen von herabgefallenen reifen Beeren, oder auch dadurch entstanden sind, daß man beim Essen reifer Beeren vom Stocke die Schalen ausgespuckt hat, in welchen noch Kerne befindlich waren, die beim Auflockern der Erde um den Stock herum mit eingehackt wurden und dann aufgegangen sind.

Die Erfahrung ist übrigens bekannt genug, daß die Keimkraft der Stachelbeerkerne nicht vernichtet wird, wenn sie durch den Magen und den Darmkanal der Menschen gehen.

Etwas auffallend ist aber wohl jedem eine Notiz über die Stachelbeersamen, die ihre Keimkraft unter Umständen, die nach allen bisherigen Begriffen sie vernichten müßte, bewahrt haben sollen, in einem Aufsatz über die Lebensfähigkeit im Morgenblatte (1845 Nr. 37 S. 547), wo es heißt: „Aus den Samen der gekochten Hollunder- und aus eingemachten Stachelbeeren sind Stachel- und Hollunderbeerbüsche aufgewachsen, die noch heute stehen."

So stark aber auch die Keimkraft der Stachelbeersamen ist, so ist sie doch nicht von langer Dauer. Vielfache Erfahrungen haben gezeigt, daß von den frisch gewonnenen, im Herbste desselben Jahres ausgestreute Samen nur wenig oder gar keine Körner ausbleiben, von den Samen aber, und wenn er auch nur ein Jahr alt ist und wohl verwahrt wurde, doch nur wenige aufgehen, daher nimmt man als Regel an, daß man die Stachelbeersamen, die man zur Aussaat benutzen will, nicht über ein Jahr alt darf werden lassen.

Neue Sorten von Stachelbeeren zu gewinnen.

Bis jetzt hat man neue Stachelbeersorten blos durch Vermehrung aus Samen gewonnen. Wenn man auch Samen von einer bestimm=

ten Sorte aussäet, der von einem Stocke genommen ist, welcher zwi=
schen andern von verschiedener Farbe und Größe der Beeren seinen
Stand hatte, so kann man doch nicht hoffen, daß alle erhaltene
Pflanzen von derselben Sorte wie der Mutterstock sein werden, indem
theils durch die Luft, besonders aber durch Insecten und vorzüglich
durch Bienen, der Blumenstaub auf andere Stöcke gebracht wird,
daher erhält man gewöhnlich durch Samen aus Beeren von einem
und demselben Stocke oft sehr verschiedene Sorten, von denen manche
sich durch Schönheit, Größe und Wohlgeschmack auszeichnen. Durch
künstliche Befruchtung könnte man freilich diesen Zweck noch mehr und
besser erreichen. Indessen sagt London: „so viel uns bekannt ist, hat
man die wissenschaftliche Methode, eine Varietät mit einer andern zu
befruchten, auf die Stachelbeeren noch nicht angewendet." Vielleicht
bekommt man interessante und vorzügliche Stachelbeer=Hybriden, wenn
man verschiedene Stachelbeersorten auf e i n e n Stock copulirt, z. B.
rothe und grüne, oder auch von 3 oder 4 verschiedenen Farben und
verschiedener Gestalt und Größe, und dann die auf demselben wach=
senden Beeren zur Gewinnung von Sämlingen benutzt. Derartige
mannigfache Versuche müßten mit der Zeit wohl interessante Resul=
tate liefern.

Die Zeit der Aussaat der Stachelbeersamen ist der nächste
Herbst bis zum Winter, so lange das Land nicht gefroren ist, oder
zeitig im nächsten Frühjahr, der April.

Gewöhnlich säet man den Stachelbeersamen in's freie Land,
andere bringen ihn in Kästen, in Töpfe, ja auch in Treibbeete.

Der Boden, dem man die Samen im Freien anvertraut,
muß von Natur warm und trocken sein, aus einer kräftigen und
fetten Gewächserde bestehen, von allem Unkraut gehörig gereinigt,
und so wie jedes andere Land, welches besäet werden soll, vorher
tief genug umgegraben und zur Aussaat wohl vorbereitet werden.

Auf dem gut vorbereiteten und geebneten Beete wird nun der
Same dünn ausgestreut, den einige wie Salatsamen einharken,
andere aber einen Zoll hoch mit Düngererde besieben. — Besser
aber ist es, wenn man auf dem Beete kleine Gräben oder Furchen
zieht, die Stachelbeersamen, eben so wie die Aepfelkerne, in selbige
legt und ihn dann mit der aufgeworfenen Erde bedeckt. — Das
Beet wird nun mit der Brause etwas angegossen und dann später
von dem etwa aufgehenden Unkraut rein gehalten.

In Kästen und Töpfen, mit reichhaltiger, leichter und mürber Erde gefüllt, lassen sich die Stachelbeerpflanzen ebenfalls gut ziehen, ja es ist sehr vortheilhaft, letztere zu gebrauchen, wenn man Pflanzen aus Samen von einer bestimmten Sorte rein zu gewinnen beabsichtigt, aber man darf die aufgegangenen Pflanzen nicht in warmen Häusern oder in Treibbeeten verzärteln, die späterhin beim Versetzen in's freie Land nicht wohl gedeihen oder absterben, sondern man muß die Kästen und Töpfe in's Freie setzen und da gehörig abwarten, wenn man sich eines guten Erfolgs erfreuen will.

Die in einem Treibbeete gezogenen Stachelbeerpflanzen sind meistens verzärtelt und bleiben, in's freie Land gepflanzt, wenn sie anders nicht absterben, gegen die im Freien gezogenen gar sehr zurück.

Die zur gehörigen Zeit dem freien Lande anvertrauten Stachelbeerkerne keimen im Frühjahre mit zwei rundlichen Samenblättchen und gehen leicht auf. Die Pflänzchen wachsen im ersten Sommer schon an einen Fuß hoch. Auf der Schale der Stengel sieht man zwar in gewissen Distanzen große Stacheln, aber außer diesen noch eine große Menge kleiner und feiner Stacheln, welche letztere in dem Schossen späterer Jahre nicht mehr zum Vorschein kommen, blos bei Wurzelausläufern alter Stöcke bemerkt man zuweilen eben solche feine Stacheln.

Ist der Same auf dem Samenbeete dünn genug ausgestreut, so kann man außer Sorge sein, die aufgegangenen Pflanzen verdünnen zu müssen. Stehen sie aber zu dick, so muß dieses geschehen. Die schwächsten Pflanzen werden dann ausgerissen und weggeworfen, die schönsten und stärksten aber, wenn sie etwa eine Spanne hoch gewachsen sind, ausgehoben und auf das Zuchtbeet, in die Baumschule gepflanzt.

Das Ausreißen und Wegwerfen der zu dicht aufgegangenen und schwachen Stachelbeerpflanzen widerrieth mir ein erfahrener Gärtner und meinte, man sollte alle zu dicht aufgegangenen Pflanzen ausheben und auf das Zuchtbeet setzen, indem man auch aus den schwachen Pflanzen vielleicht noch Stöcke gewinnen könne, die die schönsten Früchte tragen.

Die ausgehobenen Sämlinge haben am Schafte unmittelbar über der Wurzel, sowie über den großen Stacheln, kleine Augen oder Knospen, aus welchen Ausschüßlinge und Seitenäste entstehen, so daß der Stock, wenn er groß geworden ist, einen Busch bildet. Die jungen

einjährigen Sämlinge kann man daher ganz vortrefflich zu neuen An-
lagen von dichten Zäunen und Hecken benutzen und sie sogleich an
Ort und Stelle pflanzen. In diesem Falle muß man jedoch auf
große Beeren verzichten. Will man aber diese gewinnen, so muß
man aus den Sämlingen Bäumchen ziehen und deßhalb ihnen, ehe
man sie auf das Zuchtbeet setzt, alle Augen, Knospen und Triebe am
Stamme mit einem scharfen Messer ablösen, von der Wurzel an bis
zur Spitze, an welcher man blos 2 bis 4 stehen läßt, um durch diese
eine gute Krone des Stockes zu erhalten.

Die also zubereiteten einjährigen Stachelbeerpflanzen versetzt man
reihenweise auf die Zuchtbeete oder in die Baumschule, wo sie 1 oder
2 Jahre cultivirt und gezogen werden. „In der Regel", sagt Loudon,
„tragen sie im 3ten Jahre. Dadurch, daß man den besten dieser
Pflanzen keinen sehr reichen Boden gab, sie begoß, beschattete und
die Frucht auslichtete, hat man die größten Sorten erhalten."

Ob ein Sämling große Früchte tragen werde, dieses kann man,
ehe er noch die ersten Früchte liefert, aus der Größe der Blätter
voraus wissen, indem uns die Erfahrung lehrt, daß wir von einem
Stocke, der sich durch große Blätter auszeichnet, auch große Früchte
erndten können.

b) Vermehrung der Stachelbeerstöcke durch Ausläufer.

Die Stachelbeerstöcke sind sehr geneigt aus den Wurzeln, zuweilen ziemlich viele Ausläufer (Wurzelschosse oder Schößlinge,
Nebenschößlinge, Wurzeltriebe, Wurzelläufer) zu treiben, die, wenn man den alten Stock in Bezug auf die Größe seiner
Früchte nicht schwächen will, sogleich bei ihrem Erscheinen wegschaffen
muß, und nie empor kommen lassen darf, jedoch dann wachsen läßt,
wenn man die Sorte, bei welcher die Ausläufer zum Vorschein kommen, leicht und sicher vermehren will; daher auch die Vermehrung
der Stachelbeerstöcke durch Ausläufer ein gewöhnliches Verfahren ist.

Das Abnehmen der Ausläufer und das Verpflanzen derselben
kann im Herbste (im October), oder zeitig im Frühjahre (im Februar
oder März, je nachdem es die Witterung erlaubt) geschehen. Man
gräbt dann um denselben herum vorsichtig die Erde auf, um die
Wurzeln an denselben nicht zu beschädigen, bis zu der Stelle, wo
er am Mutterstocke ansitzt, schneidet ihn mit einem scharfen Messer
hart am alten Stamme mit der Wurzel ab und verstutzt ein wenig

ihre gekrümmte oder schwache Spitze. Die stärksten und schönsten setzt man sogleich im Garten dahin, wo sie künftig bleiben sollen, die schwächsten aber bringt man auf das Zuchtbeet (in die Baumschule), wo sie so lange stehen bleiben, bis sie sich zum weitern Versetzen eignen. Vor dem Versetzen wird aber der Schaft von allen Augen, außer denen, welche die Krone bilden sollen, gereinigt. Späterhin nimmt man der Krone die unregelmäßigen neuen Triebe oder Schösse und zieht sie so, daß ein Hauptzweig von dem andern etwa $\frac{1}{2}$ Fuß entfernt ist: weiter nichts wird von ihnen verkürzt, als etwa einzelne, zu lang ausschweifende Zweige.

Manche Gärtner behaupten zwar, daß die aus Wurzelausläufern erzogenen Stachelbeerstöcke denen aus Steckreisern gezogenen weit nachstehen sollen, weil die erstern viel zu sehr in's Holz schießen und meistens schlechtere und kleinere Früchte tragen sollen, als der Mutterstock; allein dieses müßte wohl noch durch weitere, genauere Versuche zu erweisen sein; überdem haben erstere vor den letztern einen Vorzug, weil man sie sogleich mit Wurzeln an Ort und Stelle pflanzen kann, wo sie gewöhnlich, wenn sie gehörig behandelt werden, schon im ersten Jahre Früchte tragen, die nicht schlechter ausfallen, als die des Mutterstockes.

c) Vermehrung durch Ableger.

Die Vermehrung der Stachelbeerstöcke durch Ableger oder Senker ist ebenso leicht, schnell und sicher, als durch Ausschößlinge, da die auf der Erde nur aufliegenden Zweige sehr leicht Wurzeln schlagen. Man braucht daher bei einem Stachelbeerstocke nur die untersten Zweige niederzubeugen und sie mit Haken an den Boden zu befestigen und an dieser Stelle etwas mit Erde zu bedecken, welches zu jeder Zeit, vom Frühjahr an, bis zum Herbste geschehen kann. Der eingelegte Zweig wird sich sehr bald bewurzeln und zwar so stark, daß man die im Frühjahr und im Sommer eingelegten schon im Herbst oder im darauf folgenden Frühjahre herausnehmen und pflanzen kann.

Eignet sich ein Zweig dazu, daß man ihn durch einen Senker zu einem Bäumchen mit einer Krone ziehen kann, so wird dieses am besten im September auf folgende Weise vorgenommen: Man schneidet mit einem Messer alle Knospen des Ablegers ab, und läßt nur 4 an den obern Theile desselben zurück, welche die Krone bilden sollen.

Er wird dann auf die gewöhnliche Weise niedergezogen, mit einem Haken im Boden befestigt und etwas mit Erde bedeckt. Gewöhnlich treibt er, so weit er in der Erde war, Wurzeln, von welchen man aber nach dem Herausheben und vor dem Verpflanzen nur die untersten stehen läßt und die obern abschneidet.

Man muß die Ableger am Ende des Jahres herausnehmen, weil sonst der Theil, welcher unter der Erde ist und doch den Stamm bilden soll, nicht aufschwillt, sondern viele Jahre dieselbe Dicke behält, wie er gepflanzt wurde.

Ist an einem Stocke ein starker Ausläufer mit vielen Seitentrieben, so kann man ihn ganz niederbiegen und mit Erde bedecken, doch so, daß die Seitentriebe, wo sie am Zweige ansitzen, etwa einen Zoll unter die Erde kommen, die Spitzen aber gerade hervorstehen. Diese Seitentriebe werden an dem Wulste, wo sie an dem niedergelegten Zweige ansitzen, schöne Wurzeln schlagen, fröhlich wachsen und jeder von diesen Seitentrieben bildet einen schönen Stock für sich, den man mit einem scharfen Messer von dem niedergelegten Ausläufer abschneiden, oder auch durch einen kleinen Druck mit den unten ansitzenden Wurzeln leicht abbrechen und sogleich verpflanzen kann. Auf diese Weise erhält man von einem einzigen Ausläufer auf einmal mehrere schöne Stöcke.

d) Vermehrung der Stachelbeerstöcke durch Stecklinge.

Die Vermehrung der Stachelbeersträuche aus abgeschnittenen Zweigen, die man in die Erde steckt, damit sie Wurzeln treiben (Stecklinge, Steckreiser, Schnittlinge, Schnittreiser), verdient, abgesehen von den anderweitigen Vortheilen, die man bei diesem Verfahren gewinnt, besonders in der Hinsicht den Vorzug, daß man sie fast zu jeder Zeit unternehmen kann und sie besonders mit der Zeit zusammentrifft, da man ohnedem die Stachelbeersträucher beschneiden muß, wodurch man viele Stecklinge gewinnt, ohne den guten Mutterstock durch Abschneiden derselben zu verunstalten oder zu beschädigen, und eine größere Menge Pflanzen von jeder Sorte gewinnen kann, als durch Ausläufer und Ableger; sie gedeihen auch ziemlich, wenn man nur die Bedingungen bei der Behandlung derselben beachtet, die uns die Erfahrungen und Beobachtungen Sachkundiger an die Hand geben.

Die Steckreiser können zwar in jedem Boden Wurzeln schlagen, aber sie gedeihen am besten, wenn er aus einer guten, lockern, mil= den, fruchtbaren, mit etwas Sand vermischten Erde besteht. Vor= züglich soll der Lumpendünger das Gedeihen der Stecklinge sehr befördern, da er die Feuchtigkeit lange erhält und dadurch den her= vorsprießenden Wurzeln der Stecklinge sehr wohlthätig wird*).

Auch die Lage des Beetes, in welches man die Stecklinge ein= setzt, ist zu beachten. Es darf nicht der vollen Einwirkung des Son= nenlichts ausgesetzt sein, weil sonst viele Steckreiser leicht austrocknen. Deßhalb muß es auf einer schattigen, doch nicht zu feuchten Stelle des Gartens angelegt werden.

Ferner muß man das Beet vom Unkraut rein halten, und die Stecklinge bei trocknem Wetter immer gehörig begießen.

Ueber die Beschaffenheit der Reiser, die man als Stecklinge be= nutzen will, sind die Gärtner nicht einerlei Meinung. Einige nehmen nur einjährige, andere auch zweijährige Schosse; einige nehmen sie nur 7 Zoll, andere bis zu 18 Zoll lang. Die allgemeine Vorschrift ist, daß man zu Stecklingen von den obersten Zweigen eines Busches oder Baumes, die gute und schöne Beeren tragen, die stärksten, kräftigsten und am geradesten gewachsenen Schossen wählt, die man in etwa 1 Fuß von einander befindlichen Reihen, in einer Entfernung von 6 bis 8 Zoll von einander in ein Land von der oben angegebenen Beschaffenheit so pflanzt, daß etwa der 3te Theil oder beinahe die

---

*) Zur Gewinnung und Anwendung des Lumpendüngers giebt der Verfasser des „Neuen vollst. Gartenbuchs rc. mit einer Vorrede von Dr. F. G. Dietrich, 1r Band. Ulm, 1838 S. 404. 405." folgende Vorschrift:

„Man feuchtet die wollenen Lappen mit Wasser, oder noch besser, Mistjauche so an, daß sie durch und durch naß sind, wirft sie auf einen Haufen und läßt sie einige Tage liegen, bis sie in eine gelinde Gährung übergegangen sind, welches man leicht an dem Geruche erkennen kann. Werden die aufgeschichteten Lumpen heiß, so sticht man sie täglich einmal um, um zu verhüten, daß sie sich nicht ent= zünden und dadurch unbrauchbar werden. Jetzt werden sie zerhackt, worauf sehr viel ankommt. Der Hacker sitzt vor einem hohen Klotze und zerhaut mit einem scharfen Hackemesser (wie es die Fleischer gewöhnlich haben) die nassen Lumpen vor der Hand in kleine Stücken. Sobald nun die Lumpen zerhackt sind, werden sie über Nacht mit Mistjauche befeuchtet. Man bringt sie in einem Korbe auf das Beet, welches damit gedüngt werden soll. Sie werden so dicht aufgestreut, daß keine leeren Plätze von einer Hand groß auf dem Beete bleiben. Man gräbt sie tief unter, und gleich darauf wird das Beet bepflanzt."

Hälfte des Stecklings unter die Erde zu stehen kommt, die man beim Einsetzen des Reisen an daſſelbe etwas andrückt, und dann gleich gehörig begießt. Auf dieſe Weiſe werden ſie ſich bald bewurzeln.

Bei den Stecklingen, die im vorigen Jahre gepflanzt worden ſind, und ſehr zarte Wurzeln haben, ſoll man zeitig im Frühjahr des 2ten Jahres die Erde mit dem Fuße antreten, auch etwas Land unten anhäufeln, weil der Winterfroſt die Stecklinge hebt und ihre zarten Wurzeln aus der Erde zieht.

In Rückſicht der Jahreszeit, in welcher man Stecklinge macht, iſt zu bemerken, daß dies im Herbſte, im Frühjahre und im Sommer geſchehen kann, „jedoch iſt, wie Chriſt ſchreibt, die Herbſtpflanzung nicht ſo vertheilhaft, indem ſolche faſt ganz mißräth, und kaum der 15te Theil von den ausgeſetzten Stecklingen Wurzel ſchlägt, da hingegen von der Frühjahrspflanzung von 100 kaum 10 zurück bleiben.“

Von dem eben Angeführten habe ich durch Erfahrung ganz das Gegentheil gefunden. Im Herbſt 1844 erhielt ich vom Domvicar Martin in Erfurt 25 Steckreiſer, die ich ſogleich nach meiner Zurückkunft nach Arnſtadt auf ein Gartenbeet pflanzte, das von Morgens 8 Uhr bis 2 Uhr Sonnenſchein genoß, von welchen aber nur 2 Stück ausgeblieben ſind. Die andern hatten ſich im Sommer ſo gut bewurzelt und getrieben, daß ich ſie im Herbſte verpflanzen konnte. Auch im Herbſte 1845 ſetzte ich wieder eine Menge Stecklinge und ſie geriethen ganz vortrefflich, beſſer, als die im Frühjahr darauf angepflanzten. Daſſelbe günſtige Reſultat erhielt ich bei den im Herbſt 1846 eingeſetzten Stecklingen.

Die Herbſtpflanzung geſchieht zu Ende des Octobers, wenn das Laub abfällt. Man nimmt dazu am beſten die diesjährigen Sommertriebe von geſunden Stämmen und Sträuchern, nach Verhältniß der Stärke 10 bis 18 Zolllang, die man auf die oben beſchriebene Weiſe einſetzt.

Die Frühjahrspflanzung unternimmt man zeitig, ehe die Knospen des Stachelbeerſtocks treiben, und ſo bald die Erde ſo weit aufgethaut iſt, daß man die Stecklinge in dieſelbe bringen kann. Man ſoll die Steckreiſer ſchon im Februar ſchneiden und ſie auf einer ſchattigen, doch nicht zu feuchten Stelle des Gartens ſo lange verwahren, bis die Erde ſo weit aufgethaut iſt, daß man ſie ſetzen kann. Andere ſchneiden ſie zeitig im März, ehe die Stöcke austreiben, und ſetzen ſie gleich.

An den aus Stecklingen gezogenen Stachelbeerstöcken zeigen sich gewöhnlich im dritten Jahre ihres Wachsthums die ersten Beeren.

Um aus Stecklingen schöne Bäumchen zu ziehen, dazu giebt E. Linse folgende besondere Anweisung.

„Sobald die Stachelbeersträucher ihren Jahrestrieb beginnen, werden die Stecklinge nach beliebiger Anzahl und soviel man zu pflanzen beabsichtigt, von dem stärksten einjährigen Holze, welches eine Länge von 7 bis 8 Zoll hält, geschnitten. Darauf werden alle Augen, bis auf die beiden oberen, ausgebrochen, denn wollte man dem Stecklinge die übrigen lassen, so würden diese austreiben, Ausläufer bilden und die Pflanzen sich zu dichten Sträuchern formiren. Wenn beide der stehen gelassenen Augen treiben, so wird der schwächere Trieb abgeschnitten, gleichviel ob er der obere oder der untere ist.

Im darauf folgenden Jahre werden die Stecklinge bereits eine Höhe von 1—1½ Fuß erreicht haben; nun werden wiederum alle Augen, bis auf das obere, welches den Hauptstamm bilden soll und wenn es gesund und kräftig erscheint, ausgebrochen. Auch müssen nun die jungen Stämme an die dazu nöthigen Stäbe gebunden werden, damit sie sich zu geraden Bäumchen ausbilden können.

Im dritten Jahre haben diese aus Stecklingen gezogenen Pflanzen, wenn sie auf vorbeschriebene Art behandelt worden sind, bereits eine Höhe von 3—4 Fuß erreicht. Jetzt werden sie eingestutzt, damit sie Kronen bilden können, zu diesem Zwecke werden ihnen 5—6 Augen belassen, alle übrigen aber ausgebrochen.“

Die Sommerpflanzung oder das Erziehen der Stachelbeeren aus Stecklingen, die man im Sommer einsetzt, ist eine glückliche Erfindung der neuern Zeit. Dr. F. G. Dietrich sagt (S. dessen Gartenbuch 2. B. S. 388) ganz kurz: „Im Junius (oder auch im Julius) sind die Stachelbeersträucher aus den in diesem Jahre getriebenen Zweigen zu vermehren.“ Einem Herrn v. F. verdanken wir eine specielle Anweisung dazu:

Neue Vermehrungsart der Johannis- und Stachelbeersträucher.

„Im letzten Drittel des Junius löset man von den Johannis- und Stachelbeersträuchern eine beliebige Anzahl Sommertriebe von 5

3 *

Zoll Länge und drüber an der Stelle ab, wo sie am vorjährigen
Holze sitzen. Man schneidet sie mit einem scharfen Messer dergestalt
ab, daß die ältern Zweige nicht beschädigt werden, und dennoch an
den jungen Trieben etwas von dem Wulste sitzen bleibt, der zwischen
diesen und jenen die Verbindung macht. Viel später, als angegeben,
darf man die Zweige, wenigstens in beträchtlicher Menge nicht abneh=
men, wenn man nicht der Fruchtbarkeit für das folgende Jahr scha=
den will. Von diesen Trieben werden die Blätter bis auf 3 oder 4
an der Spitze glatt am Zweige abgeschnitten, auch die Stachelbeeren
von den Dornen befreiet, worauf man sie in Wasser legt. Sobald
die Stecklinge alle beschnitten sind, werden sie, am Besten Abends,
auf eine vorher dazu bereitete Rabatte eingepflanzt. Diese muß gegen
Morgen und Mittag frei liegen, und ihre Erde leicht, fruchtbar und
sorgfältig gegraben, auch rein von Steinen und Unkraut sein. Auf
derselben zieht man 3 Zoll tiefe und 9 Zoll von einander abstehende
Furchen, in welche man die Stecklinge 6 Zoll weit setzt. Letztere
müssen durchaus sehr fest angedrückt und so tief gepflanzt werden,
daß wenigstens drei Viertheile ihrer Länge in die Erde kommen.
Die Furchen werden nun vorsichtig mit Wasser angefüllt, und dieß
so lange wiederholt, bis es nicht mehr einzieht, worauf man sie mit
Moos, oder im Nothfall mit Stroh belegt. In den ersten 4 Wochen
wird die Rabatte Morgens und Abends begossen, nachher, wenn die
Pflanzen Wachsthum zeigen, gießt man sie allmälig etwas weniger,
doch so, daß es ihnen ja nicht an Feuchtigkeit mangele. Im folgen=
den Februar und März, ehe sie auszutreiben anfangen, werden die
Pflanzen mit vollen Wurzeln ausgehoben, und an die ihnen bestimmte
Stelle verpflanzt. Gewöhnlich haben sie sich ungemein stark bewurzelt,
wachsen deßhalb sehr leicht an, und bringen schon im folgenden Jahre
Früchte." (S. den Obstbau=Freund von der Gartengesellschaft zu
Frauendorf 1843. Nr. 9. S. 68—70.)

e) Veredlung der Stachelbeere durch Copuliren.

Trägt ein Stämmchen in der Pflanzschule nur schlechte Beeren,
daß es sich zum Anpflanzen in den Garten nicht eignet, so darf man
es, wenn man keinen anderweitigen Gebrauch davon machen kann,
und es nur gut gewachsen ist, noch nicht wegwerfen, da man es,
wie jeden andern Obstbaum, durch Copuliren, oder durch Auf=
setzen eines Reises von einer beliebigen guten Sorte auf die be=

kannte Weise veredeln kann. Bei solchen veredelten Stöcken hat man besonders darauf zu achten, daß man jeden Wurzelausläufer und Ausschößling am Stamme unterhalb des aufgesetzten Edelreises, beim ersten Hervorbrechen sogleich vertilgt.

§. 5.

Das Bezeichnen der verschiedenen Stachelbeersorten im Garten und das Einschreiben derselben in Bücher.

Ferner:

a) Von der Wahl der Sorten.

b) Die seit längerer Zeit anerkannten besten Sorten.

Ueber das Bezeichnen der verschiedenen Stachelbeersorten im Garten und das Einschreiben derselben in Bücher.

In einer Stachelbeeranpflanzung, in welcher man verschiedene Sorten zieht, muß man auch wissen, welche Sorten man hat und mit der Bezeichnung derselben und dem Eintragen in Register, sowie in jeder Baumschule und in jedem wohl eingerichteten Fruchtgarten die strengste Ordnung halten.

Die aus Samen gezogenen Stöcke, welche auf ein besonderes Beet gepflanzt und daselbst bis zum Weiterverpflanzen in dem Garten gezogen werden, bezeichnet man nicht eher, als bis man sie an den ersten Früchten als aufnahmsfähig kennen gelernt hat und sie in den Garten an einen bestimmten Ort setzt, wo sie mit einer bestimmten Nummer als Sämling bezeichnet und unter derselben in das Buch eingetragen werden.

Auf dem Vermehrungsbeete, wie auch in der Pflanzschule, muß man jede einzelne Sorte mit einer Nummer oder mit dem Namen bezeichnen und sie ebenfalls in das Register notiren.

Zur Bezeichnung der Sorten auf den Beeten verwendet man die gewöhnlichen Etiquetten von Holz, Zink oder Porzellan.

Zur Bezeichnung der an bestimmte Stellen eingepflanzten Stöcke bedient man sich am besten kleiner Bleiplatten, auf welche eine Nummer eingeschlagen ist und die man mit einem dünnen ausgeglühten Modelldrahte locker an den obern Theil des Stammes befestigt. — Unter der Nummer auf dem Bleiplättchen wird dann der Name der Sorte mit anderweitigen nöthigen Bemerkungen in das Buch eingetragen, und auf diese Weise ein genaues Register über die ganze Pflanzung geführt.

a) Von der Wahl der Sorten.

Der Engländer Nicol bemerkt in Bezug auf Stachelbeersorten, daß sie über die Maßen vervielfältigt worden seien, und man dreist behaupten könne, daß von 20 in den meisten Catalogen angeführten Sorten, kaum eine des Anpflanzens werth sei.

(S. Loudon I. S. 576.)

Für die Tafel sucht man große Sorten. „Jedoch", bemerkt Neill, „muß man zugeben, daß, wenn auch die großen Sorten Stachelbeeren sich besser auf der Tafel ausnehmen, sie doch einigen kleinern Sorten im Geschmacke oft nachstehen." Mehrere der größeren Sorten haben sehr dicke, feste Schalen und sind nicht eßbar, wenn sie nicht durch und durch reif geworden. Einige der großen Sorten sind indessen von sehr guter Qualität, z. B. die red Champaigne- und die green Walnut-Stachelbeeren. Unter diesen verdient auch Wilmot's early red mit angeführt zu werden.

Man muß Früh- und Spätsorten anbauen, um sich die Dauer des Genusses dieser Frucht zu verlängern.

Andere Sorten zum Anbau wähle man für den Gebrauch in der Küche und zum Einmachen, besonders solche, die häufig tragen.

Will man eine vollständige Stachelbeersammlung haben, so thut man am besten, sich an einen Lancashirer Handelsgärtner zu wenden, und ihn zu bestimmen, ob man ein Sortiment großer prächtiger Sorten, eine zahlreiche Varietät, oder lieber eine Auswahl der nützlichsten Sorten wünscht. J. Whalley zu Liverpool dürfte in diesem Punkte als Commissär zu empfehlen sein.

(S. Loudon I. S. 960.)

b) Die seit längerer Zeit anerkannten besten Sorten.

Loudon (dessen Encykl. des Gartenwesens I. S. 576, 577 u. 959) empfiehlt folgende, unter welchen die vorzüglichsten noch mit einem Sternchen bezeichnet sind.

Rothe.

* Old ironmonger, Eisenkrämer.
  Early Black, frühe schwarze.
  Damson oder dark red, die Damascenerpflaume oder dunkelrothe.
* Red Walnut, Wallnuß.
  Warrington, Warrington.
* Smooth red, die glatte.
* Hairy red, die große rauhe.
* Red champaigne, Champagne.
* Nutmeg, Muskatnuß.
* Captain, Capitain.
  Wilmot's early red, Wilmot's frühe rothe.
* Admirable, die verwundernswürdige.

Grüne.

* Green Gascoign, Gascogne.
* Green Walnut, Wallnuß.
  White Smith, der Weißschmidt.
  Green globe, Kugel.
  Green-gage, das grüne Pfand.
  Goliath, Goliath.
  Early green, frühe grüne.

Gelbe.

  Great amber, die große Ambrabeere.
* Globe amber, Ambrakugel.
  Great mogul, der große Mogul.
  Hairy globe, die rauhe Kugel.
* Golden drop, Goldtropfen.
* Honycomb, Honigscheibe.
* Sulphur, Schwefel.
* Conqueror, Eroberer.
* Yellow champaigne, Champagne.

* Golden-knop. Goldknopf.

Royal sovereign, Der königliche Herrscher.

Tawny, die lohfarbige.

Weiße.

* Large crystal. Crystall.

White veined, die weiße marmorirte.

* Royal George, König Georg.

White Dutsch, der weiße Holländer.

White Walnut. Wallnuß, weiß.

Orleans, die Orleaner.

Nonpareil, die nicht ähnliche.

§. 6.

Die Erziehung des Stachelbeerstrauchs.

Der Stachelbeerstrauch wird gezogen

zu Hecken,

als Strauch,

als Halbstamm,

als Spalierbäumchen.

Der Stachelbeerstrauch wird zu den mancherlei Zwecken, die man zu erreichen wünscht, auf verschiedene Weise angepflanzt und gezogen.

Zu Hecken, besonders zu Zäunen nimmt man Sorten, deren Stamm mit vielen Stacheln besetzt ist, besonders Sämlinge, die am Stamme von der Wurzel an viel Ausschößlinge treiben und pflanzt sie reihenweise an einander. Man zieht dann die Aeste so hoch als möglich und bindet sie an Zaunpfähle. Ein dergleichen lebendiger Zaun ist die beste Einfriedigung, von welchen man aber keine guten Beeren erwarten darf. Dergleichen im Zaune gezogenen Früchte nennt man auch schlechthin Heckenbeeren.

Der Stachelbeerstock als Strauch oder als Busch gezogen, hat in dieser Gestalt seine natürliche Form, erhält in gutem Lande einen großen Umfang und liefert jährlich die größte Menge von Beeren; allein diese Büsche haben auf Rabatten stehend, da sie sich mit ihren Zweigen mehr in die Breite ausdehnen und viel

Raum einnehmen, ein schlechtes Ansehen, besonders wenn sie älter werden und die innern Zweige zu verdorren anfangen, und da man die Büsche durch Düngung und Behacken nicht gehörig cultiviren kann, ferner in den dichtgewachsenen Sträuchen nicht die wohlthätige Sonnenwärme gehörig einzuwirken im Stande ist, so werden die Früchte, wenn auch der Strauch von einer guten Sorte abstammt, klein, dürftig und unschmackhaft und sind überdem in solchen dichten Büschen der Fäulniß so sehr ausgesetzt, daß bei nassem Wetter ein großer Theil derselben verloren geht. Noch mehr ist dieses der Fall, wenn man sie an einem unangemessenen Orte anpflanzt, wie es nicht selten in Gärten geschieht. Nistet sich in einem solchen Stachelbeerbusche Ungeziefer ein, so kann man es nicht so leicht und nicht eher bemerken, als bis die Anwendung der Mittel zur Vertilgung derselben vergebliche Mühe ist. Derselbe Fall ist es in Betreff des schädlichen Ungeziefers auch bei der Anpflanzung der Stachelbeeren in Hecken.

Die Stachelbeerstöcke, als Buschbaum oder Halbstamm, ein- und höchstämmig gezogen, sind in dieser Form nur ein Werk der Kunst und der sorgfältigsten Erziehung, und erreichen bei einer steten aufmerksamen Behandlung eine beträchtliche Stärke und Höhe, wie weiterhin angegeben werden soll. Man giebt ihnen insgemein eine Höhe von circa 4 Fuß und läßt die untere Hälfte von der Erde an als reinen Stamm, die obere Hälfte aber mit Aesten besetzt, als Krone, die man durch den Schnitt gehörig licht und rein erhalten muß. Solche Bäumchen tragen dann freilich nicht eine so große Menge Früchte, aber als Ersatz weit schönere, größere, schmackhaftere und werthvollere, wie von den Büschen, und sie werden dem Gärtner bei der gehörigen Behandlung und Pflege immer den Beweis liefern, daß man in Betreff der Früchte das, was man an der Quantität verliert, immer an der Qualität gewinnt.

Die Bäumchen müssen immer, damit sie nicht ein Spiel des Windes werden, an starken Pfählen fest angebunden sein, und sind dann, wenn sie mit ihren reifen Früchten prangen, eine wahre Zierde des Gartens.

Ferner zieht man die Stachelbeersträucher auch noch an Spalieren und zwar

1) an einer Wand oder Mauer im Garten, ebenso wie

andere edle Obstsorten, deren Aeste fächerförmig gezogen, ausgebreitet und angebunden werden. Wenn das Spalier vor den rauhen Nordwinden geschützt, der freien Einwirkung der Luft und Sonne, besonders der Mittagssonne ausgesetzt ist und man eine frühe gute Sorte zur Anpflanzung wählt, den Stock durch Düngung, Beschneidung 2c. als Spalierbäumchen gehörig behandelt, so kann man hoffen, jedes Jahr recht frühzeitig große und schmackhafte Beeren zu ernten. — Die Zeitigung wird aber noch besonders befördert, wenn die Wand hinter dem Spalier nicht weiß abgeputzt, sondern schwarz ist, wodurch die Einwirkung der Sonnenwärme auf die Früchte verstärkt wird.

2) An freistehenden Spalieren. Sie auf diese Weise zu ziehen ist besonders von Engländern empfohlen worden, die folgende verschiedene Arten des Verfahrens angeben.

A. Von Forsyth.

„Mehrere der Lancashire-Sorten pflegen gern in wagerechter Richtung zu wachsen, auch hängen ihre Aeste gern abwärts, wodurch sie bei starken Winden, besonders dann, wenn sie mit Frucht beladen sind, leicht abgebrochen werden können. Für diesen Fall giebt er den Rath, ringsum 2 oder 3 Reißstöcke auszuspannen, an welche man zur Unterstützung die Aeste binden kann, wodurch man verhindert, daß sie vom Winde nicht abgebrochen werden."

(S. Loudon I. 962.)

B. Von Moses Bristow.

Die Stachelbeerbäume werden an einer Art Gitter gezogen, welche aus etwa 6 Zoll von einander in den Boden gesteckten Stäben bestehen. In diesem Falle werden die Bäumchen etwa 4 Fuß auseinander in die Rabatte gepflanzt. Ein horizontaler Ast wird 3—4 Zoll von der Erde auf jeder Seite des Hauptstammes, und von diesem horizontalen ein senkrechter Ast an jedem Stabe entlang geführt. Diese Methode erspart Raum, und wenn die Stäbe, wie es oft der Fall ist, eiserne, folglich dünn und schmal sind, so sehen die Bäume sehr nett aus. Die Liebhaber in England verfahren bei der Cultur gewöhnlich so: da alle Früchte an der untern Seite der Aeste hängen, so bedient man sich einer Anzahl mit Gabeln und Haken versehener Stäbe, der ersten um die Zweige zu unterstützen, welche geneigt sind

sich auf den Boden hinzuziehen, der letztern, um diejenigen herunter=
zu halten, welche zusehr geneigt sind aufwärts zu wachsen. Die
jungen Bäume werden bis etwa auf 3 oder höchstens 4 Hauptzweige
gezogen, welche vermittelst der Stäbe horizontal ausgebreitet werden.
Während des Wachsthums im Sommer werden die drei Hauptzweige
eine Menge junger Nebenzweige treiben, und die meisten davon wer=
den beim Ausputzen im Herbst bis auf ein Auge verkürzt, während
die andern bis zur Hälfte ihrer Länge beschnitten werden. Es wer=
den weder am Ende noch am Ursprunge der Hauptzweige Schößlinge
gelassen, sondern nur an den Seiten; die Zahl der übrig gelassenen
Schößlinge darf nicht 2—3 an jedem Hauptaste übersteigen. Ist das
Bäumchen stark und sind nur wenig Aeste zurückgelassen, so kann
man auf eine verhältnißmäßige Größe der Frucht rechnen. In spä=
tern Jahren, wenn die Hauptäste über die gehörigen Grenzen hinaus=
wachsen, werden sie hinreichend verkürzt, um sie in ihrer Form zu
erhalten, sowie um einen gehörigen Vorrath an gutem Holze zu ge=
winnen.

(S. Cultur der Stachelbeeren. Von Moses Bristow. Aus
dem Horticultural=Register Vol. 3. Nr. 32 übersetzt, in der Allgem.
Gartenzeitung von Otto und Dietrich. Berlin, 1834 S. 60 u. 61.
Desgl. im Hauslexikon 7. Bd. S. 643.)

C. Von S. Jeeves.

Jeeves hat den Versuch gemacht, die Stachelbeeren an einem
gewölbten Geländer zu ziehen, nach Art eines bedeckten Bogenganges.
Zu diesem Behufe pflanzt er sie in 3½ Fuß auseinanderliegende Rei=
hen, und giebt den Stöcken in den Reihen einen Abstand von 3 Fuß.
Er wählt dazu sehr kräftig gewachsene Sorten und zieht 4 Aeste von
9 Zoll Abstand von jedem Stocke, bis sie oben zusammenstoßen.
Die Vortheile, welche dieses Verfahren gewährt, sind ein prächtiger An=
blick; ferner wird die Frucht nicht vom Regen besprißt, ist leicht ab=
zunehmen und der Boden ohne Mühe in Ordnung zu halten.

(Aus Hort. Trans. Vol. IV. p. 164. bei Loudon I. 962.)

D. Von Snow in Swinton Gardens.

Das Spalier wird aus 4 Fuß langen Stäben gebildet, die man
reihenweise in Form von Andreas=Kreuzen in die Erde steckt. Die
Sträucher werden mit Bast daran gebunden und fächerförmig gezogen.

— 44 —

Auf diese Weise leiden dieselben nicht nur nicht von Winden, sondern sie nehmen auch weniger Platz ein, lassen sich leichter beschneiden, sind regelmäßig der Luft und der Sonne ausgesetzt, bekommen reiferes Holz und tragen daher auch schmackhaftere Früchte. Auch reifen die spätern Beeren früher und alle können besser gegen Beschädigungen von Vögeln, vor Frost und vor Nässe gesichert werden. Man hat nur nöthig, eine Matte über die Sträucher zu werfen, um die Früchte bis Weihnachten und länger zu erhalten, und durch eine solche Bedeckung werden sie auch gegen Nässe gesichert. Die Stäbe hat man nicht nöthig zu erneuern, denn wenn dieselben unbrauchbar werden, halten die Sträucher von selbst.

(Aus Gard. Chron. 1843 in der Allgem. Thüring. Gartenzeitung, von Dr. Bernhardi, 1844. Nr. 11. S. 55. Desgl. in der Allgem. Gartenzeitung, von Fr. Otto und Dietrich, 1844. Nr. 19. S. 149.)

§. 7.

Ueber das Pflanzen der Stachelbeerstöcke an einen bestimmten Ort.

a) Verfahren der Engländer beim letzten Verpflanzen.
b) Das Anbinden an Pfähle.

Ueber das Pflanzen der Stachelbeeren an einen bestimmten Ort.

In Betreff der Jahreszeit scheint es keinen Unterschied zu machen, ob man die Stachelbeerstöcke im Herbste oder im Frühjahre an den Ort ihrer Bestimmung verpflanzt, nur beachte man die Vorsicht, daß man im Herbste dieses nicht eher unternehme, bis die Blätter von dem zu verpflanzenden jungen Stocke abfallen, im Frühjahre aber, so früh als möglich, ehe die Knospen treiben, sobald man in die Erde kommen kann, um den Stock gehörig einzusetzen. Dieses Anpflanzen wird um so eher glücken, wenn man eine Zeit dazu wählt, wo der Erdboden nicht zu naß und klotzig ist, sondern die Erde beim Umgraben locker auseinander fällt.

Jedoch kann man auch Stachelbeerstöcke noch einpflanzen, welche schon Blätter getrieben haben, ohne viele zu verlieren. Ich erhielt

on einem Freunde, eine Meile von hier wohnend, 12 junge bewur=
zelte Stachelbeerstöcke zugeschickt, die schon Blätter und Blüthen ge=
trieben hatten. Beim Einpflanzen begoß ich sie reichlich. Von diesen
2 Stücken ist nur ein einziges ausgeblieben.

Bei einer neuen Stachelbeeranpflanzung in einen Garten bezeichne
man jede Stelle, an welche ein Stock gesetzt werden soll, mit einem
Stabe.

Eine allgemeine Regel bei einer Anlage der Art ist: die Stöcke
nicht zu nahe an einander zu pflanzen, nicht blos deßhalb,
damit sie Platz genug haben, sich nach allen Seiten frei auszubreiten,
Luft und Sonne auf jeden einzeln gehörig einwirken können, sondern
auch, damit man Raum genug habe, um bequem und ungehindert zu
jedem einzelnen Stock zu kommen und man im Stande sei, jeden von
dem Ungeziefer, von welchen einer befallen werden kann, leicht zu
reinigen.

Nach Rubens kann man sie etwa 2 Fuß von einander in gute
Erde setzen. Nach Christ ist eine Entfernung von 3 Fuß der Stöcke
von einander hinreichend, nach Dietrich aber soll man sie in Ra=
batten 4 Fuß weit, nach Abercombie aber 6 Fuß von einander
und 3 Fuß vom Wege entfernt pflanzen. Andere setzen sie noch
weiter von einander. In Betreff dieses Punktes findet man im Obst=
baum=Forum (1842. N. 39. p. 307.) folgende Vorschrift:

„Sollen die Stachelbeerstöcke auf einem eigenen Platze beisam=
men stehen, so giebt man ihnen hinlänglich Raum, das heißt man
setzt sie in Reihen, die 8 bis 10 Fuß von einander sind, und läßt
zwischen zwei Sträuchen in einer Reihe immer einen Raum von
wenigstens 6 Fuß. Man hat auf diese Art Platz genug, um die
Erde dazwischen aufgraben oder umhacken, die Pflanzen selbst bequem
beschneiden und die Früchte leicht einsammeln zu können. Auch hat
dieß noch den Vortheil, daß die Beeren größer werden und besser
reifen; und überdieß kann man auch noch viele Küchengewächse in
den dazwischen befindlichen leeren Raum säen oder pflanzen.

Will man aber diese Sträuche in einzelnen Reihen rund um die
Quartiere des Küchengartens setzen (wie dieß gewöhnlich zu geschehen
pflegt), so setzt man sie volle 7 oder 8 Fuß weit von einander.
Eben so weit setzt man sie auch in einer Reihe, wenn man den Küchen=

garten damit in breite Felder von 30 bis 40 und mehr Fuß Breite abtheilen will."

Sollen auf einem eignen Platze nur allein Stachelbeeren beisammen stehend angepflanzt werden, so ist es hinreichend, wenn man die Beete 3 Fuß breit macht, einen Weg von 1 Fuß Breite läßt, die Stöcke 4 Fuß weit von einander so setzt, daß sie mit den Stöcken im Nebenbeete immer nicht in gerader Linie, sondern in der Mitte in gleicher Entfernung von den ersten beiden stehen und einen Quincunx bilden. — Der Engländer Forsyth empfiehlt auch die Stachelbeere auf diese Weise zu pflanzen, wenn man ihnen ein eignes Quartier im Garten anweist, sie aber nie in den Schatten anderer Bäume zu setzen, weil sonst die Beeren nicht so schmackhaft werden.

Um die ausgesteckten Pfähle mache man nun die Gruben, in welche man den jungen Stock pflanzen will. Ist das Land schon umgegraben und locker, so schlage man den ausgesteckten Pfahl, an welchen man späterhin den Stock anbindet, tiefer und fest ein und hebe mit der Schaufel nur so viel Erde aus, daß man Platz genug erhält, um die Wurzeln der Pflanze in der Grube gehörig zu legen, die sich mit der Zeit bis 3 Fuß weiter um den Stock herum in der Erde horizontal ausbreiten. — Ist der Boden steinig oder felsig, so arbeite man eine Grube von etwa 2 Fuß Tiefe und 6 Fuß im Durchmesser aus, schaffe die Steine bei Seite und fülle die Grube mit verrottetem Miste und guter Erde aus, in welche man das Bäumchen pflanzt. — Ist der Boden von Natur naß und nicht durch Abziehgraben trocken zu legen, so mache man die Grube tiefer und fülle den untersten Theil derselben so weit mit Steinen und Schutt aus, daß noch 2 Fuß Tiefe bleibt, in welche alsdann die gute Erde mit verrottetem Mist kommt. — Hat aber vielleicht schon ein alter Stachelbeerstock an derselben Stelle gestanden, auf welche man einen jungen pflanzen will, so muß man die 2 Fuß tief und 6 Fuß breit ausgegrabene Erde ganz wegschaffen und die Grube mit anderer guter Erde ausfüllen, weil es die Erfahrung lehrt, daß, wenn man in diesem Falle solches unterläßt, der junge Stock nicht wohl gedeiht.

a) Verfahren der Engländer beim letzten Verpflanzen.

"Man darf die Stachelbeerbüsche nicht unter den Traufenfall der Bäume setzen, wo dem Licht und der Luft der Zutritt zu sehr versperrt wird, sonst bekommt man kleine und übelschmeckende Früchte, und die Pflanzen sind leicht dem Mehlthau ausgesetzt.

Man kann die Stachelbeeren zu jeder Zeit, bei offener Witterung, vom October bis zum März verpflanzen. Nimmt man aus Baumschulen Stachelbeerstämmchen, so muß man ziemlich große nehmen, die ungefähr 3 Jahre alt sind und schöne volle Kronen haben, wenn man wünscht, daß sie sogleich und reichlich tragen sollen. Für die Haupternte pflanze man Standbüsche, und zwar hauptsächlich in den Küchengarten, als eine Umzäunung der Quartiere oder an der Außenseite der Rabatten hin, je 6 oder 8 Fuß auseinander. Um ein sehr großes Quartier abzutheilen, kann man auch durchkreuzende Reihen pflanzen. Will man große Quantitäten von Stachelbeeren ziehen, so pflanzt man die Stachelbeerbüsche in fortlaufende, 8—10 Fuß auseinander liegende Parallelreihen, und giebt den Stöcken in der Reihe 6 Fuß Abstand. Zweckmäßig ist es, einige auserwählte Sorten an Süd= und andere sonnige Mauern oder Stackete zu pflanzen, um frühzeitigere und größere Frucht zu bekommen; dann auch an Nordmauern, um der Nachfolge wegen spätreife Stachelbeeren zu haben.

Forsyth sagt: Manche Handelsgärtner um London pflanzen die Stachelbeerbüsche in Reihen und geben diesen Reihen einen Abstand von 10 Fuß, und den Stöcken von 6 Fuß in der Reihe. Für kleine Gärten möchte ich rathen, ein Quartier mit Stachelbeeren zu bepflanzen, den Reihen 6 Fuß und den Stöcken 4 Fuß in der Reihe Abstand zu geben; man kann auch die Quartiere damit einfassen, so daß die Stöcke 3 Fuß vom Wege abstehen. Man kann dann das Quartier zu andern Ernten benutzen und sind die Stachelbeeren reif, so setzt man nur einen Fuß auf die Rabatte, um die Stachelbeeren abzunehmen, wobei die Pflanzen der Rabatte nicht im Geringsten beschädigt werden.

Neill sagt: An manchen Orten zieht man an den Seiten der Rabatten die Stachelbeeren in einem einzigen starken Schaft baumartig in die Höhe und bindet sie an einen Pfahl. So verursachen sie, bei einer Höhe von 6 oder 8 Fuß, kaum den geringsten Schatten auf der Rabatte, sie nehmen auch nicht vielen Raum ein oder hemmen den Zutritt der freien Luft.

Maher macht die Bemerkung, daß die Ernte der reifen Stachelbeeren oft dadurch benachtheiligt werde, daß die größten und frühsten

Beeren schon grün zu Torten gepflückt worden seien; deßhalb müsse man eine hinreichende Anzahl Stachelbeeren von sehr frühzeitigen Varietäten auf ein besonderes Quartier pflanzen und sie für die Zwecke der Küche, zu Torten und zu Saucen ausschließlich bestimmen (s. London I. 960. 961.).

In den Stachelbeerpflanzungen setzt man die Stöcke, ohne Rücksicht auf ihre Früchte und die Reifzeit derselben, gewöhnlich unter und neben einander. Auf der einen Seite gewährt diese Abwechslung dem Auge Vergnügen, auf der andern Seite aber muß man, wenn die Reifzeit naht, oder eingetreten ist, diejenigen Sorten aussuchen, bei welchen die Früchte reif sind.

Bei einer neuen Anlage könnte man daher die Stöcke zusammenpflanzen,

1) deren Früchte zu einer Zeit reif werden, oder
2) nach der Farbe der Früchte, oder
3) mit Rücksicht auf Reifzeit und Farbe.

Im erstern Falle könnte man folgende Abtheilungen machen:

1) Außerordentlich frühe, deren Beeren schon am Ende d. Jun. reifen.
2) Sehr frühe, — im 1sten Trittel d. Jul. —
3) Frühe, — im 2ten — — —
4) Zeitige, — im letzten — — —
5) Späte, — im 1sten Trittel d. Aug. —
6) Sehr späte, — im 2ten — — —
7) Außerordentlich späte, — im letzten — — —

Im zweiten Falle würde man 4 Abtheilungen machen und zwar:

1) Stöcke mit rothen Beeren.
2) — gelben —
3) — grünen —
4) — weißen —

Die verschiedenen Nuancen jeder Farbe würden, wenn sie sich neben einander befinden, dem Auge viel Vergnügen gewähren.

Im dritten Falle würde aber eine Stachelbeerpflanzung noch interessanter sein, wenn man nämlich bei derselben die Farbe der Stöcke zuerst beachtete, jedoch die verschiedenen Sorten von einerlei Farbe nach der verschiedenen Reifzeit zusammenstellte und auf einander folgen ließe.

Ehe man einen jungen Stock einsetzt, so untersuche man an dem=
selben genau die Wurzeln. Sollten einige beim Ausheben, oder wenn
man sie von Andern eingepackt erhalten hat, durch das Zusammen=
drücken beim Einpacken schadhaft geworden sein, so muß man sie mit
einem scharfen Messer, so weit sie gebrochen oder beschädigt sind, glatt
abschneiden, an den übrigen aber blos die Spitzen verstutzen. Nach
Rubens Vorschrift soll man von den zum Verpflanzen ausgehobenen,
bewurzelten Stecklingen die Wurzel bis auf einen quirlartigen, um
und um mit Wurzeln versehenen Theil ganz abschneiden. — Sollten
sich an oder über den Wurzeln, oder weiter oben am Stamme Augen
zeigen, durch welche Ausläufer oder unnütze Ausschößlinge entstehen
könnten, so muß man diese auch gleich abputzen. — Endlich ist es,
ehe man den Stock setzt, bequemer, die Krone desselben, so weit als
man es für nöthig hält, zu beschneiden.

Beim Einpflanzen selbst halte man den einzusetzenden Stock an
der Mittagsseite des eingeschlagenen Pfahls so tief in die Grube, als
er unter die Erde kommen soll, fülle allmälig feine Erde nach, in
welcher man die Wurzeln horizontal ausbreitet und drückt dann, wenn
die Wurzeln ganz mit Erde bedeckt sind, solche sanft mit der Hand
an, füllt Erde nach, bis die Grube ganz voll ist und schwemmt sie
dann mit genugsamen Wasser gehörig ein. Jetzt bindet man die
Stöcke noch nicht an den Pfahl, sondern erst weit später, wenn sich
die Erde gesetzt hat und durch das Begießen nicht mehr einsinkt.

Hat die Erde, in welche man den Stock setzt, durch vorherige
Düngung hinreichende Kraft, so ist jetzt noch kein Dünger nöthig.
Sollte es aber nicht der Fall sein, so wird beim Setzen rund um
die Wurzeln des Stocks die Grube mit verrottetem Dünger ausgefüllt
und noch mit Erde bedeckt.

Beim Setzen häufe man aber um den jungen Stamm die Erde
nicht an, damit um denselben eine kleine Niedrigung bleibe und das
Wasser beim Begießen nicht ablaufe.

Das Anbinden der Stachelbeerstämmchen an Pfähle.

Die Stachelbeerstämmchen, welche man als Bäumchen zieht, muß
man an Pfähle binden, nicht blos, damit sie gerade wachsen, sondern
auch, daß sie späterhin, wenn sie Früchte tragen, durch die Schwere
derselben nicht niedergezogen und überhaupt, da doch die Stämmchen

meistens nicht stark sind, nicht ein Spiel der Winde und dadurch beschädigt oder abgebrochen werden.

Hierbei ist zu beachten:

1) in Betreff des Pfahls;
    a) die Beschaffenheit desselben,
    b) Fichten oder Tannen?
    c) Länge und Dicke desselben,
    d) mit oder ohne Rinde,
    e) zugespitzt,
    f) Zubereitung desselben, ihn gegen baldiges Verfaulen etwas zu schützen,
    g) Zeit des Setzens,
    h) Verfahren, um die Wurzeln nicht zu beschädigen (s. Rubens S. 157).

2) in Betreff des Bindemittels;
    a) Weiden, mehr oder weniger starke, dauern 2 Jahr,
    b) Lindenbast, dauert 3 Jahre,
    c) Faden, mehr oder weniger starker Bindfaden,
    d) Strohseile, dauern 1 Jahr,
    e) Band,
    f) Lederriemen;

3) die Art der Befestigung:
    a) Einfach,
    b) Kreuzband: ∝

§. 8.

Behandlung der angepflanzten Stachelbeerstöcke.

1) Jäten.
2) Behacken.
3) Begießen.
4) Düngen.
5) Reinhalten von Ausläufern.
6) Beschneiden.
7) Schaden durch Insecten.

Wenn man von einer Stachelbeeranpflanzung schöne, große und wohlschmeckende Früchte gewinnen will, so darf man das nicht unbeachtet lassen, was eine vieljährige Erfahrung und die Natur der Sache einem Jeden lehrte, der sich mit der Kultur derselben befaßt hat. Im Allgemeinen besteht es darin, daß man alles das beseitigt, was das Gedeihen hemmt und auf der andern Seite durch richtige Anwendung geeigneter Mittel das Gedeihen befördert. Beide Operationen greifen in einander, nur wird durch letztere der beabsichtigte gute Erfolg noch mehr erhöht. Die Mittel sind folgende:

1) Fleißiges Ausjäten des Unkrauts unter und bei den Stachelbeerstöcken.

Bekanntlich zählen wir alle Pflanzen zum Unkraut, die in einer Anpflanzung gegen unsere Absicht und unsern Willen hervorkommen und derselben hinderlich und schädlich sind. Einige dieser Pflanzen sind perennirend oder auch zweijährig, andere blos einjährig. Von den erstern muß man die Wurzeln herauszubringen suchen und letztere muß man ausziehen, ehe sie blühen und Samen tragen. Das Erstere kann blos geschehen, wenn die Erde so weit aufgeweicht ist, daß man die Wurzeln, ohne sie abzureißen, herausziehen kann, das Letztere aber zu jeder Zeit, auch wenn der Boden trocken ist.

Ueber das Unkraut und die Vertilgung desselben f. Neuestes vollständ. Gartenbuch rc. mit einer Vorrede von Dr. F. G. Dietrich. Ulm, 1838. 2ter B. S. 244—248.

2) Behacken und Auflockern des Bodens.

Dieses geschieht nach dem Jäten und kurz vor einem zu erwartenden Regen; da dann der Boden nicht nur viel lockerer und für den kommenden Regen empfänglicher gemacht wird, sondern auch das in der Erde noch zurückgebliebene Unkraut verdirbt eher, wenn seine Wurzeln durch das Behacken blos zu liegen kommen, welches bei nasser und schmieriger Erde der Fall nicht ist. Uebrigens versteht es sich von selbst, daß man die Erde um den Stachelbeerstock herum nicht so tief aufhacke, daß dadurch die Wurzeln desselben blos gelegt oder beschädigt werden.

3) Das Begießen der Stöcke mit Wasser.

Das Wasser wird den Pflanzen auf natürlichen Wegen durch Regen, Thau und Schnee zugeführt. In Ermangelung derselben

4 *

bedient man sich des Begießens, wozu Regen= und Flußwasser am besten ist. Brunnenwasser ist nur dann dazu brauchbar, wenn es einige Zeit an der Luft und Sonne gestanden hat.

Das Begießen muß überhaupt so selten als möglich und nur in der höchsten Noth, bei anhaltender Trockenheit geschehen. Die Pflanzen werden durch vieles Gießen verwöhnt, und indem sie immer in der Oberfläche Feuchtigkeit finden, wurzeln sie nicht tief genug, um sich in der Zeit der Noth die Nahrung selbst suchen zu können. Besonders ist dieses bei Stachelbeerstöcken der Fall, deren Wurzeln sich meistens horizontal ausbreiten.

Das Begießen geschieht in den Morgen= und Abendstunden. Im Frühjahre, wenn die Nächte noch kalt sind, gießt man des Morgens, weil die Kälte der Nacht das Begießen mehr schädlich, als nützlich machen würde. In heißen Sommertagen hingegen wird Abends gegossen, damit die Feuchtigkeit die Nacht hindurch der Pflanze zu Gute kommt und nicht von der Hitze des Tages verzehrt wird.

S. Handbuch des gesammten Gartenbaues von Th. Theuß, herausg. von J. E. v. Reider. Halle, 1838. S. 31.

4) Gutes Düngen.

Forsyth sagt: Stachelbeeren muß man alle Jahre düngen, oder wenigstens alle 2 Jahre einmal dem Boden, worauf sie stehen, eine gute Mistbedeckung geben.

(S. Loudon I. S. 960.)

Als Dünger der Stachelbeeren braucht man gewöhnlich gut verrotteten Kuhmist, den man im Herbste, im November, um die Stöcke herum und über den Wurzeln unter die Erde bringt, und zwar so viel als möglich, weil man, wie ein alter erfahrener Gärtner versichert, die Stachelbeerstöcke nicht zu viel düngen könne.

Ueber die Einwirkung der andern Dungmittel von den Excrementen der Menschen, Pferde, Schafe, Schweine, so wie auch des Federviehes auf das Gedeihen und den Wohlgeschmack der Stachelbeere hat man, wie es scheint, noch keine Versuche angestellt. Gewiß ist dieselbe sehr verschieden, da die Erfahrung lehrt, wie die angezeigten verschiedenen Dünger auf das Wachsthum und den Wohlgeschmack der verschiedenen Küchengewächse einen ganz verschiedenen Einfluß haben — und eben dieses kann auch eben so wohl bei den Stachelbeeren der Fall sein.

Man düngt auch die Stachelbeerstöcke durch Begießen mit Urin, mit Mistjauche, welche vorher mit Wasser verdünnt werden müssen, mit Wasser, das man mit thierischen Excrementen angerührt und in einen gewissen Grad der Gährung gebracht hat, mit Spülicht aus der Küche, mit Blut, sowie auch mit Laugen= und Seifenwasser, das man nach einer Wäsche gewöhnlich als unnütz wegzuschütten pflegt, durch welches aber die Stachelbeeren bei einem beerentragenden Stocke, wenn sie im Wachsen begriffen sind, recht anschwellen sollen. Auch die Seifensiederasche hat man zum Düngen der Stachelbeeren mit Nutzen gebraucht.

Daß man bei der Anwendung der genannten und der verschiedenen andern bekannten, hier aber nicht mit angeführten Dungmittel bei den Stachelbeeren und bei der Untersuchung über den Einfluß derselben auf die Größe und den Wohlgeschmack der Früchte, auch auf die Mischung oder Bestandtheile der Erdkrume zu achten habe, bedarf wohl keiner weitern Erinnerung.

5) Sorgfältiges Reinhalten des Stockes von Wurzel= ausläufern oder Wurzelausschößlingen.

Der Stachelbeerstock ist sehr geneigt, aus dem untern Theil seines noch unter der Erde befindlichen Stammes, so wie aus dem obern Theile der Wurzeln Ausläufer zu treiben, die, wenn man sie wachsen läßt, den Stock gar sehr schwächen und die Ursache sind, daß er nicht mehr so schöne und große Früchte trägt, als man sonst von ihm erhielt und auch noch bekommen könnte. Diese Wurzelaus= läufer muß man daher, so wie sie sich nur zeigen, immer sogleich von der Wurzel oder dem Stamme glattweg ausschneiden. Bleibt ein Stummel von dem Ausläufer zurück, so entsteht an oder neben demselben bald ein neuer Ausschößling, ja auch mehrere, und es bildet sich ein Knoten mit vielen Augen, der im Frühjahre, ehe die Knospen ausbrechen und Blüthen und Blätter treiben oder im Herbste, wenn die Blätter abgefallen sind, nach genugsamer Hinwegräumung der Erde, die den Knoten verdeckt, von dem Stocke ganz rein abge= schnitten werden muß. —

Nur in dem Falle läßt man einen Ausläufer wachsen, wenn er kräftig aufschießt und man einen neuen, jungen, schönen Stock aus demselben zu ziehen beabsichtigt.

6) **Das Beschneiden des Stachelbeerstrauchs.**

Bei der Cultur der Stachelbeeren ist das alljährliche Beschneiden des Stocks ein Hauptgegenstand, welcher ganz besonders beachtet werden muß. Geschieht der Schnitt mit gehöriger Ueberlegung, so erhält der Stock schöne, frische, kraftvolle Triebe und große, vollkommene und schmackhafte Früchte, die man alsdann auch bequemer und mit weniger Gefahr der Verwundung abpflücken kann. Geschieht er aber, wie man in vielen Gärten nicht selten sieht, ohne alle Rücksicht auf das, was weggeschnitten werden muß, vielleicht gar mit der Gartenscheere und blos an den Spitzen der Zweige, um nur dem Stocke eine schöne, regelmäßige, abgerundete Form zu geben, so entstehen im folgenden Sommer eine Menge Triebe und junge Schosse an den Hauptzweigen, die dicht unter einander wachsen, und die Beeren verkümmern in ihrem Wachsthume und werden klein und schlecht.

Das Beschneiden der Stachelbeerstöcke unternimmt man fast in allen Monaten des ganzen Jahres. Gewöhnlich geschieht es im Spätherbste, wenn die Blätter abgefallen sind, im October. Andere beschneiden die Stöcke im Winter, im Februar und März, wenn sie bequem zu den Stöcken kommen und auf das gefrorne Land treten können und sammeln bei dieser Gelegenheit auch die Steckreiser. Noch Andere beschneiden vom Ende des März an bis zum Juli, bis die Früchte zu reifen anfangen und sammeln von den abgeschnittenen Aesten und Zweigen die unreifen Beeren zu mancherlei häuslichem Bedarf, zum Einmachen ꝛc. Das Ablösen junger Sommertriebe im letzten Drittel des Monats Juni, zum Behuf der oben angegebenen neuen Vermehrungsart, kann ebenfalls dem gewöhnlichen Beschneiden beigerechnet werden.

Das beste Verfahren beim Beschneiden der Stachelbeerbäumchen ist am deutlichsten und ausführlichsten in der Zeitschrift: Der Obstbaumfreund, von der Gartenbau-Gesellschaft in Frauendorf (1812. N. 39. S. 307—309). Es ist wörtlich folgendes:

„Zu Ausgang des Octobers nimmt man das Beschneiden der Stachelbeersträuche vor. Die Erde kann vorher rund herum etwas aufgegraben werden; es giebt solches nicht allein einen hübschen Anblick im Winter, sondern ist ihnen auch im Wachsthum sehr förderlich.

Die Zweige müssen beim Beschneiden dünn und in regelmäßiger Entfernung erhalten werden. Die Krone muß offen erhalten und jeder überflüssige Hauptzweig ausgeschnitten werden, damit im Sommer die Beeren immer frische Luft und Sonne haben. Eigentlich darf man keine Zweige kreuzweise über einander wachsen lassen. Alle aus der Wurzel hervorkommenden Schosse müssen weggenommen werden, und jeder Strauch muß eigentlich nur mit einem einzigen Stamme 10 bis 12 Zoll hoch von der Erde gezogen werden.

Da diese Bäume oder Sträuche in jedem Sommer eine Menge junger Zweige hervortreiben, so müssen viele davon jetzt schon wieder abgeschnitten werden. Hierbei läßt man aber doch da und dort einen oder mehrere von den wohlgelegensten und regelmäßigsten diesjährigen Zweigen stehen, besonders an den untern Theilen, wo eine nackte oder leere Stelle ist, oder zuweilen auch an besondern Stellen, wo man einen Nachwuchs von jungem Holz zur Ausfüllung derjenigen Stellen nöthig hat, die entweder wegen unnützen alten Holzes ausgeschnitten werden müssen, oder wo die Zweige ganz unregelmäßig geworden sind, oder sich als unfruchtbares und schlechtes Tragholz zeigen. Wenn man diese Vorschrift gehörig beachtet und also einige Zweige stehen läßt, und dafür etwas ausgetragenes altes Holz ausschneidet, so werden selbst alte Sträuche mit jungem Tragholz reichlich versehen bleiben, und jeden Sommer eine reichliche Menge von großen und wohlschmeckenden Beeren bringen.

In jedem Jahre lasse man daher an den leeren Stellen jedes Strauches oder Baumes dieser Art den gehörigen Vorrath von gutsitzenden jungen Zweigen stehen und schneide nur die überflüssigen ganz nahe an den Aesten weg. Ueberall aber, wo man einen Hauptast braucht, muß man einen starken Zweig mehr nach unten zu übrig lassen und ihn zur Ausfüllung der nackten Stelle gehörig ziehen.

Die Zweige und Aeste überhaupt sollten mit ihren Enden immer 6 oder 8 Zoll von einander abstehen.

Da übrigens fast jeder Ast im vergangenen Sommer drei, vier oder mehrere von den eben gedachten jungen Nebenzweigen getrieben haben wird, so ist noch zu bemerken, daß man nicht mehr als einen oder zwei davon an jedem Hauptaste übrig zu lassen braucht, ausgenommen, wenn man eine nackte Stelle wieder ausfüllen wollte. Nur einen davon läßt man als Endzweig stehen. Was zu lang oder überflüssig ist, schneidet man weg.

Jeder Ast, er sei kurz oder lang, sollte einen diesjährigen Som=
merschößling zum Haupt= oder Endzweige behalten. Dieß gilt
sowohl von denen, die zu lang oder zu unregelmäßig geworden sind,
und daher beschnitten werden müssen, als auch von denen, die das
Abstutzen nicht nöthig haben. Sobald also ein Ast das Abstutzen
braucht, so muß solches, wo nur immer möglich, an dem Ursprung
eines jungen diesjährigen Schößlings auf die Art geschehen, daß dieser
das Endtheil jenes ältern Astes ausmacht. Gesetzt also, es hätte ein
alter Ast oder Zweig zwei, drei oder mehrere junge diesjährige Neben=
schößlinge und er selbst wäre zu lang, so schneide man ihn zu einem
solchen Nebenschosse ab, der die rechte Länge hat und den Platz des
abgeschnittenen Stücks ausfüllen kann. Braucht er aber das Abstutzen
nicht, und hat an seinem Ende einen jungen Sommerschößling stehen,
so lasse man ihn ruhig stehen und schneide nur die tiefer unten sitzen=
den Nebenzweige ab, es sei denn, daß man damit eine nackte Stelle
ausfüllen wolle. Alle sehr alten und unnützen Aeste (worin die
Raupen einiger Spanner das Mark gerne ausfressen) müssen bis an
den Ort, wo sie aus dem Hauptstamm hervorkommen, abgeschnitten
werden. Uebrigens hält man den Strauch in gehörigen Grenzen und
so regelmäßig, als möglich. Man kann dieß um so leichter, wenn
man nach der eben gegebenen Vorschrift das alte Holz ausschneidet,
da, wo es nöthig ist, abstutzt, und für einen hinlänglichen Vorrath
jungen Holzes Sorge trägt.

Uebrigens dürfen die diesjährigen Sommertriebe, die man jetzt
stehen läßt, nur sehr wenig abgestutzt werden. Einige Gärtner stutzen
dieselben sehr kurz ab; dieß ist aber nicht gut gethan, denn sie treiben
alsdann desto kräftiger und bekommen im folgenden Sommer eine
desto größere Menge unnützen Holzes. Um diesen Nachtheil zu ver=
meiden, schneide man also von einem solchen Sommerschößlinge nur
den vierten oder höchstens den dritten Theil ab. Indessen darf auch
selbst dieses Verfahren nicht allgemein sein, sondern man braucht sich
nur nach den Umständen zu richten. Wenn also z. B. der neue
Sommerzweig nicht zu weit über die übrigen hervorragt oder herunter=
wärts nach dem Boden hängt, so braucht man ihn gar nicht abzu=
stutzen."

Zum Abschneiden der starken Aeste braucht man eine kleine
scharfe Baumsäge, der weniger starken eine besonders dazu eingerich=
tete Scheere und ein gutes scharfes Gartenmesser, und zum Schutze

der Hände bei der Arbeit, gegen mögliche Verwundungen, starke lederne Handschuh.

Ueber den Sommerbaumschnitt der Stachelbeeren.

„Der Sommerschnitt der Bäume und Sträucher wird bei Stachelbeeren häufig gänzlich vernachläſſigt, und gleichwohl iſt es aus mehrern Gründen der Aufmerkſamkeit werth, nämlich einmal ſchon deßhalb, weil beim Abſchneiden der Sommertriebe ein größerer Theil des Saftes nach der Frucht geführt wird, denn fällt der Sommerſchnitt weg, ſo geht der Saft durch Bildung von unnützen Zweigen und Blättern verloren, welche überdieß das Aufſchwellen und Reifen der Früchte verzögern, indem ſie ihnen Sonne und Luft entziehen. In dieſer Hinſicht iſt daher der Sommerſchnitt nöthig, um große, gut ſchmeckende Beeren zu erhalten; auch wird durch die auf dieſe Weiſe bewirkte Concentration des Saftes zur Bildung von mehr Fruchtaugen für's nächſte Jahr viel beigetragen, zu geſchweigen, daß ſie dadurch überhaupt kräftiger und geſünder werden. Die Zweige darf man indeſſen nicht zu früh abſchneiden, weil ſonſt der Strauch, ſtatt Tragknospen zu bilden, nur neue Triebe entwickeln möchte. Auch rathe ich nicht, die Zweige am Grunde abzuſchneiden, weil dieß die Knospen am Grunde zum Austreiben bringen möchte, und weil dadurch vielleicht manche Tragaugen in Blattaugen verwandelt werden können. Mein Rath iſt vielmehr, gegen das Ende des Junius oder zu Anfang des Julius (nach Beſchaffenheit der Witterung) mit der Beſchneidung zu beginnen und alle Ausſchößlinge am Grunde des Strauchs dicht an demſelben abzuſchneiden. Dann kürze man das Sommerholz längs der Hauptzweige mit einer Scheere, womit man ſchneller zum Zwecke gelangt, als mit dem Meſſer; nach der Stärke der Zweige ſchneide ich hierbei mehr oder weniger ab, von ſchwachen ungefähr die Hälfte, von ſtärkern den dritten Theil oder noch weniger. In einigen Fällen iſt es hinreichend, die Spitze wegzunehmen; denn wenn man zu viel abſchneidet, könnte man den Trieb leicht veranlaſſen, einen neuen zu erzeugen. Wenn nach dem Beſchneiden die Sträuche zu viel neues Holz machen, ſo müſſen ſie beſichtigt und die jungen Triebe zurückgehalten werden, wobei man indeſſen dahin zu ſehen hat, daß der Leittrieb des Hauptzweiges, wenn der Buſch jung iſt und ſeine gehörige Größe noch nicht erreicht hat, nicht weggenommen werde. Ein zweiter Grund, warum man den Sommerſchnitt zu unterlassen nicht wohl thut, besteht darin, daß die Sträucher dadurch ein netteres Ansehen bekommen; auch gewährt es den Raupen und anderem Ungeziefer weniger Schutz. Alle jungen Triebe, welche auf diese Weise zurückgehalten wurden, müssen beim Winter = und Frühlingsschnitt auf ein Auge zurückgeschnitten werden."

(S. Vereinigte Frauendorfer Blätter. 1845. N. 16. S. 123.)

Verfahren der Engländer beim Beschneiden.

Beim Beschneiden ist zuerst die Art des Tragens der Stachelbeeren zu beachten. Die Stachelbeerpflanze bringt ihre Frucht nicht allein an den Reisern des vergangenen Sommers und an den Reisern des zwei und dreijährigen Holzes, sondern auch an den Sporen oder Knorren, die von den ältern Aesten längs der Seiten herausrücken; erstere bringen immer die größte Frucht. Die am Tragholz aufbewahrten Reiser sollte man deßhalb immer in ihrer ganzen Länge oder doch beinahe so lassen.

Die Büsche müssen zwei Mal des Jahres, um sie in Ordnung zu halten, beschnitten werden.

Das Sommerbeschneiden. Wenn die Stöcke mit querlaufenden und Wasserreisern desselben Jahres zu dicht angefüllt sind, so daß der Frucht die Sonne entzogen und der Zutritt der Luft gehindert wird, so lichte man das Herz der Pflanze und andere dicht verwachsenen Theile mäßig aus und schneide Alles, was zu entfernen ist, sauber aus, nur berühre man hierbei keine Sommerreiser. Auch die sehr kleinen Beere schneide man gegen die Mitte oder das Ende des Mai's mit der Scheere hinweg.

Das Winterbeschneiden. Man kann dazu zu jeder Zeit, vom November bis zu Ende des Februars schreiten, oder bis die Knospen so aufgeschwollen sind, daß ein weiterer Verzug Gefahr bringen würde, sie bei der Operation abzustoßen. Man schneidet in die Quere gewachsene und Wasserreiser des vergangenen Sommers, auch überflüssige, zu dicht gewachsene Aeste ab. Lange Triebe und niedrige Kriechreiser schneidet man bis zu einem gutsitzenden Seitenreis oder Auge ab. Sollte ein solches Kriechreis sehr weit unten herausgewachsen sein, so wird es völlig abgeschnitten. Von den Reisern des letzten Jahres spart man einen Vorrath der am besten sitzenden Seiten = und Endreiser auf zu nachfolgendem Tragholz für leere Stellen und um unfruchtbares und abgestorbenes altes Holz zu erseßen, was beim Beschneiden weggenommen werden muß. Am Ende eines jeden Hauptastes sucht man meistentheils ein vorwärtsstrebendes Reis zu erhalten, indem man es entweder natürlich gerade auswachsen läßt, oder wo der Ast sich zu weit ausbreiten würde, es bis zu irgend einem Seitenzweige, innerhalb der schicklichen Grenzen abschneidet. Die überflüssigen jungen Seitenreiser an den guten Hauptästen nimmt man nicht ganz ab, sondern schneidet sie zu kleinen Stumpfen von ein oder zwei Augen. Sie treiben alsdann Tragknospen und Sporen. Die zu neuem Tragholz aufbewahrten Reiser müssen wahrscheinlich zum Theil, wo sie sich zu sehr ausgebreitet oder auf eine hindernde Weise gekrümmt haben, abgekürzt werden. Je nach ihrer Stärke und Oertlichkeit läßt man sie 8—12 Zoll lang. Diejenigen hingegen, die sich nur mäßig ausgebreitet haben und regelmäßig gewachsen sind, brauchen nur sehr wenig abgeschnitten zu werden und viele gar nicht.

Zu bedenken ist, daß zu knappes Beschneiden, so wie das Abkürzen überhaupt immer einen großen Ueberfluß von Holz im Sommer verursacht; denn die vielen Seitenreiser, welche dadurch aus den Augen der abgekürzten Aeste hervorgetrieben werden, wachsen in ein Dickicht zusammen, wodurch das Wachsthum der Frucht zurückgehalten und ihre völlige Reife verhindert wird. Aus diesem Grunde ist es ein sehr wichtiger Umstand beim Beschneiden, die Mitte der Krone immer offen und frei zu erhalten, auch spärlich und mäßig die Reiser zu kürzen. Zwischen den Tragreisern suche man Zwischenräume von wenigstens 6 Zoll an den Extremitäten zu erhalten, wodurch man die Fruchtbarkeit und die Güte der Frucht derselben sehr befördert. Einige Personen, welche die Stachelbeerbüsche nach falschen Grundsätzen beschneiden, lassen die Reiser außerordentlich dicht und zusammengedrängt, stutzen aber fast alle Spitzen des Busches. Andere schneiden manchmal die Büsche mit Gartenscheeren zu einer dichten runden Kugel. Bei dieser Art zu beschneiden wachsen aber die Büsche immer dichter in einander, bekommen im Sommer eine Menge junges Holz, dessen Beeren immer sehr klein werden, auch nicht gehörig zur Reife gelangen und nicht wohlschmeckend werden.

(S. Loudon I. 961. 962.)

Insecten.

Der größte Schaden, den nicht blos einzelne Stachelbeerstöcke erleiden, sondern ganze Stachelbeerpflanzungen bedroht, wird durch einige Insecten verursacht, die ich hier namentlich anführe und über welche ich die mir bekanntgewordenen Nachrichten aufnehme.

Die den Ribes-Arten schädlichsten Insecten sind wohl die Blatt=wespen (Tenthredines), deren Raupen die Sträucher entblättern, ja ganze Anpflanzungen, besonders Hecken, ganz verderben. Von diesen Insecten führt Dr. Jonathan Carl Zenker (s. dessen Naturge=schichte schädlicher Thiere ꝛc. Leipzig, Baumgärtner, 1836 S. 189. und 190) folgende an:

Tenthredo capreae *L.* Saalweiden=Blattwespe.

　Syn. Weidenwürger.

　Abbild. Reaumur V., t. 11, Fig. 10; I. t. 1, Fig. 18. (Larve.)

　Artkennzeichen. Körper oben schwarz, Unterleib gelb, Flü=gel mit einem gelben Punkte.

　Aufenthalt. Die kornblumenblaue, 20füßige Raupe hat 9 Reihen schwarzer Flecken über dem Rücken. Sie lebt nicht allein auf Weiden, sondern kommt auch häufig auf rothen (nicht auf schwarzen) Johannis= und Stachel=beerbüschen vor, welche sie oft ganz abfrißt.

Tenthredo flava *L.* Gelbe Blattwespe.

　Syn. Rostfleck, rostfleckige Blattwespe.

　Abbild. Reaumur V., t. 20, Fig. 6 et 7.

　Artkennz. Gelb; ein rostfarbiger Fleck auf den einzelnen Flügeln.

　Aufenth. Die 22füßige, vor der letzten Häutung seladon=grüne und durch zahlreiche Wärzchen rauhe, nach der Häutung glattleibige, weiß=gelbliche Raupe findet sich im Sommer auf Johannisbeerblättern, deren Mark sie ganz auffrißt. Die Eier legt sie an die Unterseite der Blätter.

Tenthredo Ribo *Schrank.* Johannisbeer=Blattwespe.

　Syn. **Allantus Ribo.** *Jurine.*

　Abbild. *Panzer* Fauna 52, t. 12.

　Artkennz. Fühler 7gliederig, nebst dem Kopfe schwarz, Schienbein der Hinterschenkel an der äußern Seite weiß.

　Aufenth. Die grünen, mit braungerändertem Kopfe ver=sehenen Larven fressen die Blätter des rothen Johannis=beerstrauchs aus.

Bemerkung. Bouché (Naturgesch. der schädlichen und nütz=
lichen Garteninsecten 1833. 8) erwähnt S. 38 auch noch eine Tenthredo grossulariae, welche als schwarz mit gelblichen Mund und
Beinen, sowie mit schwarzen Flügeln wohl charakterisirt wird, deren
graugrüne, schwarzköpfige, mit 6 Längsreihen schwarzer Haarwurzeln
versehene Ringe auf Stachelbeeren und Weiden (im October) vorkom=
men soll.

Die Stachelbeer=Raupe.

„Dieses, die Stachelbeer=Anlagen verheerende Ungeziefer, ist die
Larve einer Fliegenart, welche zu den Curvi gehört. Sie ist klein,
wird nicht ganz einen Zoll lang und erreicht keine beträchtliche Dicke.
Ihre Farbe ist schmutzig=licht=grünlich, mit vielen zarten, schwarzen
Punkten übersäet, sie ist ganz glatt, mit einem fetten, gleißenden
Ansehen. Man findet auch einzelne ganz grüne, den Spannen= und
Kohlraupen ähnliche, welche aber die Verschiedenheit ihrer Farbe blos
ihrer kurz vorhergegangenen Häutung verdanken und bald den andern
gleich werden. Die Fliege, der sie den Ursprung verdanken, welche
man indeß selten in der freien Natur zu sehen bekommt, hat einen
dicken gelben Leib und durchsichtige, in Regenbogenfarben schillernde
Flügel. Das Weibchen legt zu Anfang und Mitte Aprils seine Eier
auf die untere Seite der zarten Blätter, an deren vorstehende Haupt=
rippen, bisweilen auch an die Spitzen der untersten, nach den Seiten
herausgetriebenen Zweige. Die Blätter, die mit solchen Eiern ange=
schmeißt sind, erhalten, obschon grün bleibend, doch bald ein etwas
welkeres und kränklicheres Ansehen, wodurch man sie leicht von den
andern kraftvollen, gesunden, unbeschmeißt gebliebenen unterscheiden
kann. Zu Ende Aprils, und bei zeitig eintretender Frühlingswärme
noch eher, kriechen die Raupen aus, bilden sich gewöhnlich an den
angeschmeißten Blättern unten ganz unbemerkt aus, und verbreiten
sich dann über alle Zweige. Ihr Fraß geht gewöhnlich von unten
herauf nach oben, und von dem Innern nach den Seiten zu, daher
kommt es, daß uns mancher Strauch bei dem ersten Ueberblicke von
außen noch ganz von Raupen unversehrt und gesund belaubt zu sein
scheint, wenn schon die untere Seite und das Innere desselbe ganz
abgefressen ist. Wer nicht genau auf seine Stachelbeersträucher Acht
hat, entdeckt das Uebel zu spät, wenn ihm nicht mehr abzuhelfen ist,
und sieht sie in kurzer Zeit alle entlaubt und seine Beerernte gänzlich

zerstört. Die Productionskraft der Stachelbeerfliege und die Vermehrung derselben in Erzeugung der Raupen ist so groß, daß, wenn sie im Garten die Stachelbeerstöcke häufig angeschmeißt, die jungen Raupen ausgekrochen sind und überhandnehmen, dieselben alle Büsche, Bäume und Hecken des Gartens angreifen, und nicht eher mit ihrem Fraße nachlassen, als bis alles Laub rein verzehrt ist. Sobald sie mit dem Stachelbeer=Laube, daß sie zuerst am liebsten fressen, fertig sind, tasten sie auch die Johannisbeerbüsche, Bäume an und berauben sie gänzlich ihrer Blätter. Sind die Raupen einmal ausgelaufen und haben sie sich über den ganzen Stock verbreitet, so ist es schwer, sie zu dämpfen, und ihrem Fraße Einhalt zu thun. Selbst durch das fleißigste Raupen, das wegen der Stacheln mühsam ist, kann man oft das Abfressen nicht verhindern, denn es scheint, als kämen immer wieder neue aus einer unerschöpflichen Quelle hervor, da bei dem Ablesen immer noch viele kleine unter den Blättern verborgene dem Auge entgehen. Nach erlangter völliger Ausbildung kriechen sie in die Erde, wo sie sich in kleinen Höhlungen mit einem festen harten Ueberzug von Gespinnst einspinnen und verpuppen. Nach 2—3 Wochen kriecht die Fliege aus. Die Stachelbeer=Raupen erscheinen gewöhnlich im Jahre 2 Mal, das erste Mal im Anfang und in der Mitte des Mai's. Fast alle Jahre erscheinen sie regelmäßig zu dieser Zeit, werden jedoch nur in solchen Jahren herrschend und verheerend, wenn die frühzeitig warme, nicht zu trockne und zu nasse Witterung der ersten Anschmeißung der Fliege, dem Auskriechen der Raupen aus den Eiern, ihrem ungestörten Fortwachsen und Fortfressen sehr günstig ist. Fällt zur Zeit ihrer ersten Entwicklung und ihres Fraßes naßkalte Witterung ein, so werden sie gestört, breiten sich nicht aus und ihr Fraß unten an den Stöcken wird kaum bemerkbar. Zum zweiten Male erscheinen sie im Anfang Juli, und zwar, wenn ihnen das erste Mal das Wetter günstig war, abermals sehr zahlreich, und fressen dann die Blätter, welche von dem ersten Fraße noch übrig geblieben sind und das wieder neu ausgetriebene junge Laub gänzlich ab. Die von den Stachelbeer=Raupen gänzlich abgefressenen Stachelbeer= und Johannisbeer=Sträucher gehen zwar nicht ein, da sie vermöge ihrer kräftigen Triebkraft bald wieder ausschlagen und selbst eine zweimalige Entlaubung vertragen, aber die Früchte desselben Jahres verderben gänzlich. Die Beeren wachsen zwar etwas, schrumpfen aber unreif zusammen und sind ungenießbar.

Das sicherste Mittel gegen diese Feinde ist folgendes: Man besehe in der Mitte April's, sobald es im Frühjahre anfängt warm zu werden, seine Stachelbeerstöcke genau, besonders von untenher, auf der nach der Erde zugekehrten Seite, ob an diesen sich von den Stachelbeerfliegen angeschmeißte Blätter befinden, die man angegebenermaßen an dem etwas kränkelnden und schwächlichen Ansehen von den gesunden, unbeschmeißten deutlich unterscheiden kann und auf deren unterer Seite man auch bei näherer Betrachtung die Eier an den Blattrippen sitzen sieht. Diese angeschmeißten Blätter nehme man sorgfältig weg und zerstöre sie gänzlich (werfe sie ja nicht blos auf die Seite, wo die Raupen noch ausfkriechen). Bei den regelmäßig gezogenen Stachelbeer=Bäumen ist das Auffinden und Wegschaffen der angeschmeißten Blätter sehr leicht, weil diese Bäumchen unten offen sind und man leicht hineinsehen, die Eier bald bemerken und wegnehmen kann, aber bei den mit den Zweigen auf der Erde liegenden, einen größern Raum einnehmenden Büschen ist es mühsamer, weil man sich tief beugen und alle die auf der Erde liegenden Zweige aufheben muß. Man muß das scharfe Durchsehen der Stöcke von der Mitte des April's bis Ende des Mai's etliche Mal wiederholen und fortsetzen, auch wenn man bei dem ersten Male noch kein Gesäymeiß findet, da die Fliegen bisweilen, zumal bei später eingetretener Wärme, auch später ihre Eier legen. Dieses Durchsehen der Stachelbeer=Stöcke hat auch den Vortheil, daß, wenn man auch zur Vertilgung der Eier ein wenig zu spät kommen sollte und diese schon ausgekrochen wären, man doch zeitig mit Vortheil zum Raupen kommt. Bemerkt man einzelne zusammengewelkte, bis auf die Rippen ausgezehrte, aber von Eiern und Räupchen leere Blätter, so hat man dadurch die gewisse Spur, daß ein Heer junger Raupen zur Entlaubung an den Stöcken vorhanden und schon in der Zehrung begriffen ist, welche man scharf verfolgen und die einzelnen Blätter, auf welchen die noch nicht beträchtlich erwachsenen aber aus den Löchern oder ausgehöhlten Krümmungen, in welchen sie erst saßen, schon hervorgegangenen Raupen auf der Kehrseite des Laubes in Gesellschaft gedrängt beisammen sitzen, wegnehmen und das Ungeziefer damit im ersten Keime vertilgen muß. Hat man seine Stöcke von der ersten Stachelbeerfliegenbrut sorgfältig gereinigt, so hat man sich dadurch zugleich auch gegen ihren zweiten Anfall im Jahre zu Ende Juni und Anfang Juli ziemlich gesichert. Da es indeß dennoch leicht möglich ist, daß bei der ersten Reinigung der Stöcke noch manches Räupchen übrig geblieben ist und sich ausgebildet hat, oder daß Fliegen aus benachbarten Gärten herbeigekommen sind, und die gereinigten Stöcke auf's Neue beschmeißt haben, so muß man diese scharfe Durchsuchung der Stöcke von der Hälfte des Juni an bisweilen wiederholen. Da die Raupen der Stachelbeerfliege sich wahrscheinlich gleich unter den Stöcken, welche sie abgefressen haben, oberflächlich in die Erde einspinnen, so ist es ein zweites wirksames Mittel, zeitig im Frühjahr, im Monat März, ehe die Stachelbeerstöcke ausschlagen, die unter denselben befindliche Erde $\frac{1}{2}$ Spatenstich tief, ungefähr so weit in der Runde um den Stock, als der Umfang seines Oberthteiles austrägt, wegzuschaffen und das Weggenommene mit neuem Lande zu ersetzen. Die alte weggenommene Erde muß in's Wasser oder in ein Jauchenloch geworfen werden, damit die in ihr befindlichen Larven der Stachelbeerfliegen zu Grunde gehen; wenigstens muß man diese an einen von den Stachelbeer = und Johannisbeerstöcken entfernten Ort schaffen. Auch kann schon das scharfe Durchstechen des unter den Stöcken befindlichen Erdbodens und das Begießen desselben mit scharfen Laugen von Seifensieder = und Torfasche Dienste thun. (Sehr gut bewährte sich eine schafe Lauge von Hühnermist, Holzasche und Kalk zu gleichen Theilen.) Das Abgraben der obern Erde und Ersatz derselben mit neuer fruchtbarer, sowie auch das Umhacken und Durchstechen des Bodens befördert zugleich ungemein das Gedeihen und die Fruchtbarkeit der Stöcke, doch muß man sich vorsehen, daß man nicht durch unvorsichtiges Graben, durch Stechen und Gießen mit zu scharfer Lauge den Stamm und die Wurzeln beschädigt. Sind die Raupen einmal ausgekrochen und haben sich über den Stock verbreitet, so ist das genaue Ablesen derselben noch das einzige Mittel, um einen Theil der Beeren zu retten, man wird aber dann schwerlich über das Ungeziefer Herr und leidet jedesmal beträchtlichen Verlust an Früchten. Wenn die Raupen eine Stachelbeer = oder Johannisbeer = Hecke angegriffen haben, so ziehen und fressen sie der Länge nach in der Reihe fort, und man kann ihrem Zuge nur dadurch Einhalt thun und die noch unversehrte Seite dagegen schützen, wenn man in der Gegend, wo sie weiter vorwärts rücken, die zwischen der angegriffenen und der noch reinen Seite stehenden Büsche der Hecken tüchtig mit Torf = und Tabacks = Asche bestreut, wo sie dann nicht weiter fortfressen. Die Johannisbeeren sind weit leichter durch fleißiges Ablesen von den Raupen zu befreien, weil man diese auf den breiten Blättern weit leichter bemerkt und beim Ablesen nicht so durch die Stacheln gehindert wird, auch ihr Fraß an diesen langsamer geht. — Als Mittel zur Vertilgung hat man auch ein heftiges Klopfen an die Bäumchen und an die Büsche angewendet, indem man ein Tuch darunter ausbreitete. Allerdings fallen viele Raupen von der starken Erschütterung herunter, und man kann auf diese Weise eine Menge derselben in kurzer Zeit sammeln und tödten, aber bei weitem fallen sie nicht alle, sondern viele und besonders die kleinen, welche inwendig in den zartesten, dicht beisammenstehenden Blättern festsitzen und gerade die gefährlichsten sind, da sie noch am längsten und am meisten fressen, bleiben hängen und setzen den Fraß ungehindert fort. Auch zündete man Pulver und Schwefel unter den Stöcken an, wobei durch den Druck der Luft und den Dampf viel Raupen herunterfielen und getödtet wurden. Allein diese Mittel sind nur bei den Bäumchen mit einem Stamme und nicht wohl bei den mit ihren Zweigen tief bis an den Boden bewachsenen Büsche anwendbar, helfen nicht genug und die Stachelbeerstöcke haben jedesmal schon vorher viel an ihren Früchten gelitten. Manche bestreuten die Blätter ihrer von Raupen angegriffenen Stöcke mit Torf-, Seifensieder- und Tabacks-Asche (desgleichen mit Tabacksstaub und mit Eichenasche), begossen sie mit scharfen Laugen und Beizen von Seifen- und Hollunderbeer-Wasser (auch mit einem Tabacksabsud von der schlechtesten Sorte), welches dem Fraße einigen Einhalt that; allein mit Anwendung dieser Mittel beschmutzt und verdirbt man sich die Beeren. Die Hauptsache ist, daß man die Raupen gar nicht bis zur Entwickelung kommen läßt."

Nach einer andern Angabe soll man diese den Stachelbeeren sehr schädliche Raupen vertilgen können durch einen Anstrich der Sträucher mit Kalkwasser, sowie auch dadurch, wenn man wollene Lappen in die Sträucher hängt, worunter sie des Nachts sich sammeln und dann leicht getödtet werden können.

Die große Mühe bei der Anwendung der verschiedenen Mittel zur Vertilgung der Raupen an den Stachelbeerstöcken könnte man ersparen, wenn der Gebrauch der Mittel zur gänzlichen Abhaltung des an die Stachelbeerstöcke seine Eier legenden Insects sich bewährte. Man schlägt zu diesem Zwecke folgendes vor:

5

„Man umlege jedes Frühjahr die Sträucher mit etwas Kuhlager, den man 2—3 Zoll hoch mit Erde bedeckt. Schweinemist soll dieselbe Wirkung haben, und selbst die Raupen von Obstbäumen abhalten."

Nach einer Angabe in der Allg. deutschen Gartenzeitung (1827. Passau, bei Puster. S. 215) soll man „Raupen und Würmer auf den Stachelbeeren ganz sicher vertreiben, wenn man diese mit einer Brause recht naß macht, und mit feinem Tabacksstaub, dergleichen man in den Tabacksspinnereien in großer Menge haben kann, stark bestreut. Sie fallen zu Boden, und da dieser vielen Staub bei der Gelegenheit mit bekommen hat, so kommen sie in demselben um, sind in 24 Stunden verschwunden, oder liegen, durch die Beize des Tabacks getödtet, in einem Zirkel gekrümmt auf der Erde."

Um diese Insecten ganz von den Stöcken zu vertilgen, empfiehlt Herr Bellermann in Erfurt folgendes Mittel, das er selbst aus Erfahrung als bewährt gefunden hat:

Ist im Anfange des Winters der erste Frost eingetreten und in die Erde etwa 4 Zoll tief eingedrungen, so haue man mit einer Rodehacke einige Fuß rund um den Stock herum die Erde so auf, daß man kleine Erdschollen bekommt, die man dann so aufstellt, daß der Frost zwischen denselben noch tiefer in die Erde ungehindert eindringen kann. Durch dieses Mittel soll die ganze Brut erfrieren und jeder Stock, bei welchem dieses geschehen ist, gegen den Schaden durch die Insecten gesichert werden.

Mittel wider die Stachelbeerraupen.

Um die Angriffe dieses höchst verderblichen Insects zu verhindern, bestäube man im März, wenn die Pflanzen ihre Blätterknospen öffnen, die Sträucher völlig mit trocknem Ruß, weßhalb man solchen bis zum Gebrauche an einem trocknen Orte aufbewahren muß; denn ist er feuchter Luft ausgesetzt gewesen, so beweist er sich nicht so wirksam.

(S. Neue landwirthschaftliche Dorfzeitung 1846. Nr. 13. S. 52.)

Ein anderes Mittel gegen die Stachelbeerraupe ist empfohlen im Jahresbericht des Erfurter Gartenbauvereins, 4ter Jahrgang S. 25 und wurde aufgenommen im 14ten Jahresbericht des Thüringer Gartenbauvereins zu Gotha, S. 27, wo es also heißt:

„Die Stachelbeerraupe wird sehr leicht vertilgt, wenn man ein Stück Wachstuch, welches in der Mitte ein Loch zur Aufnahme des

Stämmchens hat, durch einen Einschnitt so um dem Stamm legt, daß die durch Klopfen herabfallenden Raupen auf das Wachstuch fallen, wovon sie dann leicht entfernt werden können."

In der landwirthschaftlichen Dorfzeitung von William Löwe, 1845. Nr. 37. S. 148 steht folgendes Mittel zur Vertilgung der Stachelbeerraupen:

„Man löst für 1 Ngr. schwarze Seife durch starkes Umrühren mit Hölzern in 2 Wasserkannen frischem Wasser auf und begießt mit diesem Wasser aus einer Gießkanne die Sträucher so, daß auch die Erde unter denselben naß wird."

Ruß wird fein gestoßen und mit Wasser aufgelöst, und mit dieser Lauge werden mittelst einer Handspritze die vom Raupenfraß heimgesuchten Bäume benetzt. Am andern Morgen liegen alle Raupen todt am Boden und die Bäume selbst gedeihen freudig weiter. — Dieses Mittel wird schon lange mit gutem Erfolg von dem Herrn Baumann im Elsaß angewendet. Durch Bestreuung mit Ruß oder gestoßenem Kalkstaub vertilgen dieselben auch den rothen Spargelkäfer. (S. Schweizerische Zeitschrift für Gartenbau. Herausgeg. von Eduard Regel. 5ter Jahrg. Febr. 1847. Nr. 6 S. 92.)

Ein anderes den Stachelbeerstöcken sehr schädliches Insect ist die Stachelbeerblattlaus (Aphis grossulariae), von welchen Kaltenbach (S. Monographie der Familie der Pflanzenläuse. 1ster Theil. Die Blatt- und Erdläuse. Aachen, 1843. S. 67) folgende Beschreibung giebt:

„Die ungeflügelten sind eirund, gewölbt, gras- und dunkelgrün, erstere an der Spitze braun, Afterläppchen dunkelbraun, die Beine schmutzig-gelb, Länge ¼ Linie.

Die geflügelten schwarz, Halsringe und Hinterleib grün, Fühler schwarz, Röhren und das Schwänzchen grüngelb, Afterläppchen schwarz.

Diese Blattlaus lebt gesellig auf dem Stachelbeerstrauch, an den Zweigspitzen und unter den zurückgerollten Blättern in zahlreichen Horden im Juni und Juli. Bis zum Juni besteht die Kolonie meist aus flügellosen Weibchen, im Juli aber mehr aus Larven und Nymphen mit Flügelscheiden."

(Waren schon am 20. März und im April 1846 sichtbar und häufig unter den Stachelbeerblättern.)

5 *

Durch den Aufenthalt der oft ungeheuern Menge von Blatt=
läufen an den jungen Trieben und unter den Blättern werden die
erstern in ihrem Wachsthume ganz zurückgesetzt, so daß sie nicht in
die Höhe schossen und verkümmern, und die sonst mehrere Zolle von
einander am Zweige stehenden Blätter stehen gedrängt beinahe über=
einander; die letztern aber, die Blätter, auf deren unterer Fläche sich
die Blattläuse ansetzen, krümmen sich und rollen sich gleichsam zu=
sammen, wodurch diese Insecten gegen Regen und rauhe Witterung
wie unter einem Dache Schutz finden. Daher das öftere Uebergießen
der Stachelbeerstöcke mit kaltem Wasser, wodurch man glaubt diese
Insecten von den Stachelbeerstöcken vertreiben zu können, nichts hilft.
Ueberdies kann man auch noch die Aeste, an denen sie sich aufhalten,
mit ungelöschtem Kalf abreiben. — Ein Herr A. L. W. sagt (in
der Allgem. deutschen Gartenzeitung 1827. Nr. 44. S. 352), daß
er zur Vertilgung der Blattläuse das Besprengen mit dem kalten Ab=
sude von Kartoffeln (Erdäpfeln) am wirksamsten, und für die Pflan=
zen am unschädlichsten gefunden habe.

Der Stachelbeerspanner. (Johannisbeerspanner, Harlekin.)
Geometra grossulariata L. Phalaena grossulariata Fabric.

Zerene grossulariata. (Ochsenheimer, Treitschke.)

Abbild. Röses, Inf. I. Th. 3. Cl. Taf. II. Fig. 1—5.
Hübner, Geom. Taf. 16. Fig. 81. (Weibchen), Larv. Lepid. V.
Geom. I. Ampl. O., a. b. Fig. 2. a. b.

„Einer der größten europäischen Spanner. Der Kopf und die
Fühler sind schwarz, letztere beim Männchen mit kurzen Härchen.
Der Halskragen ist hochgelb, der Rücken gelb, in der Mitte schwarz
gefleckt. Der Hinterleib etwas bleicher gelb, ihn umgeben 5 Reihen
schwarzer Flecken, eine nämlich auf der Oberseite, in jeder Nebenseite
eine, und 2 Reihen auf dem Bauche. Die Füße sind schwarz.

Alle Flügel zeigen sich abgerundet und führen eine weiße Grund=
farbe. Durch die vordern ziehen zwei hochgelbe Binden, eine nahe
an der Wurzel, die andere hinter der Mitte, welche beiderseits von
schwarzen tintenfarbigen, oft in Streife zusammengeflossenen Flecken
eingefaßt sind. Zwischen den Binden ist noch eine solche Fleckenreihe.
Der ansehnlichste Fleck befindet sich am Vorderrande; die folgenden
stehen entweder einzeln oder verbinden sich unter einander, oder mit
den Randflecken der gelben Binden. Am Hinterrande ist ebenfalls
eine Fleckenreihe, welche in weiße Franzen ausläuft.

Die Hinterflügel haben nur **2** einfache Reihen schwarzer Flecke, nämlich eine kleine, vor welcher ein Mittelpunkt sich befindet, und die oft durch eine schwache gelbe Linie zusammenhängt, dann eine äußere größere, welche in weiße Franzen endigt.

Zuweilen findet man Varietäten, die sich so sehr entfernen, daß man sie für eine eigne Art halten könnte. Entweder bleibt das Gelb ganz aus, und das Schwarz nimmt in Binden oder Strahlen durch die ganzen Vorderflügel überhand; oder die Fläche aller Flügel ist mattgelb oder ganz schwarz. Die beiden letzten sind die seltensten.

Auf der Unterseite sieht man die Fleckenreihen von oben, aber von den gelben Binden entweder gar nichts, oder nur eine schwache Spur.

Das Weibchen ist ansehnlicher als das Männchen, sein Leib ist walzenförmig.

Die Raupe kommt schon im September aus dem Eie, und überwintert nach zweimaliger Häutung, wo sie eine Länge von ungefähr **2** Linien hat, unter dem abgefallenen Laube ihrer Nahrungspflanzen, der Stachelbeeren (Ribes grossularia), Johannisbeeren (Ribes-rubrum), Schlehe (Prunus spinosa). Im nächsten Juni erlangt sie ihre ganze Größe von ungefähr $1\frac{1}{2}$ Zoll. Sie führet eine weißliche Grundfarbe. Ueber dem Rücken läuft eine Reihe schwarzer, ungleich weit von einanderstehender Flecke, wovon die mittlern beinahe viereckig sind. Der Kopf ist glänzend schwarz. Die Bauchseiten sind safrangelb, und hier zeigt sich in jeder Seite eine Reihe schwarzer Pünktchen von ungleicher Größe. Der ganze Körper ist mit kurzen Härchen bewachsen. Die Brustfüße sind schwarz, die übrigen aber gelb.

Es ist die Raupe den erwähnten Sträuchern manchmal sehr schädlich. Das sicherste Mittel zu ihrer Vertilgung besteht darin, daß man die Raupe im Winter, während sie im abgefallenen Laube erstarrt liegt, mit demselben wegschafft und dasselbe zerstört.

Zur Verwandlung hängt sie sich in einige weitläufig gezogene Faden, worin sie zur Puppe wird. Diese ist Anfangs glänzend gelb bald wird sie aber dunkel-roth-braun, zuletzt fast schwarz. Der spitzig-anlaufende Hinterleib hat gelbe Ringe.

Der Schmetterling entwickelt sich nach 3 – 4 Wochen, und man findet ihn gesellschaftlich zwischen Hecken und in Gärten, wo die erwähnten Pflanzen stehen."

(S. die Naturgeschichte der in- und ausländischen Schmetterlinge u. s. w. von Dr. Theodor Thon. Leipzig, 1837. bei Eisenach) S. 302, wo auf Taf. LXIIII. Fig 971 die Raupe, Fig. 972 die Puppe und Fig. 973 der Stachelbeerspanner abgebildet ist.

Desgl. Naturgesch. schädlicher Insecten, von J. C. Zenker. Leipzig, 1836. S. 233 u. 234.)

Moses Bristow giebt Nachricht von einem andern Feinde der Stachelbeerstöcke, unter der Aufschrift:

Durch einen Freund bin ich auf eine Erscheinung bei den Stachelbeeren aufmerksam gemacht worden, die ich zwar früher auch beobachtet, aber nicht beachtet habe. Wenn die Stachelbeeren beinahe vollkommen ausgewachsen sind und ihrer Reife entgegen gehen, so findet man am Stocke zuweilen einzelne Beeren, die etwas welk aussehen, von welchen auch manche am Stocke abfallen, die, wenn man sie genauer betrachtet, an der Seite eine kleine runde Wunde haben, die vielleicht durch den Stich eines Insects verursacht worden ist. Diese Erscheinung verdient wohl einige Aufmerksamkeit und eine genaue Untersuchung. — Dieser Stich ist wohl von

Phycis grossulariella *Zinck.* Stachelbeerschabe.

Syn. Tinea convolutella, Hübn. T. grossulariella Hübn.

Abbild. Hübner Tin. T. 5. F. 3. 4. (Weibchen) Hübner. Larv. Lep. VIII., Tin. pyradilis. C. a. b. F. 2. a. b. c.

Gattungsk. Fühler borstenartig, kürzer als der Körper, in der Ruhe über den Rücken (nicht unter die Flügel) gelegt. Flügel zusammengerollt.

Artkennz. Taster vorgestreckt, Fühler nackt, Vorderflügel aschgrau mit einer schwarzen Querbinde an der Wurzel.

Die 16füßige grasgrüne Raupe findet sich im Juni auf Stachelbeerbüschen, in deren halbreifen Früchte sie tiefe Löcher nagt.

(S. Naturgesch. schädlicher Insecten, von J. C. Zenker. Leipzig, 1837. S. 198.)

Mittel, welche die Engländer zur Vertilgung der Insecten, welche den Stachelbeeren schaden, empfehlen.

Die Raupen der Blattwespen (Tenthredo), der Buttervögel (Papilio L.) und der Nachtschmetterlinge (Phalaenae L.) sind wohl-

bekannte und sehr schlimme Feinde der Stachelbeeren. Die Larven
der Tenthredines haben 16—28 Füße, einen runden Kopf, und
rollen sich, wenn sie berührt werden, zusammen. Ihre Nahrung
sind die Blätter der Stachelbeeren, des Apfels, der meisten Frucht=
bäume, auch der Rosen und anderer Stauden und Pflanzen. Haben
sie ihre völlige Größe erreicht, so spinnen sie sich manchmal in der
Erde, und manchmal zwischen den Blättern der Pflanzen, auf wel=
chen sie leben, in ein festes gummiartiges Gespinnst ein, und verändern
sich darin zu einer vollkommenen Puppe, die den Winter über mei=
stentheils in der Erde bleibt. Die ausgebildete Fliege geht zeitig im
folgenden Frühling daraus hervor. Das Weibchen bedient sich eines
gezähnten Stachels wie einer Säge, um in die Zweige oder Stämme
der Stachelbeerbüsche Einschnitte zu machen, in welche sie ihre Eier
absetzt. Die Caledonian Horticultural Society stellte die Frage auf,
wie man am besten die Raupe von den Stachelbeeren abhalten und
zerstören könne, und erhielt über diesen Gegenstand verschiedene Mit=
theilungen. Nachstehendes ist aus solchen ausgezogen, welche jene
Society der öffentlichen Bekanntmachung werth gehalten hat.

J. Gibb beschreibt die große schwarze, die grüne und die weiße
Raupe, nebst den Mitteln, wie er dieselben zu zerstören pflegt.

„Während der Wintermonate kann man die große schwarze Art
in ganzen Nestern an den untern Theilen und in den Spalten der
Büsche liegend finden, und selbst im Februar finde ich sie in diesem
Zustande. Binnen 8 oder 10 Tagen aber kriechen sie bei günstigem
Wetter am Tage aus, fressen die Knospen, und kehren die Nacht in
ihr Nest zurück. Wenn Blätter an den Büschen hervorbrechen, so
nähren sie sich auf denselben bis zu ihrer völligen Reife, die in der
Regel im Monat Junius eintritt. Nachher kriechen sie auf die untern
Seiten der Aeste, wo sie sich so lange aufhalten, bis sich die Kruste
oder Schaale um sie herum gebildet hat. Im Julius werden sie
fliegende Insecten und legen ihre Eier an die untern Seiten der
Blätter und der Schaale. Diese Eier liefern ihre Brut im Monat
September, und sie nährt sich, so lange sie jung ist, von den Blät=
tern, sammelt sich nach der Zeit in ganze Nester an der untern Seite
der Aeste und in den Spalten der Rinde, wo sie den ganzen Winter
über, wie bereits gesagt, sich aufhält. Der Winter ist die beste Zeit
auf diese Sorte mit Erfolg Jagd zu machen, indem man sie vollkom=
men zerstören kann, wenn man eine Quantität siedend heißes Wasser

aus einer Gießkanne über sie hergießt, wodurch den Büschen nicht der geringste Schaden geschieht.

Die grüne Sorte befindet sich im Februar im eingesponnenen Zustande und liegt ungefähr 1 Zoll tief unter der Erde. Im April kommen kleine Fliegen hervor und legen ihre Eier sogleich an die Adern und untern Seiten der Blätter. Aus diesen Eiern entstehen im Mai junge Raupen, die sich bis zum Junius oder Julius von den Blättern nähren, worauf sie eine schwärzliche Haut bekommen und sodann von den Büschen herab in die Erde kriechen. Hier werden sie mit einer Kruste oder Schaale überzogen, in welchem Zustande sie bis zum nächsten April bleiben. Das einzige Mittel, mit welchem ich sie bis jetzt erfolgreich zerstört habe, besteht darin: 1) den Boden um die Büsche herum sehr tief umzugraben, wodurch der größere Theil derselben ganz zerstört, oder zu tief unter die Erde gebracht wird, um je wieder bis zur Oberfläche dringen zu können; 2) im April, wenn die Fliegen erscheinen, alle Blätter abzuschneiden, an welchen man nur Eier bemerkt. Dieß ist eine mühsame Beschäftigung, die man aber durch Kinder verrichten lassen kann. Sollte irgend ein Feind diesen beiden Vorkehrungsmitteln entrinnen, so entdeckt man ihn bald, wenn er zum Leben kommt, und zwar an den Löchern, die er durch die Blätter frißt, wo man ihn dann, ohne den geringsten Nachtheil des Busches oder der Frucht, leicht zerstören kann.

Die weiße Art, auch Borers (Bohrraupen) genannt, ist nicht so zahlreich wie die erstgenannte, wiewohl sehr verderblich. Sie bohrt in die Stachelbeeren ein und bewirkt, daß sie abfällt. Sie erhalten sich den Winter über einen Zoll unter der Erde in Puppengestalt und kommen fast zu derselben Zeit, wie die letztgenannte Art, als Fliegen zum Vorschein. Ihre Eier legen sie an die Blüthen; es entstehen daraus im Mai junge Raupen, die sich bis zur völligen Größe von den Beeren nähren, dann kriechen sie in die Erde, wo sie den Winter über im umsponnenen Zustande verbleiben." (Caled. Mem. Vol. I.)

Macmurray gießt im Herbst etwas Kühharn um den Stamm eines jeden Busches herum, nur soviel, als zur Befeuchtung des Bodens hinreichend ist. Die auf diese Weise behandelten Büsche blieben 2 Jahre lang von Raupen verschont, während diejenigen, an welchen in demselben Quartier diese Operation absichtlich nicht vorgenommen worden war, durch die Verheerungen der Insecten gänzlich zerstört wurden. Ein Mantel von Seegras, mit welchem man im Herbste die Stöcke umgiebt und den man im Frühling eingräbt, hat für ein Jahr dieselbe Wirkung. (Caled. Mem. Vol. I. p. 95.)

R. Elliod sagt: „Nimm 6 Pfund Blätter der schwarzen Johannisbeere und eben so viel Hollunderblätter, und koche sie in 12 Gallonen süßem Wasser; dann nimm 14 Pfund ungelöschten Kalk, gieße 12 Gallonen Wasser darüber, mische alles zusammen und durchnäße die von den Raupen bedeckten Büsche mit der Handspritze. Ist dieses geschehen, so lege man etwas ungelöschten Kalk um die Wurzeln eines jeden Busches oder Baumes herum, womit die ganze Operation vollendet ist.

Dadurch vernichtet man die Raupen völlig, ohne dem Laube des Busches oder Baumes in Geringsten zu schaden. Am besten thut man, für diese Operation einen trüben Tag auszuwählen. Ist das Laub von den Büschen und Bäumen ganz abgefressen, so wasche man sie sorgfältig mit der Handspritze, um sie von den dürren Blättern vollends zu reinigen. Hierzu ist gewöhnliches Wasser gut. Dann lockere man die Erde um die Wurzeln der Büsche und Bäume herum etwas auf, und streue etwas ungelöschten Kalk darüber, um die Eier zu zerstören. Dieses Mittel hat mir seit meinem ersten Versuch 6 Jahre lang nie den Erfolg versagt. Das oben angegebene Verhältniß von Blättern, Kalk und Wasser ist auf eine Fläche von 2 Ackern und mehr berechnet, die mit Bäumen und Büschen auf die gewöhnliche Weise bedeckt ist, und verursacht in der That sehr wenig Kosten.“

J. Machray kochte ¼ Pfund Taback mit 1 Pfund weißer Seife in ungefähr 18 schottischen Pinten (Nösel) Wasser und rührte die Flüssigkeit, als sie zum Kochen kam, mit einem Besen um, damit sich die Seife auflösen möchte. Diese Flüssigkeit brachte er mit einer kleinen Handspritze milchwarm, oder in einer solchen Temperatur, daß sie dem Laube nicht schaden konnte, des Abends auf die Büsche, und fand des Morgens den ganzen Boden unter den Büschen mit todten Raupen bedeckt. Mit diesem Verfahren fuhr er 6 Jahre nach einander fort und wendete es immer an, wenn er Spuren von dem Vorhandensein der Raupen wahrnahm.

J. Tweedie grub in irgend einem der Wintermonate die ganze Erde unter den Büschen 3 Zoll tief hinweg und warf sie zwischen den Reihen zu einer Bank auf. Den ersten schicklichen trocknen Tag nachher trat, stampfte oder walzte er diese aufgeworfenen Bänke und grub dann die sämmtliche Erde 1½—2 Spatenstiche tief ein, und zwar mit der Rücksicht, daß die unreife Erde auf den Grund des Grabens kam.

Forsyth's Methode ist folgende: „Nimm etwas gesiebten ungelöschten Kalk und lege ihn unter die Büsche, bringe aber anfangs nicht das Geringste davon an die Aeste oder Blätter. Dann schüttele jeden Busch heftig und plötzlich, und die Raupen werden in den Kalk fallen. Schüttelt man den Busch nicht plötzlich, so hängen sich die Raupen bei der geringsten Beunruhigung so fest an, daß sie nicht leicht abfallen. Ist dieß geschehen, so siebe man etwas Kalk über die Büsche, wodurch auch diejenigen vertrieben werden, die noch an den Aesten sitzen. Den Tag darauf muß man die Raupen wegkehren und die Büsche mit reinem Kalkwasser, versetzt mit Urin, abwaschen. Dadurch werden alle Raupen, die noch zurück sind, zerstört, und auch die Blattläuse, wenn deren vorhanden sind."

Unsere Meinung ist, daß der ungelöschte Kalk oder jede Art des Waschens, um die Insecten oder ihre Eier zu zerstören, wenig Zutrauen verdient. Heißes Wasser, nach Gibb's Methode angewendet, scheint wirksamer zu sein; auch das Graben, wie Tweedie anwendet, mag von wesentlichem Nutzen sein; am wirksamsten dürfte aber wohl das vorherige Ablesen mit der Hand sein. Wie mühsam auch dasselbe scheinen mag, so dürfte es doch am Ende sich ökonomischer darstellen, als irgend eine der andern Verfahrungsarten, selbst Elliot's Methode nicht ausgenommen; denn wenn auch bei dieser zwar die Zuthaten wenig kosten, so muß doch die Ausführung sehr mühsam sein.

(S. Loudon I. S. 962—964.)

§. 9.

Stachelbeeren so früh als möglich im Jahre zu ziehen.

a) im Freien,
b) im Treibhause.

Stachelbeeren so spät als möglich im Jahre zu ziehen.
Stachelbeeren im Wasser gezogen.
Größe der Stachelbeersträucher.

Stachelbeeren so früh und so spät als möglich im Jahre
zu ziehen.

Die gewöhnliche Reifzeit der verschiedenen Sorten Stachelbeeren
ist von der Mitte des Monats Juni bis zu Ende August, jedoch kann
man sich den Genuß frischer Stachelbeeren vom Stocke verlängern und
durch die richtige Anwendung der auf das frühere und spätere Reif=
werden einwirkenden Mittel, der Wärme, des Lichts ꝛc. die Zeitigung
der Früchte beschleunigen oder aufhalten.

Das frühere Reifwerden der Stachelbeere bewirkt man im Freien
durch eine dem Zweck entsprechende Behandlung des Stocks, sowie
auch im Treibhause.

I. Im **Freien** werden Stachelbeere früher reif, wenn man die
Stöcke an einem Spaliere zieht, das vor einer schwarzen Wand an=
gelegt, gegen rauhe Nordwinde hinlänglich geschützt und den größten
Theil des Tages der ungehinderten Einwirkung der Sonne ausgesetzt
ist. Wenn man an dergleichen Spaliere solche Sorten anpflanzt, die
als frühreifende bekannt sind, ihnen im Anfange des Frühlings bei
eintretenden Spätfrösten durch Matten oder Strohdecken den nöthigen
Schutz gewährt und es übrigens an der gehörigen Wartung und
Pflege, an Düngung, Begießen ꝛc. nicht fehlen läßt, so müssen die
Beeren solcher Stöcke einige Wochen früher zur Reife kommen. Als
frühreifende Sorten zeichnen sich unter den sogenannten deutschen
Stachelbeeren aus:

1) die längliche, olivenfarbige oder duffgelbe, rauhe,
welche schon in der Mitte des Monats Juni zur Reife kommen soll,
wenn anders die Reifzeit (von Dietrich und Rubens) richtig an=
gegeben ist.

2) Die Rosinenbeere, welche Anfangs Juli reifen soll.

II. Stachelbeeren im Treibhause gezogen.

Die Stachelbeere läßt sich ebenso wie die Johannisbeere recht
gut treiben, was auf folgende Weise geschieht: Man nimmt dazu
junge, durch Stecklinge erzogene Stämmchen, pflanzt sie in geräumige
Töpfe im Herbst und stellt sie im Winter an einen Ort, wo sie nicht
über 3° W. haben, jedoch auch nicht frieren dürfen. Im Frühjahr,
sobald sich die Blüthen zeigen, pflückt man dieselben alle ab, um den
Stämmchen recht kräftiges junges Tragholz zu bilden.

Während des Sommers stellt man die Stöcke an einen sehr schattigen Ort, giebt ihnen vom Juli an, wenn man schöne junge Zweige an den Stöcken erzogen hat, nur sehr sparsam Wasser, so daß die Stöcke ihren Vegetationsproceß früher als andere beschließen können. Im August, wenn man findet, daß das Holz hinlänglich reif ist, legt man die Töpfe, in denen die zum Treiben bestimmten Stöcke stehen, bei eintretendem Regenwetter um, damit sie keine Feuchtigkeit bekommen. Nur dann und wann giebt man ihnen etwas Wasser, um sie am Leben zu erhalten. Zu Ende September nimmt man die Stöcke aus den Töpfen mit möglichster Schonung der alten Wurzeln, indem man nur die am Rand und auf dem Boden des Topfes filzig verwachsenen Wurzeln wegschneidet, die übrigen aber an dem Erdballe unversehrt stehen läßt, und setzt sie in zwei Zoll weitere Töpfe. Den Raum zwischen dem Wurzelballen und dem Rande und Boden des Topfes füllt man mit recht guter lockerer und fetter Mistbeeterde aus, gießt die Stöcke durchdringend an und beschneidet die Zweige etwas an den Spitzen. Um die Stöcke nun anzutreiben, nimmt man dazu ein kaltes Bret, etwa einen hohen abgekühlten Lohkasten, füllt auf Lohe lockere Erde von der Höhe der Töpfe, und gräbt in diese die Töpfe bis an den Rand ein, den Kasten bedeckt man mit Fenstern und des Nachts überdieß mit Decken und Laden. In diesem Kasten bleiben die Stöcke so lange stehen, bis starke Fröste eintreten (etwa bis zum 1. December); man hält die Pflanzen feucht, besprützt sie Morgens, wenn man sonnige, warme Tage zu erwarten hat, und giebt ihnen fleißig Luft. Die Stöcke treiben hier auf diesem Stande gesunde junge Wurzeln, welche, sobald sie in die neue Erde eindringen, dem Stocke auch neue Nahrungssäfte und neue Lebenskraft zum Austreiben zuführen. Stellt man die Stöcke gleich nach dem Versetzen in ein warmes Haus zum Treiben, so mißräth der Zweck ganz sicher, weil die Stöcke hier, ohne junge Wurzeln gemacht zu haben, übertrieben werden. Zu Anfang December bringt man die Stöcke dahin, wo sie getrieben werden und Früchte tragen sollen.

Anfangs giebt man den Stachelbeeren, welche zum Treiben in ein warmes Haus oder Zimmer gebracht worden sind, mäßige Luft (12—16°) und wenn sie blühen, so oft als es nur ohne Verminderung der Temperatur möglich ist, frische Luft, welche zum Ansetzen der Früchte nothwendig ist. In den Vormittagsstunden schöner sonniger Tage besprützt man die Stöcke mit lauwarmem Regen= oder

Flußwasser und giebt ihnen überhaupt, wenn sie im kräftigen Austriebe stehen, fleißig und viel Wasser. Zuweilen kann man sie auch mit Wasser begießen, in dem frischer Kuhdünger aufgelöst worden ist. Allmälig in 2—3 Wochen nach dem Einsetzen in das Treibhaus muß die Wärme bis zu 20—22° gesteigert werden, wo dann die Früchte rasch zunehmen. Das Besprengen am Morgen und Abend schöner und heller Tage vergesse man nicht, wenn man günstige Resultate erwarten will.

(S. Rheinländische Garten-Zeitung von C. F. Pelsch. Neuwied. 5ter Jahrgang, 1838. No. 7. S. 10.)

Eine andere Vorschrift zum Ziehen der Stachelbeere im Treibhause, nach welcher sie aber etwas später zur Reife kommen, giebt Legeler mit folgenden Worten:

„Zum Treiben wähle man die großen Sorten mit rauher Schale, welche ihre Früchte in 5 Monaten bringen und zwar 4 bis 5jährige Sträucher, die man gehörig auslichtet, und woran man alle Triebe um $\frac{1}{5}$ ihrer Länge einstutzt.

Man pflanzt sie in Töpfe oder in Kübel in

       3 Theile sandhaltigen Gartenboden,

       2 Theile Lauberde,

       1 Theil Düngererde,

und beginnt mit dem Treiben Anfang Februar.

Die zur Cultur entsprechendste Temperatur ist die des Kirschhauses, wo man sie eben auf einer Stellage unter den Fenstern aufstellt und anbindet.

Gegossen werden sie, wenn der Ballen trocken geworden, reichlich, gespritzt bis zur Blüthe, dann aber nicht mehr.

Zu jedem Treiben wählt man frische Exemplare."

(S. die Treiberei. Eine praktische Anleitung zur Cultur von Gemüse und Obst ꝛc. von W. Legeler. Berlin, bei Herbig, 1842 S. 56. 103.)

Ueber das Treiben der Stachelbeere in England sagt Loudon folgendes: „Die Stachelbeeren kann man in Töpfen und Kästen, treiben, die man in Gruben in das Pfirsich- oder Traubenhaus setzt." Hay pflanzt im November in Töpfe, bringt diese im Januar ins Pfirsichhaus und hat reife Frucht zu Ende des Aprils, die am Stock auf den Tisch gebracht werden.

(S. Loudon Encyklop. des Gartenwesens. I. S. 964.)

Am 17. April 1845 war auf dem Coventgardenmarkte in London schon ein Ueberfluß an reifen Stachelbeeren zum Verkauf.

Den Stachelbeerstrauch hat man aber auch noch auf eine andere Weise zwingen wollen, frühere und größere Früchte zu tragen, durch den pomologischen Zauberring oder Fruchtring. Es werden dann an einem starken Zweige etwa einen halben oder ganzen Zoll von der Stelle, wo er an dem Hauptstamme ansitzt, mit einem recht scharfen Messer zwei Einschnitte in einer Entfernung von 1 bis 2 Linien von einander rings um den Zweig herum in die Rinde bis auf das feste Holz gemacht und hierauf nimmt man zwischen den beiden Einschnitten die Schale bis auf das feste Holz rein heraus. Der Pfarrer Hempel ringelte auf diese Weise mehrere Zweige der Stachelbeersträucher, die den Ring sehr gut vertragen und bei welchen an dem geringelten Oberteile die Früchte etwas größer zu werden und zeitiger zu reifen schienen.

Wer aber Stachelbeeren später, als die Reifzeit derselben eintritt, zur Zeitigung bringen und so spät als möglich im Jahre noch Früchte frisch vom Stocke genießen will, muß zur Anpflanzung und zum Ziehen blos solche Sorten wählen, deren Beeren am spätesten im Jahre zur Reife kommen und ihnen bei der Behandlung alles das entziehen, was die Zeitigung befördert, vorzüglich die Einwirkung der Sonne. Diesen Zweck erreicht man schon 1) durch das Anpflanzen des Stocks an einer beständig schattigen Stelle des Gartens, zum Theil unter Bäumen, noch mehr aber an der Nordseite einer Wand, und 2) durch das Bedecken des Stocks an warmen Tagen mit Matten.

Ist die sehr spät reifende Sorte in einen Kübel gesetzt, so kann man denselben, ehe der Stock zu treiben anfängt, in einen Eiskeller bringen und ihn dort in einer solchen Temperatur stehen lassen, wo die feuchte Erde nicht gefriert, aber das Ausschlagen des Stocks und die Blühenzeit aufgehalten wird. Dann aber, wenn diese eintritt, auf einen Platz im Freien im beständigen Schatten stellen.

Nach Loudon ist das Verfahren in England, um die Ernte der Stachelbeeren zu verlängern, folgendes:

Außerdem, daß man Spätsorten an schattige Orte pflanzt, kann man die Stöcke, mögen es Standbüsche oder gezogene sein, sobald die Frucht reif ist, mit Matten überspannen, und auf diese Weise halten sich einige rothe Sorten, z. B. die Warrington=Stachelbeere und dickschaligen gelben Sorten, z. B. die Mogul-Stachelbeere, an den Stöcken bis Weihnachten.

(S. Loudon Encykl. des Gartenwesens I. S. 964.)

Aber nicht nur in Anpflanzungen hat man Stachelbeere gewonnen, sondern auch auf eine andere Weise, wie in der Allgem. Thüringischen Gartenzeitung von Prof. Dr. Bernhardi, 1844. Nr. 50. S. 212 angegeben ist, wo folgende kurze Notiz mit der Ueberschrift:

„Stachel- und Johannisbeeren im **Wasser** gezogen."

„In der Versammlung der botanischen Gesellschaft zu Edinburg am 11. Juli zeigte Hr. Mac Nab einige Exemplare von Stachel- und Johannisbeeren vor, welche in blos mit Wasser gefüllten Glasgefäßen zwei Jahre hindurch gestanden hatten und jetzt zum zweiten Male Früchte trugen.

Merkwürdig war dabei, daß sowohl die Stachelbeeren, als die rothen und weißen Johannisbeeren in demselben Grade aromatisch schmeckten, als die auf gewöhnliche Weise gezogenen."

Der jüngere Mac Nab in Edinburg hat auf eben diese Weise Johannisbeeren gewonnen, wie Denis Henrard in Lüttich in seinem Berichte über eine Reise in England und Schottland meldet, von welchem ein Auszug in der Blumenzeitung von Joh. Häßler, wo in Nr. 6. v. 7. Febr. 1846 unter Anderem folgendes steht:

„Johannisbeeren mit bloßen Wurzeln, in mit Wassern gefüllten Flaschen, gaben seit mehrern Jahren eben so viele und eben so große Früchte, als die in freier Erde gezogenen."

Größe der Stachelbeersträucher.

Gewöhnlich zieht man die Stachelbeersträucher nur etwa 4—5 Fuß hoch; sie erhalten aber bei sorgfältiger Behandlung und Pflege eine außerordentliche Größe, wovon F. Rubens (S. dessen Obstbaumzucht 2ter B. S. 391.) folgende Beispiele anführt:

„Im 5ten Bande der Transaction der englischen Gartenbau-Gesellschaft S. 480 wird ein Stachelbeerstrauch beschrieben, der 46 Jahre alt ist und dessen Aeste 36 Fuß im Umfange haben. Er liefert in manchen Jahren viele Scheffel Früchte. Mit Mistjauche und Seifensiederasche wird er gedüngt. — Zwei andere Bäume dieser Art zu Quaeston-Hall sind nicht minder merkwürdig. Der jüngere, vor 30 Jahren gepflanzte, überzieht ein Haus an 2 Seiten und mißt 53

Fuß in die Breite; der ältere, der jetzt abstirbt und an einer nach Norden gelegenen Wand ausgebreitet ist, mißt 54 Fuß in die Breite. Der Boden, in welchem sie stehen, ist brauner, leichter Lehmboden."

In dem Garten des ehrwürdigen Greises, des Herrn Domvicarius Martin in Erfurt stehen 15 Stück Stachelbeerstöcke, in runde Pyramiden gezogen, die in einem Alter von etwa 20 Jahren, am Stammende einen Umfang von 9,8 Zollen engl., eine Höhe von 5½ Leipz. Ellen = 10 Fuß 4,5 Zoll engl. und einen Umfang von 9¼ Leipz. Elle = 17 Fuß 4,5 Zoll engl. erreicht, und schöne und gute Früchte in Menge getragen haben.

In dem Gehöfte beim Wohnhause des Kaufmanns Möhring in Arnstadt ist vor mehrern Jahren an der Nordseite an einer schmalen Wand zwischen 2 Kellerthüren ein Sämling hervorgekommen, den man anfangs einigemal abgebrochen hatte, alsdann aber in die Höhe schießen ließ, und jetzt an der Wand ausgebreitet ist, einen dünnen Schaft von 5 Rheinl. Fuß Höhe und überhaupt eine Höhe von 14 Fuß gewonnen hat, dessen Seitenzweige sich 10 Fuß weit ausbreiten. Der Stock wird gar nicht gepflegt und trägt nur kleine grüne Beeren.

§. 10.
Ueber die Frucht des Stachelbeerstrauchs.

a) Das Abnehmen oder die Ernte der Stachelbeeren.
b) Ueber das Zerplatzen der reifen Stachelbeeren.

Ueber die Frucht des Stachelbeerstrauchs.

Die Blüthen der Stachelbeeren kommen, wie schon oben gesagt ist, im April, je nachdem die Witterung warm ist, früher oder später hervor, und auf einem kleinen grünen Fruchtknoten zeigt sich ein bauchiger Kelch mit einer aus 5 kleinen Blättchen bestehenden Blumenkrone, an welcher 5 Staubfäden um den in der Mitte auf den Fruchtknoten befindlichen Stempel.

Sowie der Fruchtknoten, welcher die Beere bildet, größer wird, verschwinden die Staubfäden mit den Staubbeuteln nach geschehener Befruchtung und die Blumenblätter welken, aber der bauchige Kelch, der den Stempel umschließt, bleibt auf dem Fruchtknoten länger grün, wird nach und nach braun, wenn die Beere mehr wächst, und bleibt

feſt auf derſelben ſitzen, wenn er auch ganz dürr und die Beere voll=
kommen reif iſt. Das Piſtill oder der Stempel wächſt auch noch
mit der Beere und wird beſonders am untern Theile an der Beere
dicker. Denn die mehrere Samenkerne enthaltende faltige Frucht
ſpringt nicht auf.

So lange die Beere wächſt, iſt ſie hart, grün und undurchſichtig,
und erſt wenn ſie reift, wird ſie weicher, verändert die Farbe auf der
Oberfläche der Haut und wird mehr oder weniger durchſcheinend, bis
ſie endlich ganz weich und durchſichtig wird.

Die Färbung der Haut erfolgt allmälig, iſt aber nicht bei allen
Beeren einer Pflanze gleichförmig. Man findet nämlich auf denſelben bei
vielen dunkle und hellere, zuweilen verſchiedenfarbige Stellen und un=
regelmäßige Farbenzeichnungen, Flecken, Striche, Punkte, beſonders
auf der Seite der Beere, die der Einwirkung des Sonnenlichts aus=
geſetzt iſt; außerdem aber auch noch hellere Linien, von denen zwei
ſtärkere beim Stiele anfangen und auf zwei entgegengeſetzten Seiten
zur Spitze gehen, ſo daß dadurch die Beere gleichſam in zwei Hälften
der Länge nach getheilt wird, und zwiſchen dieſen beiden auf jeder
Hälfte der Beere 4 andere ſchwächere, die bei dem Stiele oder auch
aus den Hauptlinien ihren Anfang nehmen und etwa in der Mitte
der Beere in gleicher Entfernung von einander nach der Spitze zu
laufen und beim Piſtill zuſammenſtoßen, ſowie auf einem Globus die
Linien, welche die Längengrade bezeichnen, die ſämmtlich bei den Polen
zuſammentreffen. Beſonders in der Richtung dieſer Linien ſieht man
auf der Oberfläche der Haut hellere und dunklere, zuweilen auch ganz
verſchiedenfarbige Punkte.

Bei der im Wachſen begriffenen Beere iſt das Zellgewebe im
Innern derſelben hart; die Conſiſtenz verändert ſich aber allmälig von
der Mitte aus, je mehr die Beere ihrer Reife entgegen geht. Es
entſteht in der Mitte im Zellgewebe eine Flüſſigkeit, die ſich von da
allmälig nach den Wänden der Schale zu verbreitet, bis endlich dieſe
Flüſſigkeit die ganze Beere erfüllt, die Haut dünn, die Beere weich
und ſo durchſichtig geworden iſt, daß man die im Innern der Schale
anliegenden Adern und die Fruchtſtöcke mit den Samen mehr oder
weniger deutlich ſehen kann, nach Verhältniß der Dicke der Schale.

Man ſieht dann, wie an den 2 Hauptadern, welche die Beere
der Länge nach in 2 gleiche Hälften theilen, nicht blos die 4 feinern
Adern zwiſchen beiden auf jeder Seite entſpringen, und letztere unregel=

6

mäßig doch noch feinern Nebenadern verbunden sind, sondern auch die von diesen Fruchthaltern oder Fruchtstöcken im Zellgewebe befindlichen feinen Fasern, von denen je 4 fächerförmig ausgehen, schichtenweis über einander liegen und an jeder Spitze der Faser ein Samenkorn sich findet, so daß die Spitzen der Samen von beiden Hälften in der Mitte beinahe an einander stoßen *).

Kann man dieses an einer Beere deutlich sehen, so kann man sie für reif halten, und sie hat den höchsten Grad ihrer Vollkommenheit erreicht.

Bleibt die Beere länger am Stocke, so geht eine große Veränderung im Innern derselben vor. Die Flüssigkeit scheint sich zu zersetzen, die Beere verliert ihre Durchsichtigkeit, ihre Farbe wird dunkler, der Geschmack verändert sich, wird überreif und verliert dann an ihrem Werthe.

Die unreifen und reifen Stachelbeeren hat Berard chemisch analysirt und folgende Bestandtheile gefunden, die in Berzelius Lehrbuch der Chemie B. 7. S. 584 mitgetheilt sind:

Unreife,	Reife	Stachelbeeren.
0,52	6,24	Zucker.
1,36	0,78	Gummi.
1,07	0,86	Pflanzeneiweiß.
1,80	2,41	Apfelsäure.
0,12	0,31	Citronensäure.
0,24	0,29	Kalk.
8,45	8,01	Pflanzenfaser, die Kerne mit inbegriffen.
86,41	81,10	Wasser.
0,03		Chlorophyll oder harziges Blattgrün.
100,00	100,00	

Außerdem enthalten die Stachelbeere, nach Döbereiner, auch noch etwas Pectin.

Interessant möchte es sein, auch noch die unreifen und die überreifen Stachelbeeren einer genauen chemischen Analyse zu unterwerfen und zu untersuchen, ob bei diesen die Bestandtheile in Hinsicht der Qualität und Quantität dieselben sind, als bei den reifen Stachelbeeren. Ferner, ob die süßschmeckenden Stachelbeersorten nicht eine größere Menge Zucker enthalten?

---

*) Der Längen= und Querdurchschnitt der Stachelbeere ist abgebildet in A. B. Reichenbach's Allgem. Pflanzenkunde ꝛc. Leipz. 1837. Taf. F. h. u. c.

Das Abnehmen oder die Ernte der Stachelbeeren.

Weil die Stachelbeeren theils grün (unreif), theils reif zu ver=
schiedenen Zwecken gebraucht werden, und weil man sehr frühzeitige
und dann auch sehr späte Sorten hat, so kann man annehmen, daß
die Stachelbeerzeit 5 Monate hindurch dauert, vom April bis zum
September. Die frühzeitigen Sorten an Südmauern sind schon als
kleine grüne Beeren zu Torten u. f. w. im April oder zu Anfang
des Mai's zu benutzen, und werden im Junius reif. Die gewöhn=
lichen Standbüsche liefern im Mai und Junius einen reichlichen Vor=
rath grüner Stachelbeeren, ganz große und reife im Junius, Julius
und August. Einige Spätsorten, die entweder an schattige Orte
gepflanzt, oder mit Matten vor der Sonne beschützt werden, wenn
sie zu reifen anfangen, erhalten sich am Baume in gutem Zustande
bis zum September.

(S. Loudon I. 964.)

Ueber das Zerplatzen der reifen Stachelbeeren.

Nicht selten wird man finden, daß die Haut der reifen Stachel=
beeren an einer Seite derselben in der Richtung von der Blume nach
dem Stiele zu zerreißt oder aufplatzt, aus welchem Risse aber kein
Saft auszufließen, welcher vielmehr sich zu verhärten scheint, und die
blos gelegten Samen mit einer feinen Haut überzieht. Eine solche
zerplatzte Beere hat nach einigen Tagen einen übeln Geschmack, durch
eine in derselben entstehende Gährung.

Dieses Zerplatzen der Haut erfolgt, wenn nach anhaltender
Dürre zur Zeit des Wachsthums der Beeren beim Reifen derselben
starkes Regenwetter eintritt.

§. 11.

Ueber den Werth der Stachelbeeren.

Wir schätzen eine Frucht insgemein nach dem Gebrauche den wir
von derselben machen können und den Nutzen, den sie uns durch den
Gebrauch gewährt, wozu noch die Eindrücke kommen, die sie auf unsre
Sinne machen, und endlich das mehr oder minder häufige Vorkommen

6 *

derselben. Je mehr von den angeführten guten Eigenschaften man bei einer Frucht findet, einen desto größeren Werth legen wir ihr dann bei.

Bei der Stachelbeere sind es drei Eigenschaften derselben, nach welchen wir ihren Werth bestimmen können, und zwar ihre Schön=heit, ihre Größe und ihr Wohlgeschmack, die bei den vielen durch die Cultur gewonnenen Sorten gar sehr verschieden sind, und jedem auffallen, der zur Zeit der Reife der Beeren einen Garten besucht, in welchen man die mannichfaltigen Sorten zieht. Da findet man Bee=ren, die man wegen ihrer Färbung, Glanz, Durchsichtigkeit und Gestalt nicht anders als schön nennen kann, von ganz verschiedener Größe und, wenn man sie kostet, von ganz verschiedenem Geschmack. Die sich vortheilhaft auszeichnenden bezeichnet daher auch Christ als Sorten vom ersten Range, und Dietrich giebt den Werth derselben mit I., II. und III. an; aber keiner derselben zeigt die Elemente an, nach welchen er den Werth bestimmte. Eben so wenig scheinen die Preisrichter bestimmte Regeln zu haben, nach welchen sie bei Preis=ausstellung der Stachelbeere den Werth der verschiedenen Sorten be=stimmen.

Legt man dabei die oben angezeigten 3 Eigenschaften zu Grunde, so kann dieses auf folgende Weise geschehen. Man nehme

zu Nr. I. alle die Sorten, bei welchen man alle 3 Eigenschaften findet. Schönheit, ausgezeichnete Größe und Wohlgeschmack;

zu Nr. II. die, an welchen eine der genannten Eigenschaften fehlt. Es entstehen alsdann folgende 3 Abtheilungen:

1) wo Schönheit und Größe sich findet, aber Wohlgeschmack fehlt,

2) — — — Wohlgeschmack sich findet, aber Größe —,

3) — Größe — — — , — Schönheit —;

zu Nr. III., wo nur eine der genannten guten Eigenschaften ist und die beiden andern fehlen. Auch hier würden wieder 3 Abthei=lungen sein, und zwar:

1) solche Beere, die sich blos durch Schönheit auszeichnen,

2) — — , — — — — Größe — ,

3) — — , — — — — Wohlgeschmack —

Läßt sich eine Frühsorte oder Spätsorte so ziehen, daß die erste weit früher, die andere später reift, als alle andern Beeren, so er=hält sie dadurch einen höhern Werth. Eben so auch dadurch, wenn eine Sorte anhaltend Beeren in größerer Menge liefert, als alle andern Sorten.

Indessen ändern sich die Eigenschaften einer jeden Sorte etwas ab, wenn sie nicht auf einerlei Standorte gezogen wird. Steht der Stock auf sehr trocknem Boden, so verlieren die Beeren gemeiniglich an Größe, gewinnen aber an Wohlgeschmack, da dieselbe Sorte dagegen auf nassem Boden gezogen zwar größer, aber nicht so wohlschmeckend wird. Dasselbe ist auch der Fall, wenn ein Stock noch dazu mehr oder weniger im Schatten steht, und besonders wenn der Stock sehr alt wird, in welchem letztern Falle man kaum noch die Beeren an ihren sonstigen guten Eigenschaften erkennen kann.

§. 13.

Einiges über die Cultur der Stachelbeeren in England und Deutschland im Allgemeinen.

a) Preisbewerbung und Preisvertheilung wegen Stachelbeerzucht in England.

b) Ueber das Gewicht der englischen Stachelbeeren.

Einiges über die Cultur der Stachelbeeren in England und in Deutschland im Allgemeinen.

Gute Stachelbeeren werden in England am meisten geschätzt und prangen als ein Lieblingstafelobst mit andern Früchten auf den Tafeln der Großen, die sehr viel auf Cultur derselben verwenden. Durch die Zucht dieses Beerenobstes haben die Gärtner daselbst einen reichen Gewinn. Natürlicher Weise müssen sie dadurch angespornt werden, sie mit aller Sorgfalt zu cultiviren, durch die Aussaat immer neue Sorten zu gewinnen und die schon bekannten durch gute Wartung und Pflege immer mehr zu veredeln. Ueberdem werden sie auch noch dazu durch Preise angespornt, die man in der Grafschaft Lancashire denjenigen ertheilt, welche in die Preisausstellung die werthvollsten Früchte geliefert haben. Jede Sorte, die neu zu sein scheint, erhält einen besondern Namen, und dieser Namen, die in Verkaufsregistern der Stachelbeersorten prangen, giebt es schon mehr als 1000, die

aber wohl noch nebſt der Sorte, die ſie bezeichnen, einer genauen
Reviſion bedürfen.

Wie es aber mit der Cultur der Stachelbeeren in Deutſchland
ſteht, darüber höre man den Ueberſetzer von Briſtows Aufſätze über
die Cultur der Stachelbeeren (in der allgem. Gartenzeitung von Otto
und Dietrich. Berlin, 1834. 2ter Jahrg. S. 60), welcher ſagt:
„Die Größe der Früchte in engliſchen Gärten iſt gar nicht in Ver-
gleich mit denen der deutſchen Gärten zu ziehen, und ich begreife gar
nicht, warum hier nicht eine beſſere Cultur-Methode eingeführt wird.
Hier pflegt man nur dicke runde Stachelbeerbüſche, oft 3 und mehrere
Fuß im Durchmeſſer zu ziehen, welche zwar reichliche Früchte tragen,
aber als Tafelobſt und als vollkommen ſchöne Frucht nicht angeſehen
werden können. Der Sorten giebt es in deutſchen Gärten genug,
die meiſtens aus England kommen, allein die Cultur wird nirgends
beachtet, und bleibt der Natur meiſtens überlaſſen.

Sollten die hieſigen Gärtner durch Erziehung beſſerer und größerer Früchte nicht ihre Rechnung finden?"

Von den meiſten Handelsgärtnern, in Deutſchland, welche Stachelbeere zum Verkauf ankündigen, kann man dieſelben meiſtens nur
im Rummel bekommen. Sie ſind nur als gute Sorten von ihnen
bezeichnet, und von keinem kann man die ſogenannten deutſchen Sorten, die Chriſt verzeichnet hat, und von wenigen engliſche mit richtigen Namen erhalten. Einige beklagen ſich darüber, daß ſie ſelbſt
beim Ankaufe der letztern betrogen worden ſind und wenn ſie ſolche
mit Namen abgeben, nicht die Richtigkeit derſelben verbürgen. Andere
aber, die vor mehrern Jahren Sortimente mit Namen zum Verkauf anboten, haben ſie ſo ſchlecht behandelt und unter einander gebracht, daß man von ihnen nur noch ſogenannte große Sorten im
Rummel ohne Namen bekommt. — Doch vielleicht ändert ſich die-
ſes in Zukunft, indem einige Handelsgärtner in Thüringen ange-
fangen haben die Sorten echt aus England mit richtigen Namen zu
beziehen und ſolche zu vermehren, wie z. B. die Herrn Maurer in Jena, Möhring in Arnſtadt, Schmidt in Erfurt
u. ſ. w.

Verfahren der Engländer die größten Früchte der Sta=
chelbeeren zu erhalten.

„Dadurch, daß man den besten aus Samen gezogenen einjähri=
gen Pflanzen beim Fortsetzen keinen sehr reichen Boden gab, sie be=
goß, beschattete und die Frucht auslichtete, hat man die größten
Sorten erhalten. Der Lancashire=Stachelbeerkenner ist aber nicht blos
damit zufrieden, die Stachelbeeren, welche er in den Meetings vorzei=
gen will, an der Wurzel und oben zu bewässern, sondern setzt auch
jeder einzelnen Stachelbeere einen kleinen Untersatz mit Wasser unter,
und läßt von letztern nur 3 bis 4 am ganzen Stock. Dieß wird mit
dem Kunstausdrucke suckling (säugen) bezeichnet. Auch einen großen
Theil des jungen Holzes nimmt er hinweg, so daß alle mögliche
Kraft in die Frucht treten muß.“

(S. Loudon I. 960.)

Ein mürber und feuchter Boden bringt die größten Beeren
hervor.

(S. Loudon I. S. 960.)

Maher versichert, daß es zur Vervollkommnung der Frucht we=
sentlich beitrage, wenn man die sehr kleinen Beeren gegen die Mitte
oder Ende des Monats Mai mit einer Scheere hinwegnehme. Diese
kleinen Beeren sind eben so gut zu Saucen und zu Stachelbeermus,
als die größern.

(S. Loudon I. S. 961.)

Die schottischen Aebte waren im 12ten und 13ten Jahrhundert
die ersten Horticulturisten. — Die große Sorgfalt, welche Geist=
lichkeit und Adel der Obstzucht und dem Bau einiger Arten von
Küchengewächsen zuwandte, mußte nothwendig einigermaßen die Neu=
gier und Aufmerksamkeit erregen, welcher erste Impuls kaum seine
Kraft verloren hat; denn vergleichungsweise sind 4 oder 5 Jahrhun=
derte, seitdem Apfel, Birnen, Kirschen, Stachel= und Johannis=
beeren ꝛc. in's Land gezogen wurden, nur eine kurze Zeit.

(S. Loudon Encykl. I. S. 97 u. 98.)

Cultivirt ist die Stachelbeere in Lancashire in größerer Vollkom=
menheit zu haben, als in irgend einem andern Theile Englands.
Nächst Lancashire scheint das Clima und die Behandlung der Ein=
wohner von Lothian dieser Frucht am besten zuzusagen.

In Spanien und in Italien ist sie kaum dem Namen nach bekannt. In Frankreich wird sie vernachlässigt und wenig geachtet. In einigen Theilen Deutschlands und Hollands scheint die gemäßigte Temperatur und das feuchte Clima ihr zuzusagen, aber nirgends ist sie, was Größe und Schönheit betrifft, mit den in Lancashire erzeugten oder mit den Lancashire=Varietäten zu vergleichen, die in den gemäßigten und feuchten Districten Britanniens mit Sorgfalt cultivirt werden. Kennten die Ausländer, sagt Reill, unsere Lancashire = Stachelbeeren, so würden sie dieselben leicht für eine ganz verschiedene Frucht halten.

(S. Loudon I. S. 958.)

Vor etwa 14 Tagen wurden in dem Garten eines Herrn Henry Burns, am Westende von Cockermouth, Stachelbeeren geerntet, von denen 6 zusammen 6 Unzen, und eine davon allein $1\frac{1}{4}$ Unze wog; diese letztere hatte in der Mitte einen Umfang von 7 Zoll. Ihr Geschmack war vortrefflich. Mr. Burns ist in Folge seiner glücklichen Cultur des Stachelbeerstrauchs seit langer Zeit berühmt. —ς—

(S. Allgem. Modezeitung Nr. 36. 1850. S. 287. Redacteur Diezmann. Verleger Baumgärtner.)

Ueber die Cultur des Stachelbeerstrauchs.

Vom Herrn H. Lecoq.

(Annales de la Societé Royale d'agriculture et de botanique de Gand 1848 p. 436.)

Es ist bekannt, mit welchem Erfolg die Engländer alljährlich neue Spielarten des Stachelbeerstrauches ziehen, für welche in den verschiedenen Gartenbau = Gesellschaften besondere Preise ausgesetzt werden. In der That, in einem Lande, in welchem alle Früchte selten sind, wo die Mehrzahl derjenigen, welche wir mit so großer Leichtigkeit erzielen, durch das Klima der britischen Inseln sogar unmöglich wird, ist es nicht zu verwundern, daß man einer einheimischen Art alle erdenkliche Sorgfalt widmet, um sie zu der größtmöglichen Vollkommenheit zu bringen.

Die Frucht des Stachelbeerstrauchs hat sogar der Reife nicht nöthig, um bei unsern Nachbarn sehr gesucht zu werden; die Stachelbeer=Torten und andere Backwerke z. B. bedürfen der Frucht im unreifen Zuſtande, und eben ſo verwendet man zu der Sauçe, welche den feinen Geſchmack der Makrelen und gewiſſer anderer Fiſche noch erhöht, nur die grünen, unter dem Namen „Makrelen“ bekannten Stachelbeeren. Zu dieſem Zwecke macht man auch die unreifen Früchte ein, und Belgien, England, ſo wie das nördliche Frankreich, die einzigen Länder, wo die Gaſtronomie wahre Jünger zählt, wiſſen die grünen Stachelbeeren nach ihrem wahren Werthe zu ſchätzen *).

Hiermit wollen wir nicht behaupten, daß dieſe Früchte bei unſern Nachbarn ihre Reife nicht erlangen können, im Gegentheil, das Klima Englands iſt für die Entwicklung der Stachelbeerſorten viel günſtiger, als das unſrige, und ſie gelangen dort zur vollkommnen Reife. Die Stachelbeerſträucher wachſen in den dortigen Gärten ſogar ohne beſondere Cultur und tragen fortwährend. Wir haben zwar denſelben Vortheil, allein unſere hohe Sommertemperatur tödtet ſehr oft eine große Anzahl derſelben, und nur bei beſonderer Sorgfalt kann es uns gelingen, ſo große Früchte zu erzielen wie die Engländer, welche dieſelben auf ihre Ausſtellungen bringen und Preiſe dafür ausſetzen.

Die Sämlinge ſind ſo leicht zu ziehen, daß es ſtets vortheilhafter iſt, die Pflanzen auf dieſe Weiſe zu vermehren, als durch Steckzweige zu vermehren, welches man nur bei ganz koſtbaren Sorten anwendet, da man, wenn der Same von ſchönen Früchten abſtammt, auch durch ihn ganz anſehnliche Pflanzen erhält.

Die aus Samen gezogenen Pflanzen haben eine große Kraft und widerſtehen weit mehr wie die andern der Hitze des Sommers, welche im ſüdlichen Frankreich ihr größter Feind iſt. — Dem Makrelen=Stachelbeerſtrauch ſagt eine jede Erdart zu, doch hat er am liebſten einen etwas friſchen, kräftigen Boden. Die Sonne iſt ſein Feind, mehr aber fürchtet er noch gänzlichen Schatten, und da man unter zweien Uebeln jederzeit das kleinere wählt, ſo pflanzt man ihn lieber in die Sonne, vorausgeſetzt, daß die Wurzeln geſchützt ſind, und daß die Erde, welche ſie umgiebt, ihre Friſche behält, entgegengeſetzten Falls welkt die Pflanze, bevor ſie ihre Früchte zur Reife gebracht hat, und ſtirbt gänzlich oder mindeſtens bis zum Halſe ab.

Das beſte Mittel, dieſe Sträucher zu ziehen, iſt, daß man die Erde an ihrem Fuße mit Ziegelſteinen oder mit einer Art Flieſen be=

---

*) Auch in Deutſchland werden die unreifen Stachelbeerfrüchte zu allerlei Torten, Compots u. ſ. w. angewendet.

deckt. Dies Verfahren, welches für die uns beschäftigenden Pflanzen nöthig ist, ist für alle Bäume, sowohl Fruchtbäume als andere zu empfehlen, und man wird jederzeit finden, daß Bäume, welche auf Höfen stehen, die mit Steinplatten ausgelegt sind, außerordentlich gut gedeihen. Es erklärt sich dies daraus, daß die Steine nicht den Boden erschöpfen, wie dies die Pflanzen thun würden, welche, sobald die Steine nicht vorhanden waren, sich einfanden, und daß eine dichte Fliesenbedeckung die Ausdünstung des Bodens verhindert und somit nicht zuläßt, daß er austrockne oder von der Sonne verbrenne. Dies letztere, aus der Wirkung der Sonne, der Wärme und der Ausdünstung entstehende Uebel, so nachtheilig es schon für große Bäume ist, deren Wurzeln dann doch wenigstens weit auslaufen können, um sich Nahrung zu verschaffen, ist für den Stachelbeerstrauch, dessen feinere schwächlichere Wurzel dem ganzen Einflusse eines südlichen Klimas ausgesetzt sind, oft tödtlich. Wenn man die Wurzeln beschützt hat, so kann man den Stachelbeerstrauch in drei verschiedenen Manieren ziehen, nämlich: 1) als Strauch oder als Bäumchen, 2) am vertikalen und 3) am horizontalen Spalier.

Das Ziehen als Strauch oder als Bäumchen.

Im ersten Falle genügt es, den Strauch nach Belieben wachsen zu lassen; im zweiten Falle entfernt man von der Basis alle jungen Zweige bis auf einen, der den kräftigen Stamm bilden soll. Diese Methode wendet man am häufigsten an, da sie die wenigste Mühe macht.

Das Ziehen am vertikalen Spalier.

Hierzu werden Spaliere aus provenzalischem Rohre angewendet, dieselben sind, wenn man die Pflanzen mit 1—1½ Meter Distance setzt, nach Verlauf einiger Jahre sehr gut bekleidet. Die langen Zweige krümmt man in flache Bogen, weil sie in dieser Form schneller und voller tragen; dabei muß man fleißig beschneiden und alle zwischenwachsenden, hinderlichen Triebe entfernen. Diese Form hat den Vortheil des schönen Anblicks, die Früchte werden groß und zahlreich, und da sie offen hängen, so kommen sie schneller zur Reife.

Das Ziehen am horizontalen Spalier.

Dieß kann man auf zwei Arten ausführen, entweder in einer gewissen Höhe vom Boden, oder auf dem Boden selbst. Im ersten

Falle zieht man das Bäumchen mit einem einzigen Stamm bis zu der gewünschten Höhe, breitet dasselbe dann auf Art eines runden Tisches aus, wobei man die Zweige vom Mittelpunkt aus divergiren läßt, so daß sie den ganzen Tisch bedecken. Diese Disposition, welche im ersten Augenblick sehr originell erscheint, hat einen unbestreitbaren Vorzug vor den andern, den nämlich, daß die Früchte, da sie nicht hängen, sondern auf dem Holze liegen, ein größeres Volumen erlangen, welcher Umstand sich nicht allein bei den Stachelbeeren, sondern auch bei jeder andern Frucht zeigt. So wird eine Birne oder Pfirsich, welche zufällig auf einer Unterlage ruht, jederzeit größer und stärker, als die neben ihr hängende. Aus diesem Grunde geben die Spaliere, selbst die vertikalen, bei denen die Zweige regelmäßig angebracht sind, größere Früchte, als die frei stehenden Bäume, selbst wenn letztere sorgfältig und mit Umsicht beschnitten werden.

Was nun das Spalier unmittelbar auf dem Boden betrifft, so erhöht man dabei unstreitig die schönsten Früchte, und die Methode ist für den Bau des Strauches vielleicht die einfachste. Sie besteht darin, daß man den Fuß des Stachelbeerstrauches mit einem kreisförmigen Heerde umgiebt, den man am Umfange etwas höher legt, als in der Mitte, und durchweg mit Ziegeln belegt. Der Abfall nach der Mitte zu hat den Zweck, daß das durch den Regen oder vom Begießen auf den Heerd fallende Wasser direkt zu dem Fuße der Pflanze gelange und nicht auf den Ziegeln stehen bleibe. — Auf diesen Ziegeln breitet man die mit Blüthen beladenen Zweige strahlenförmig vom Mittelpunkte nach dem Umfang zu aus. Wenn sie sich nicht gleich vollkommen auf den Heerd legen, so werden sie doch später durch das Gewicht ihrer Früchte hinabgezogen, oder sie biegen sich so, daß mindestens ihre Spitzen aufliegen. Außer dem unsichtigen Beschneiden einiger überflüssiger Zweige hat man nichts weiter zu thun, und kann mit Ruhe die Reife der Stachelbeeren erwarten.

Die Vortheile dieser Methode ergeben sich leicht: die Wurzeln sind durch die Ziegeln gegen die Wärme geschützt, der Regen wie das Wasser des Begießens gelangen direkt zum Fuße der Pflanze, die Früchte sind groß, früh reif und jederzeit sauber, die Kosten endlich und Mühen sind fast Null.

Bei allen im Obigen angegebenen Methoden muß man, wenn man mehr auf die Schönheit der Früchte, als auf ihre Zahl sieht, einen guten Theil derselben von den Zweigen vorher entfernen und diese Operation dann unternehmen, wenn die befruchtenden Fruchtknoten schon ein gewisses Volumen erreicht haben, weil man die größten und bestgeformten auswählen kann, um sie stehen zu lassen, was früher nicht möglich.

Wenn man die im Obigen dargelegten Regeln befolgt, so wird man ganz ausgezeichnete Stachelbeeren für den Desserttisch sowohl, als für Fruchtausstellungen erzielen, welche bei uns um so außerordentlicher erscheinen, als wir nicht daran gewöhnt sind, diese Frucht in ihrer ganzen Vollkommenheit zu sehen.

Preisbewerbung und Preisvertheilung wegen Stachelbeerenzucht in England.

Die Stachelbeere findet man in jedem Wirthschaftsgarten Britanniens, und jeder Gärtner muß es für seine Pflicht halten, die Einführung dieser so nützlichen Varietäten in diese beschränkten Wirthschaftsbezirke zu befördern. In Lancashire und einigen Theilen der benachbarten Grafschaften cultivirt fast jeder Häusler, der ein Gärtchen besitzt, die Stachelbeeren wegen der Preise, die in den sogenannten Gooseberry-price-Meetings ausgetheilt werden. In dem Manchester-Gooseberry-Book wird jährlich der Bericht davon bekannt gemacht, nebst Namen und Gewicht der gelungensten Sorten. Die Preise sind unterschieden und von 1—5 oder 10 Pfund Sterling. Der zweite, dritte bis zum sechsten und zehnten Grad des Verdienstes empfangen oft verhältnißmäßige Preise. Diese Meetings (Versammlungen) werden im Frühling gehalten, um die Sorten, die Personen u. s. w. aufzuzeichnen, und dann wieder im August, um die Früchte zu wiegen, zu kosten und die Preise zu bestimmen. In dem Gooseberry-Book (Stachelbeerbuch) vom Jahr 1819 findet man die Berichte von 136 solcher Versammlungen. Die größte Beere, die unter allen gezogen worden war, the Top-Sawyer Seedling, eine rothe Beere, wog 26 dwts., 17 grs. 46 rothe, 33 gelbe, 17 grüne und 41 weiße Sorten wurden vorgezeigt, und 14 ganz neu genannte Sorten, aus Samen gezogen, die schon in früheren Versammlungen ausgezeichnet worden waren.

(S. Loudon I. S. 958. 959.)

Ueber das Gewicht der Stachelbeeren.

In Deutschland mag vielleicht mancher Gärtner oder Liebhaber der Gärtnerei Stachelbeeren gezogen haben, die sich durch ihre Größe und ihre Schwere auszeichnen, aber noch keiner hat, so viel ich weiß, etwas darüber bekannt gemacht. Interessante Nachrichten über diesen Gegenstand findet man in der Allgem. Thüring. Gartenzeitung von Dr. Bernhardi, 1845. N. 15. S. 62 und 63 unter dem Titel: „Ueber das Gewicht der englischen Stachelbeeren.“

„Die schwersten Stachelbeeren hat Hr. Thomas Gibson, ein Gartenfreund zu Nottingham, gezogen, wie sich wenigstens aus den Berichten über die bisherigen Ausstellungen ergiebt, wiewohl es scheint, als wollten ihm einige dieses Verdienst streitig machen und behaupten, noch schwerere gewonnen zu haben. Indessen hat bis jetzt Niemand weder den Namen des Erziehers, noch das Gewicht der Frucht, noch Zeit und Ort angegeben, wo schwerere ausgestellt worden sein sollten. Da wir nicht dulden mögen, daß ein Stachelbeer= züchter seiner gerechten Ansprüche beraubt werde, so haben wir uns die Mühe gegeben, die Thatsachen aufzusuchen, welche sich für die letzten 27 Jahre in dieser Hinsicht ergeben haben. Das Resultat ist in folgender Tabelle dargestellt, worin vom Jahre 1817—1844 die Namen der ausgestellten Stachelbeeren mit Angabe ihrer Farbe, ihres Gewichts, dem Namen des Erziehers und dem Orte der Ausstellung angegeben sind; doch macht das Jahr 1829 eine Ausnahme, indem hierüber die Angaben fehlen, und wenn wir nicht irren, gar nicht öffentlich bekannt gemacht worden sind. Man wird daraus ersehen, daß von 1817 bis 1825 keine Frucht das Gewicht von 30 Skrupel erreichte, und ebenso von 1825—1830 mit Ausnahme von Teazer, einer gelben Stachelbeere, welche 32 Skrupel wog, während die schwersten andern sämmtlich roth gefärbt waren. Weiterhin gewann Niemand eine Frucht von 30 Skrupel bis zum Jahre 1838. Die schwersten Beeren wurden aber in 5 auf einander folgenden Jahren von 1840—1844 erzeugt, wo alle über 31 Skrupel wogen, und die letzte von Hrn. Gibson erhaltene das außerordentliche Gewicht von 35 Skrupel 12 Gran erreichte. Sie wurde in der Nelken=Ausstel= lung der Blumen= und Gartenbausocietät zu Nottingham vorgezeigt, und wir hören, daß die Mitglieder dieser Gesellschaft gesonnen sind,

Hrn. Gibson, als dem Erzieher der ersten Stachelbeere Englands, eine Art Tafel zu überreichen.

Jahr.	Name der Sorte.	Far-be.	Gewicht Sk. Gr.		Name des Erziehers.	Ort der Ausstellung.
1817	Highweyman.	roth	26	17	R. Speechly.	Peterborough.
1818	Yaxley Hero.	„	24	14	Derselbe.	Daselbst.
1819	Top Sawyer.	„	26	17	T. Capper.	Wynburnbury. Cheshire.
1820	Huntsman.	„	25	18	J. Bratherton.	Cheetham Hill. Manchester.
1821	Eben so.	„	25	6	Derselbe.	Santwich. Cheshire.
1822	Rough Robin.	„	26	1	W. Heath.	Weston. Nottingham.
1823	Foxhunter.	„	25	2	J. Bratherton.	Nantwich.
1824	Roaring Lion.	„	26	5	M. Hall.	Ellesmere.
1825	Eben so.	„	31	16	J. Bratherton.	Nantwich.
1826	Huntsman.	„	24	6	W. Askew.	Huntingdon.
1827	Roaring Lion.	„	27	7	J. Warris.	Disley.
1828	Eben so.	„	29	0	J. Williams.	Nantwich.
1829	—	„	—		—	
1830	Teazer.	gelb	32	13	G. Prophet.	Stockport.
1831	Roaring Lion.	roth	27	6	W. Davies.	Oswestry.
1832	Roaring Lion.	„	27	13	G. Webster.	Huyton.
	Young Wonderful.	„	27	13	J. Wallis.	Nottingham.
1833	Wonderful.	„	27	17	R. Moon.	Ormskirk.
1834	Eben so.	„	27	8	W. Saunders.	Edgely.
1835	Eben so.	„	24	0	H. Fardon.	Woodstock.
1836	Companion.	„	28	0	J. Stubbs.	Sandon. Staffordsh.
1837	Eben so.	„	23	12	J. Barker.	Hanley. Staffordsh.
1838	Wonderful.	„	30	16	W. Giddens.	Huntingdon.
1839	London.	„	29	0	T. Lanceley.	Chester.
1840	Eben so.	„	32	0	H. Fairclough.	Ormskirk.
1841	Wonderful.	„	32	16	J. Coppock.	Weston Point.
1842	London.	„	31	13	T. Bradrack.	Thatto Heath.
1843	Eben so.	„	32	0	J. Jones.	Davenham.
1844	Eben so.	„	35	12	T. Gibson.	Nottingham.

„Nachträglich wird bemerkt, daß ein Freund auch Nachrichten über die schönsten Stachelbeeren vom Jahre 1829 aufgefunden hat; es war eine Roaring Lion, von Herrn Wardon zu Woodstock, gezogen und 25 Skrupel wiegend." (Gard. Chron.)

§. 13.

Ueber das Einpacken und Versenden der Stachelbeerstöcke und Stecklinge.

Ueber das Versenden der Stachelbeerstöcke.

Man verlangt und erwartet von einem Handelsgärtner, von dem man Stachelbeerstöcke verschreibt und ankauft, daß er junge, wohl gewachsene und gut bewurzelte Stöcke von edeln Sorten mit dem einer jeden Sorte allgemein angenommenen Namen auswähle, wenn anders die Sorten nicht namentlich verlangt werden und sie durch sorgfältiges Einpacken gegen mögliche Beschädigungen auf dem Transport verwahre.

Bei der Auswahl der Stöcke aus der Schule zum Versenden, muß man sogleich jede Sorte mit einer Nummer bezeichnen und den Namen derselben bei dieser Nummer in ein Register eintragen.

Beim Ausheben des Stockes aus dem Lande ist nach den allgemein bekannten Regeln zu verfahren und die gehörige Vorsicht anzuwenden, um die Wurzeln nicht zu beschädigen.

Das Verpacken geschieht bei Versendung von geringen Distancen in Moos und Stroh. Bei größeren Entfernungen emballirt man die Paquete noch besonders in Leinwand oder Bastmatten.

Werden die in feuchtes Moos eingepackten Stachelbeeren bei starkem Froste transportirt und sollte das Moos zusammenfrieren, so verderben die Stachelbeerstöcke auf keine Weise, da sie den stärksten Frost aushalten, wenn man sie nur mit der gehörigen Vorsicht behandelt und die gefrornen Ballen an einem mäßig temperirten Orte nach und nach aufthauen läßt.

Stecklinge von Stachelbeeren aufzubewahren, einzupacken, um sie zu versenden.

Hat man die Stecklinge von den Stachelbeerstöcken früher abgeschnitten, welches gewöhnlich beim Ausputzen und Beschneiden der Stöcke geschieht, ehe man sie des Frostes wegen in die Erde einsetzen kann, so muß man sie so lange verwahren, bis die Erde aufgethaut und das Einsetzen möglich ist. Einige glauben sie nun am besten zu verwahren, wenn sie solche an einen schattigen Ort des Gartens legen, Andere schlagen sie, wenn es sich thun läßt, etwa in die Erde ein, noch Andere rathen, sie in ein Geschirr mit nassen Sand geschichtet zu legen und solches in ein frostfreies Zimmer und nur im Nothfalle in den Keller zu bringen.

Will man Stecklinge versenden, so wickele man immer nur einige zusammengebunden in feuchtes Moos und lege dann alle zusammen fest in ein Kästchen, wo sie sich über 4 Wochen gut erhalten sollen, wenn das Kästchen nicht der Sonnenwärme und der austrocknenden Hitze ausgesetzt wird.

Beschreibung

und

systematische Anordnung

englischer

Stachelbeersorten,

nebst

alphabetischem Register,

in welchem zugleich alle andern mir bis jetzt meistens blos dem Namen
nach bekannt gewordenen Sorten angezeigt sind,

und

einem Anhange,

enthaltend die genaue Bezeichnung der Aussprache der englischen Namen der
Stachelbeeren und der vorkommenden Eigennamen für Deutsche.

Vorbericht.

Meine Beschreibung, so wie auch die von Christ und Thompson und die von Herrn Fürst erhaltene habe ich nun in dieser systematischen Anordnung zu vereinigen gesucht.

Damit man nun aber jede Sorte leicht auffinden könne, so ist hier ein Register beigefügt, in welchem die englischen Namen alphabetisch aufgeführt und bei jedem Namen die allgemeinen Kennzeichen angegeben sind, auf welchen die systematische Anordnung beruht, nämlich: die Beschaffenheit a) der Farbe, b) der Oberfläche und c) der Gestalt der Früchte.

Wenn man nun die drei bei jedem Namen angegebenen Kennzeichen beachtet, so weiß man, in welcher Abtheilung der systematischen Anordnung man denselben zu suchen hat und finden wird.

Außerdem sind in dieses alphabetische Register auch noch alle andern Namen von Stachelbeeren eingereiht, die ich nur habe auffinden können, und bei jedem dieser Namen sind die Kennzeichen derselben, die ich bei der Compilation auffand, noch angezeigt.

Diese letztern Namen sind fast insgesammt aus handschriftlichen und gedruckten Verzeichnissen englischer, französischer und deutscher Handelsgärtner mit unsäglicher Geduld und Mühe zusammengetragen. In diesen Verzeichnissen, besonders der deutschen Handelsgärtner, sind die meisten englischen Namen so schrecklich verstümmelt, daß es dem scharfsinnigsten Entzifferer nicht möglich ist, den wahren Namen aus der Hieroglyphe herzustellen. Deßhalb habe ich viele solche ganz verkrüppelte Namen weggelassen. Bei andern ähnlichen Namen in der systematischen Anordnung, wo die Beere beschrieben sich findet, ist ein Fragzeichen gesetzt.

Viele im System aufgenommene Beschreibungen sind zwar sehr kurz und unvollständig, ich konnte und mußte sie aber in die Anordnung aufnehmen, da die Hauptkennzeichen derselben zur Einreihung angegeben sind. — Uebrigens kann man den Verfasser einer jeden Beschreibung leicht erkennen. Die meinigen unterscheiden sich durch die Angabe der Größe und Schwere der Früchte und durch größere Vollständigkeit; bei denen von Thompson ist immer die von ihm beobachtete Richtung der Zweige des Strauchs angegeben; bei den von Fürst erhaltenen und bei ihm in der Abbildung befindlichen ist im alphabetischen Register ein **F.** gesetzt; alle übrigen aber sind von Christ, Dittrich oder Rubens. Die Beschreibung Anderer habe ich, wegen Mangel an Mitteln zur Prüfung der Richtigkeit derselben, auf Treu und Glauben als richtig angenommen und sie so, wie ich sie vorfand, treu wiedergegeben, und blos bei den von Fürst habe ich mir eine Berichtigung in der Angabe der Gestalt erlaubt, die, wenn sie blos als länglich beschrieben ist, aber in der Abbildung elliptisch oder oval sich zeigte. — Da ich diese Berichtigung bei mehreren anderen als länglich beschriebenen nicht machen konnte, so mußte ich in der Anordnung derselben die Abtheilung länglich oder lang, so wie in meinem ersten Versuche beibehalten, so lange, bis eine genaue Untersuchung derselben ihnen die rechte Stelle anweist.

Die Columnen erklären 1) die vorwaltende Farbe der Frucht, 2) die gewöhnliche natürliche Beschaffenheit ihrer Oberfläche, 3) ihre Gestalt, 4) ihre Größe, 5) ihre Qualität, 6) den Habitus des Strauches.

In Betreff der zweiten Columne ist es nöthig zu bemerken, daß einige Varietäten, die als glatt angezeigt sind, nicht immer also vorkommen, sondern in einigen Erdarten und Gegenden findet man die Oberfläche sparsam mit Haaren besetzt; wiederum, obgleich manche Varietäten unter allen Umständen entschieden rauh (haarig) sind, so findet man doch wieder andere, die zuweilen Früchte tragen, die schlecht behaart und andere, die glatt sind, an einem und demselben Stocke. In diesen Fällen ist das, was sich am Häufigsten zeigte, angenommen worden.

Rothe Stachelbeeren,

haben männliche Taufnamen mit den Buchstaben A bis I anfangend.

1. Glatte   A. B. C.
2. Wollige D. E. F.
3. Haarige G. H. I.

Allgemeine Kennzeichen: I. Roth. A. Glatt. 1. Rund.				
Name der Beere.	Besondere Kennzeichen.	Des Cultivateurs Name.	Nr.	Bemerkungen.
	I. Roth. A. Glatt. 1. Rund.			
1. Abraham.	L. 0,64". G. 42 Gr. Carminroth; Adern lichter, mit gelben Punkten; durchscheinend, ziemlich dünnschaalig, säuerlich süß. — A. A.			Der beigefügte Name: Gibstons Apollo ist falsch, da diese Sorte weiß ist.
2. Adrian. Lord Hill.	L. 0,67". G. 58 Gr. Scharlachroth; Adern lichter mit gelblichen Punkten; stark durchscheinend, dünnschaalig, süß. — A. A.			
3. Bernhard. Devonshire Delight.	L. 0,95". G. 150 Gr. Einige Beeren sind eiförmig und nach dem Stiele zu breitgedrückt. Dunkel hyacinthroth; Adern lichter, mit röthlich weißen Punkten; sehr wenig durchscheinend, ziemlich dickschaalig, nicht sonderlich süß, weinsäuerlich. — A. A.	Törnberg.		Eine andere Sorte unter demselben Namen hat grüne Beeren; welche ist die richtige?
4. Aureus.	L. 0,89". D. 0,84". G. 103 Gr. Schön kirschroth; Adern gelblichroth, mit wenigen gelben Punkten; sehr stark und lebhaft glänzend, wie lackirt; glatt, aber doch sehr wenige, lange, dunkelrothe Haare; etwas durchscheinend, dickschaalig, sehr angenehm süß. — E. Jul. — 3. seitw.	P.	372.	
5. Athanasius. Hardy, Black's.	L. 0,78". D. 0,75". G. 91 Gr. Weißlich carmoisinroth; Adern röthlich gelb, mit gelblich weißen Punkten. Das Roth ist auf schmutzig röthlich weißem Grunde aufgesprengelt; ziemlich durchscheinend, dünnschaalig, sehr süß. — A. A. — 3w. aufw.	P.	72 a.	
6. Balthasar. Tinker.	Nicht sehr groß; dunkelroth; Adern weiß getupft; gut schmeckend.			
7. Achilles. Achilles Jared's. — Gerriot's.	Groß, dunkelroth, Adern hellroth, sehr angenehm süß. — E. Jul. A. A.			
8. Boydan. Electoral Crown.	Mittelgroß, dunkelroth; Adern weiße Punkte; von Geschmack gut. — M. Jul.			
9. Attila. Emperor of Morocco, Worthington's.	Roth getüpfelt, bei starker Reife dunkelroth; sehr wohlschmeckend; reift spät im A.			

Allgemeine Kennzeichen: **I. Roth. A. Glatt. 1. Rund. 2. Rundlich.**

Name der Beeren.	Besondere Kennzeichen.	Des Cultivateurs		Bemerkungen.
		Name.	Nr.	
10. Apollo. Fiery-Ball.	Ansehnlich groß; roth ins Schwarze fallend; Adern hellroth und weiß; gut schmeckend. — E Jul.			
11. Archimedes. Hercules, Mason's(Christ.)	Sehr groß; schwarzroth; fast ganz glatt; sehr wohlschmeckend. — A. Eine **treffliche** Sorte.			
12. Aurel. Chrystal red.	Durchsichtig; frühreifend.			Unter demselben Namen ein anderer Stock, an welchem die Beere **roth, haarig** und rundlich.
13. Bentus. Evening star.	Mittelgroß; Adern hellroth; gut schmeckend. — E. Jul.			
14. Avenarius. Red Orland.				
15. Bellinus. Red Bellemond.				
16. Artaxerxes. Thenskind Marmor.	Blaßroth.			
17. Cyrus. Cook's Défiance.	Groß; wohlschmeckend.			Soll nach Th. einerlei sein mit Conqueror, Fischer's, dessen Beere **grünlich gelb** ist. Dann wäre der Name falsch.

I. Roth. A. Glatt. 2. Rundlich.

Name der Beeren.	Besondere Kennzeichen.	Des Cultivateurs		Bemerkungen.
		Name.	Nr.	
18. August. Jolly Printer, Eckersley's. Eckersley's Jolly Printer. Th.	L. 0,96". D. 0,89". G. 146 Gr. Schmutzig kirschroth, grünlich durch die Haut scheinend, an der Blume pfirsichblüthroth; Adern pfirsichblütroth mit gelblich weißen Punkten; sehr wenig durchscheinend, etwas dickschaalig; säuerlich süß. — A. A. — Zw. seitw.	P.	378.	Eine Sorte, eben so benannt, ist unter den **elliptischen,** und verschieden von dieser.
19. Cäsar. Emperor, Gorton's.	L. 0,66". D. 0,62". G. 51 Gr. Dunkel kirschroth; Adern dunkler, wenig sichtbar, mit gelblich weißen Punkten; wenig durchscheinend, etwas dickschaalig, fleischig, süß. — E. Jul. — Zw. aufw.	P.	139 a.	
20. Bogislaus. Conqueror, Stafford's.	L. 0,94". D. 0,86". G. 126 Gr. Dunkel kirschroth; Adern lichter, mit grünlich weißen Punkten; ziemlich durchscheinend; etwas dickschaalig; sehr hart fleischig; aromatisch, aber nicht sehr süß. — E. Jul, A. A. — Zw. seitw.	P.	223 a.	

Allgemeine Kennzeichen: 1. Roth. A. Glatt. 2. Rundlich.

Name der Beere.	Besondere Kennzeichen.	Des Cultivateurs Name.	Nr.	Bemerkungen.
21. Arkadius. Rifleman, Grave's.	L. 0,83''. D. 0,77''. G. 96 Gr. Kirschroth, an der Blume karmoisinroth; schmutzig dunkelgelb durch die Haut scheinend; Adern lichter, mit weißlich gelben Punkten; dickschaalig, sehr fleischig, gewürzhaft süß. — A. A.	P.	125 a.	
22. Antonin. Black Prince, Atkinson's.	L. 0,96''. D. 0,87''. G. 136 Gr. Licht kirschroth; Adern lichter, mit weißlich gelben Punkten; durchscheinend, dünnschaalig, sehr süß. — E. Jul. A. A. — Zw. seitw.	P.	22 a.	
23. Asmus.	L. 0,94''. D. 0,84''. G. 124 Gr. Kirschroth; Adern lichter mit gelblichen Punkten; kleine dunklere Flecken und Punkte auf der Haut; etwas durchscheinend, etwas dickschaalig, nicht sonderlich von Geschmack, wäßrig. — A. A. — Zw. abw.	P.	12 b.	Als Highland Queen, Boardmans erhalten, welche Beere aber **weiß, glatt** und **rund** sein soll. Der Name ist daher falsch.
24. Aristarch. Prince Regent, Boardman's. **Boardman's British Prince.** Th.	L. 0,75''. D. 0,67''. G. 67 Gr. Dunkel scharlachroth; Adern lichter, mit wenigen gelben Punkten; durchscheinend, ziemlich dünnschaalig, sehr angenehm süß. — A. A. — Zw. seitw.	Lange.		Soll sehr groß werden.
25. Basil. Clyton's Britania.	Groß, schön, dunkelroth, Adern weiß; glatt, jedoch mit wenigen starken Härchen, sehr gut von Geschmack; reift erst spät im A.			
26. Arsenius. Plum.	Nicht sehr groß, dunkelroth, Adern weiß, sehr angenehm schmeckend. — M. Jul.			
27. Atto. Early Red, Wilmot's. Th.	Ansehnlich groß, dunkelroth, von Geschmack sehr fein. — M. Jul. — Zw. abw.			Soll eine der frühesten Sorten und sehr tragbar sein.
28. Apicius. Old England, Rider's. Th.	Groß, dunkelroth, wohlschmeckend. — Zw. abw.			Ist Wilmot's Early Red ähnlich.
29. Aquila. Worthington's Hero.	Groß, hellroth, wohlschmeckend. — E. A.			
30. Benno. Globe, Small Red. Smooth Scotch. Th.	Klein, glatt (nach andern stark behaart), von scharfen angenehmen Geruch und Geschmack. — A. — Zw. aufw.			Trägt sehr reichlich.
31. Bibin. Jagg's Red. Th.	Groß, wohlschmeckend. — Zw. abw.			
32. Ajar. Ajax, Gerard's. Th.	Groß, von Geschmack nicht sonderlich. — Zw. seitw.			
33. Barnabas. Claret. Th.	Klein, von Geschmack nicht sonderlich. — Zw. seitw.			

Allgemeine Kennzeichen: **I. Roth. A. Glatt. 3. Elliptisch.**

Name der Beere.	Besondere Kennzeichen.	Des Cultivateurs Name.	Nr.	Bemerkungen.
	I. Roth. A. Glatt. 3. Elliptisch.			
34. Arnim.	L. 1,27". D. 1,14". G. 307 Gr. rundlich. L. 1,26". D. 0,99". G. 233 Gr. elliptisch. Hyacinthroth, bei der Blume pfirsichblüthroth; Adern etwas lichter, mit sehr wenigen röthlich weißen Punkten; sehr wenig durchscheinend, etwas dickschaalig, süß. — E. Jul. — Zw. seitw.	P.	320.	Als Red Mogul erhalten, welche aber, nach Th. **haarig** und **klein** ist. Ist vielleicht Wilmot's Seedling Red.
35. Askan. Seedling Red, Wilmot's. Th.	Groß, dunkelroth, angenehm schmeckend. — Zw. seitw.			
36. Arend. Laureltres?	L. 1,03". D. 0,82". G. 130 Gr. Scharlachroth; Adern lichter, mit gelben Punkten; roth geadert auf der Haut, stark durchscheinend, dünnschaalig, süß. — A. A.	Koch.		
37. Anian. Metellus.	L. 0,88". D. 0,79". G. 105 Gr. Scharlachroth; Adern lichter mit kleinen gelben Punkten; auf der Haut in verschiedenen Nüancen geadert; durchscheinend, etwas dickschaalig, nicht sonderlich süß. — A. A.	Koch.		
38. Blasius. Great Captain, Hooper's. Th.	Groß, angenehm schmeckend. — Zw. seitw.			
39. Audomar.	L. 1,20". D. 0,96". G. 213 Gr. Roseuroth; Adern röthlich weiß, mit gelblich weißen Punkten; dunkle Punkte und Adern auf der Haut; stark durchscheinend, etwas dickschaalig, süß. — A. A. — Zw. seitw.	P.	21 a.	Der erhaltene Name: Whitestag, Hayne's, ist wohl falsch.
40. Amalrich. Leigh's Defiance.	L. 1,13". D. 0,94". G. 196 Gr. Weißlich roth, Sommerseite dunkel purpurroth, bei der Blume pfirsichblüthroth; Adern röthlich weiß, mit weißlich gelben Punkten; wenig durchscheinend, ziemlich dünnschaalig, sehr fleischig, weinsäuerlich süß. — E. Jul. A. A. — Zw. seitw.	P.	108.	
41. Amos. Jolly Pavier.	L. 1,16". D. 0,99". G. 219 Gr. Purpurroth gesprengelt auf durchscheinenden goldgelbem Grunde; Adern weißlich gelb, mit fast weißen Punkten, sehr durchscheinend, dünnschaalig, sehr süß. — A. A. — Zw. aufw.	P.	83 b.	
42. Antiochus. Plantagene, Edleston's.	L. 1,30". G. 0,97". G. 229 Gr. Schön purpurroth; Adern lichter, mit apfelgrünen und weißlichen Punkten; sehr viele, ganz feine purpurrothe Flecken über die ganze Haut gesprengelt; schön durchscheinend, etwas dickschaalig, sehr angenehm süß. — A. A. — Zw. aufw.	P.	26 a.	

Allgemeine Kennzeichen: I. **Roth.** A. **Glatt.** **3. Elliptisch.**

Name der Beere.	Besondere Kennzeichen.	Des Cultivateurs Name.	Nr.	Bemerkungen.
43. Beda. Black Virgin, Smith's.	L. 0,99". D. 0,80". G. 119 Gr. Schön carmoisinroth; Adern dunkler, mit sehr wenigen weißlichen Punkten; glatt, aber doch sehr wenige, sehr kurze, feine, rothe Härchen; sehr durchscheinend, dünnschaalig, säuerlich süß. – E. Jul. – Zw. aufw.	P.	137 a.	
44. Belisar. Highlander, Logan's.	L. 1,09". D. 0,88". G. 156 Gr. Carmoisinroth; Adern grünlich gelb, mit gelben Punkten; rothe, auf grünlich gelbem Grund aufgesprengelte Flecken; glatt, jedoch bei einigen wenige, kurze Haare; durchscheinend, dünnschaalig, sehr süß. – E. Jul. A. A. – Zw. abw.	P.	64 a.	
45. Adonis. Delight, Walker's.	L. 0,80". D. 0,70". G. 73 Gr. Carmoisinroth; Adern gelblich roth, mit grünlichen und weißen Punkten; roth gesprengelt über grünlich ochergelbem Grunde; sehr durchscheinend. — E. Jul.	P.	69 a.	
46. Alban. Royal Oak, Boardman's.	L. 1,27". D. 0,99". G. 232 Gr. Carmoisinroth; Adern röthlich gelb, mit gelblich und grünlich weißen Punkten; gelb röthlich weiß durch die Haut scheinend, dickschaalig, angenehm süß. — E. Jul. — Zw. abw.	P.	236 a.	Soll nach Th. haarig sein.
47. Agilhard. Black's Seedling.	L. 0,84". D. 0,75". G. 94 Gr. Carmoisinroth; Adern lichter, mit weißlich gelben Punkten; glatt, doch einzelne, sehr wenige, kurze, rothe Haare; sehr wenig durchscheinend, dünnschaalig, sehr süß. — E. Jul. — Zw. abw.	P.	110 a.	
48. Adelhold. Favorite Lord Spencer's.	L. 1,13". D. 0,88". G. 170 Gr. Dunkel carmoisinroth; Adern etwas heller, wenig sichtbar, mit wenigen grünlich weißen Punkten; nicht durchscheinend, dickschaalig, sehr fleischig, sehr wenig Kerne, säuerlich süß. — A. A. — Zw. aufw.	P.	70 a.	
49. Albin. Red Orleans.	L. 1,08". D. 0,94". G. 193 Gr. Mordoreroth; Adern lichter, mit vielen röthlichen und gelblich weißen Punkten, etwas durchscheinend, dünnschaalig, angenehm süß. — A. A. — Zw. seitw.	P.	49 a.	**Soll nach Andern ansehnlich groß, dünn behaart und früh reifend** sein.
50. Aaron. Great Briton.	L. 1,32". D. 0,99". G. 230 Gr. Mordoreroth; Adern dunkel pfirsichblüthroth, mit grünlich gelben Punkten; die Haut roth punktirt und geädert; durchscheinend, etwas dickschaalig, säuerlich süß. — E. Jul. A. A. — Zw. seitw.	P.	46.	

Name der Beere.	Besondere Kennzeichen.	Des Cultivateurs		Bemerkungen.
		Name.	Nr.	
51. Agrippa. Hulsworth.	L. 1,13". D. 0,97". G. 190 Gr. L. 1,23". D. 1,00". G. 230 Gr. Morborroth, bei der Blume lichter, beinahe dunkel pfirsichblüthroth; Adern lichter, mit wenigen gelben Punkten; sehr wenig durchscheinend, ziemlich dünnschaalig, säuerlich, etwas wässerig. — A. A. — Zw. seitw.	P.	22.	
52. Albert. Liberty.	L. 1,30". D. 1,01". G. 250 Gr. L. 1,50". D. 1,14". G. 363 Gr. Morborroth; Adern lichter mit gelben Punkten; wenig durchscheinend, etwas dickschaalig, weinsauerlich. — E. Jul. A. A. — Zw. seitw.	P.	26.	
53. Bertram. Scarlet Seedling, Knight's.	L. 1,23". D. 0,93". G. 205 Gr. Schön pfirsichblüthroth, an der Sonnenseite dunkler; Adern weißlich roth, mit grünlichen und gelblich weißen Punkten; viele ganz feine rothe Punkte über die ganze Haut gesprengt; ziemlich durchscheinend, dünnschaalig, sehr süß. — E. Jul. Zw. abw.	P.	258 a.	Soll, nach Andern, auch dünn behaart vorkommen.
54. Aeneas. Lord Wellington, Howley's. Th.	L. 1,36". D. 1,04". G. 257 Gr. Schmutzig kirschroth, Adern dunkler, mit wenigen gelblich weißen Punkten, durchscheinend, dünnschaalig, sehr süß. — E. Jul. — Zw. ausw.	P.	134.	
55. Agathon.	L. 0,97". D. 0,87". G. 145 Gr. rundlich. L. 1,02". D. 0,82". G. 130 Gr. elliptisch. Dunkel kirschroth; mit wenigen sehr kleinen gelblich weißen Punkten; durchscheinend, dünnschaalig, säuerlich, sehr süß. M. u. E. Jul. — Zw. seitw.	P.	109.	Ist der vorigen sehr ähnlich.
56. Arel.	L. 0,99". D. 0,86". G. 140 Gr. Schmutzig kirschroth, lichter durch die Haut scheinend; Adern carmoisinroth, mit gelblich weißen Punkten; sehr wenig durchscheinend, dünnschaalig, sehr süß. — A. A. Zw. abw.	P.	168.	
57. Boduin. Harreis?	L. 1,20". D. 0,92". G. 191 Gr. Schmutzig kirschroth, mit durchscheinenden schmutzig grünen Flecken; Adern lichter, mit apfelgrünen und grünlich weißen Punkten; wenig durchscheinend, dünnschaalig, sehr süß. — E. Jul. — Zw. ausw.	P.	228.	
58. Baptist. Wonderful, Red.	L. 1,11". D. 0,99". G. 199 Gr. rundlich. L. 1,33". D. 1,05". G. 262 Gr. elliptisch. Beim Stiele über den Saamensträngen eingedrückt, wodurch die Beere in 2 Hälften getheilt wird; schmutzig dunkelkirschroth, an der Sonnenseite fast schwarzbraun; Adern mit apfelgrünen und grünlich weißen Punkten; grünlich durch die Haut scheinend, sehr durchscheinend, dickschaalig, sehr süß. — E. Jul. — Zw. abw.	P.	297.	

Allgemeine Kennzeichen: I. Roth. A. Glatt. 3. Elliptisch.

Name der Beere.	Besondere Kennzeichen.	Des Cultivateurs Name.	Nr.	Bemerkungen.
59. Artemius.	L. 1,48''. D. 1,07''. G. 346 Gr. L. 1,35''. D. 1,15''. G. 333 Gr. Schmutzig dunkelkirschroth; Adern theils lichter, theils dunkler, wenig sichtbar, mit grünlich weißen Punkten; schmutzig ocher=gelb durch die Haut scheinend; nicht durch=scheinend, dickschaalig, fleischig, säuerlich süß. — E. Jul. —. Zw. abw.	P.	91.	Unter dem Namen Warrington Red erhalten, welche Beere aber, nach Th. **haarig** ist.
60. Arthur. Jolly Printer, Eckersley's. Th.	L. 1,31''. D. 1,09''. G. 287 Gr. Auf der Sonnenseite kirschroth, auf der Schattenseite schmutzig grünlich gelb; Adern grünlich gelb, mit grünlichen Punk=ten; viele kirschrothe punktartige Zeich=nungen auf grünlich gelbem Grunde, auf der Sonnenseite ganz dicht zusammen=laufend, sehr durchscheinend, dickschaalig, fleischig, sehr angenehm süß. — E. Jul. A. A. — Zw. abw.	P.	301.	Vergl. oben Jolly Printer, **roth, glatt, rundlich.**
61. Benig=nus. Roaring Lion.	L. 1,49''. D. 1,15''. G. 355 Gr. elliptisch. L. 1,74''. D. 1,08''. G. 375 Gr. birnförmig. Schmutzig kirschroth, auf grasgrünen Grund gesprengelt; Adern grünlich gelb und dunkelroth mit grünlich gelben Punk=ten; rothbraune Flecken, theils zusam=menhängend, theils einzeln durch die Haut scheinend; dickschaalig, säuerlich süß, sehr wenig Kerne. — A. A. — Zw. abw.	P.	88 a.	
62. Anselm. Great Chance, Farrow's.	L. 1,45''. D. 1,18''. G. 367 Gr. Mordoreroth, auch dunkel hyacinthroth, an der Sonnenseite dunkler; Adern lich=ter, mit gelblichen Punkten; glatt und glänzend, sehr wenig durchscheinend, ziem=lich dünnschaalig, angenehm weinsäuerlich süß. — E. Jul. A. A. — Zw. seitw.	P.	51.	Thompson hält diese Sorte und Roaring Lion für einerlei.
63. Alfried. Greedy, Logan's.	L. 1,17''. D. 0,94''. G. 197 Gr. Dunkel kirschroth, an der Blume pfir=sichblüthroth; schmutzig grün durch die Haut scheinend; Adern gelblich roth mit grünlich weißen Punkten; nicht durch=scheinend, dünnschaalig, fleischig, säuer=lich süß. — A. A. — Zw. aufw.	P.	129.	
64. Benedikt. Emperor Napo-leon, Rival's.	L. 1,37''. D. 1,12''. G. 321 Gr. Dunkelkirschroth, bei der Blume pfirsisch=blüthroth; Adern theils heller, theils dunkler, mit erbsgelben Punkten; sehr wenig durchscheinend, etwas dickschaalig, säuerlich süß. — E. Jul. A. A. — Zw. abw.	P.	288.	

Allgemeine Kennzeichen: **I. Roth. A. Glatt. 3. Elliptisch.**

Name der Beere.	Besondere Kennzeichen.	Des Cultivateurs Name.	Nr.	Bemerkungen.
65. Amatus. Royal Ann?	L. 1,17". D. 1,01". G. 210 Gr. Die Beere ist über den Saamensträngen gefurcht; dunkel kirschroth, an der Blume lichter, schmutzig gelb durch die Haut scheinend; Adern wenig sichtbar, mit grünlich gelben Punkten; wenig durchscheinend, sehr dünnschaalig, nicht sehr süß, sehr wenig Kerne, viel Fleisch. — E. Jul. — Zw. aufw.	P.	108 a.	
66. Anthimius. Duke Kent.	L. 1,19". D. 1,02". G. 232 Gr. Dunkel kirschroth, an der Blume lichter; Adern pfirsichblüthroth mit weißlich gelben Punkten; wenig durchscheinend, dickschaalig, wäßrig süß, fleischig. — E. Jul — Zw. aufw.	P.	84 a.	
67. Asman. Bright Venus, Elliot's.	L. 0,92". D. 0,75". G. 110 Gr. Kirschroth, an der Sonnenseite dunkler; Adern dunkler, mit wenigen weißlich rothen Punkten, durchscheinend, sehr dünnschaalig, recht süß. — E. Jul. — Zw. abw.	P.	269 a.	Bright Venus, Chee tham's scheint ganz dieselben Kennzei chen zu haben, nur soll sie **sehr gro**ß sein.
68. Cyrin. Cromley?	L. 1,02". D. 0,81". G. 136 Gr. elliptisch L. 1,19". D. 0,98". G. 256 Gr. birnförmig. Kirschroth, an der Sonnenseite ganz dunkel; Adern wenig sichtbar, mit sehr wenigen gelblich weißen Punkten; ganz undurchsichtig, dickschaalig, sehr fleischig, gewürzhaft süß. — E. Jul. A. A. — Zw. aufw.	P.	365.	
69. Cyprian.	L. 4,60". D. 1,22". G. 423 Gr. L. 1,54". D. 1,24". G. 453 Gr. Kirschroth; Adern dunkler mit blaßgelben und gelblich weißen Punkten; sehr wenig durchscheinend, dickschaalig, ziemlich süß. — E. Jul. — Zw. abw. Eine **schöne, sehr große** Beere.	P.	276.	Mit dem Namen Change yellow er halten, welcher aber, wie schon der Name zeigt, falsch ist.
70. Burkhard. Beauty Lanking? Hague's.	L. 0,88". D. 0,78". G. 101 Gr. Kirschroth; Adern lichter, mit gelblich weißen Punkten; wenig durchscheinend, dickschaalig, sehr gewürzhaft süß. — E. Jul. — Zw. aufw.	P.	36 a.	
71. Bonifaz.	L. 1,16". D. 0,94". G. 190 Gr. Kirschroth auf schmutzig grünem Grunde; an der Blume pfirsichblüthroth; Adern pfirsichblüthroth mit weißlich gelben Punkten; wenig durchscheinend, sehr dünnschaalig, säuerlich süß, fleischig. — E. Jul. — Zw. aufw.	P.	10 a.	Der dieser Sorte beigefügte Name: Green Wiltow, Johnson's wider spricht der Richtig keit der Benennung.

Allgemeine Kennzeichen: I. Roth. A. Glatt. 3. Elliptisch.

Name der Beere.	Besondere Kennzeichen.	Des Cultivateurs Name.	Nr.	Bemerkungen.
72. Brutus. Black Prince, Rider's.	L. 1,15". D. 0,89". G. 174 Gr. Kirschroth, an der Blume pfirsichblüthroth; Adern pfirsichblüthroth mit wenigen grünlich weißen Punkten; wenig durchscheinend, ziemlich dickschaalig, süß. — E. Jul. A. A. — 3w. abw.	P.	52 a.	
73. Celsus. Jolly Copes.	L. 1,23". D. 1,06". G. 263 Gr. Kirschroth; Adern apfelgrün mit weißlich gelben Punkten; ganz dunkelrothe Flecken über die Haut gesprengelt; ziemlich durchscheinend, dickschaalig, sehr fleischig, süß. — A. A. — 3w. abw.	P.	70.	
74. Aristides.	L. 1,23". D. 1,02". G. 251 Gr. Kirschroth gesprengelt auf schmutzig grünem Grunde; Adern pfirsichblüthroth, aber wenig sichtbar, mit gelblich weißen Punkten; sehr wenig durchscheinend, fast undurchsichtig, dickschaalig, fleischig, wenig Kerne, säuerlich süß. — A. A. — 3w. abw.	P.	148.	
75. Anserich.	L. 0,97". D. 0,76". G. 107 Gr. Kirschrothe Flecken auf schmutzig grünem Grunde; Adern pfirsichblüthroth mit gelblich weißen Punkten; rothe Flecken; wenig durchscheinend, sehr dünnschaalig, sehr angenehm süß. — M. Jul. — 3w. seitw.	P.	351.	
76. Annalfried. Jolly Fellow.	L. 1,31". D. 1,19". G. 322 Gr. Schön kirschroth; Adern dunkler, wenig sichtbar, mit sehr wenigen gelblichen Punkten; glänzend glatt; wenig durchscheinend, etwas dickschaalig, sehr fleischig, sehr angenehm süß. — E. Jul. — 3w. abw.	P.	142.	
77. Berend.	L. 1,27". D. 0,95". G. 213 Gr. Schön purpurroth, an der Sonnenseite dunkler; Adern weißlich roth, mit gelblich weißen Punkten; stark durchscheinend, ziemlich dünnschaalig, sehr angenehm weinsäuerlich süß. — E. Jul. A. A. — 3w. abw.	P.	186. 187. 359.	Eine schöne Beere.
78. Armigius.	L. 1,02". D. 0,89". G. 209 Gr. Weißlich purpurroth, gelblich roth durch die Haut scheinend; Adern lichter, mit grünlichen und gelblich weißen Punkten; ziemlich durchscheinend, dünnschaalig, sehr angenehm süß. — A. A. — 3w. aufw.	P.	387.	
79. Amandus. Black Lady, Mader's.	L. 0,99". D. 0,81". G. 120 Gr. Dunkel kirschbraun; Adern wenig sichtbar, mit vielen gelblich weißen Punkten; nur wenig durchscheinend, etwas dickschaalig, fleischig, säuerlich süß. — E. Jul. — 3w. aufw.	P.	131 a.	

Allgemeine Kennzeichen: I. **Roth.** A. **Glatt. 3. Elliptisch. 4. Länglich.**				
Name der Beere.	Besondere Kennzeichen.	Des Cultivateurs Name.	Nr.	Bemerkungen.
80. Balduin.	L. 1,09". D. 0,95". G. 190 Gr. Dunkelbraunroth, beinahe schwarz; Adern lichter, mit röthlich weißen und gelblichen Punkten; undurchsichtig, etwas dickschaalig, weinsäuerlich angenehm süß. — E. Jul. A. A. — Zw. abw.	P.	38.	Als Cheshire Lass erhalten, von welcher Sorte aber die Beere **weiß** ist. Der Name ist daher falsch. Ist vielleicht Whipper-in, Bratherton's.
81. Ali. Hero, Ambersley. Th.	Dunkelroth, groß, süß. — Zw. seitw.			
82. Baudill. Whipper-in, Bratherton's. Th.	Groß, dunkelroth, angenehm süß. — Zw. abw.			
83. Ariovist. Pollet's Seedling. Th.	Sehr groß, dunkelroth, süß — Zw. seitw.			
84. Ananias. Glory, Whitton's. Th.	Mittelgroß, dunkelroth, angenehm süß. — Zw. abw.			
85. Bertwin. Long red.	Dunkelroth; Adern heller, dünnschaalig, weinsäuerlich. — A. A.			
86. Adolar. Adulator.	Ansehnlich groß, etwas höckrig gebaut; dunkelroth, ins Schwarze fallend; Adern weißlich. — A. A.			
87. Berengar. Matadore.	Nach dem Stiele zu höckericht; dunkelroth; Adern hellroth, etwas dickschaalig, angenehm süß. — E. Jul.			
88. Almarich. Dudley and Ward. Th.	Sehr groß, blaßroth, süß. — Zw. abw.			
89. Aretin. Adventive.	Groß, schön; roth; Adern hellroth, durchsichtig, von gutem Geschmack. — A. A.			
90. Baruch. Smooth red.	Groß; roth; Adern hellgrün; durchsichtig, Geschmack sehr gut. — M. A.			
91. Audaktus. Ringleader, Johnson's. Th.	Groß, glatt, angenehm süß. — Zw. abw.			
I. **Roth.** A. **Glatt. 4. Länglich.**				
92. Anellus. Red Top, Bradshaw's.	Mittelgroß, dunkelroth; glatt (nach Andern viele Haare); sehr wohlschmeckend; reift früh im Jul.			
93. Benjamin. Free Bearer, Rider's.	Außerordentlich groß, dunkelroth, Geschmack vortrefflich; reift früh im Jul.			
94. Artamon. Red Walnut, Wild's.	Dunkelroth, fast schwarz; sehr süß. — A.			

Allgemeine Kennzeichen: I. Roth. A. Glatt. 4. Länglich. 5. Eiförmig.

Name der Beere.	Besondere Kennzeichen.	Des Cultivateurs Name.	Nr.	Bemerkungen.
95. Aspasius. Platt's Black.				
96. Berthold. Royal, Fox's.	Sehr groß; Geschmack vorzüglich gut. - A.			
97. Aristoteles. Pythagoras.	Groß; rosenroth, von hartem Fleische; Geschmack sehr gut. — E. A.			
98. Berwald. Jack-Pudding.	Schön, mittelgroß; roth; Adern hellroth, gut schmeckend. — E. A. Hält sich lange am Stocke.			

I. Roth. A. Glatt. 5. Eiförmig.

Name der Beere.	Besondere Kennzeichen.	Des Cultivateurs Name.	Nr.	Bemerkungen.
99. Amalbus. Wonderfull, Red.	L. 1,48". D. 1,07". G. 338 Gr. L. 1,49". D. 1,20". G. 380 Gr. Blutroth, an der Blume pfirsichblüthroth; Adern lichter, mit röthlichen und gelben Punkten; wenig durchscheinend, etwas dickschaalig, angenehm säuerlich süß. — M. Jul. A. A.	Möhring.		
100. Armand. Plough-boy, Grundy's.	L. 1,11". D. 0,89". G. 166 Gr. Blutroth; Adern lichter, mit röthlich gelben Punkten; glatt, jedoch auch sehr wenige dunkelrothe Haare; etwas durchscheinend, etwas dickschaalig, süß. — M. Jul. A. A. — Zw. seitw.	P.	47.	
101. Arnold. Bank of England, Walker's. Th.	L. 1,28". D. 1,06". G. 258 Gr. Mordoréroth; Adern lichter, mit gelben Punkten; sehr wenig durchscheinend, beinahe undurchsichtig; ziemlich dünnschaalig, weinsäuerlich süß. — E. Jul. A. A. — Zw. seitw. — Der Saft ist gelb.	P.	43.	
102. Amamus. Incomparable.	L. 1,18". D. 0,99". G. 211 Gr. Mordoréroth; Adern lichter, mit sehr wenigen gelben Punkten; wenig durchscheinend, etwas dickschaalig, säuerlich süß. — M. Jul. A. A. — Zw. seitw.	P.	56.	
103. Billbald. Emperor Napoleon, Rival's.? Th.	L. 1,15". D. 0,94". G. 183 Gr.	P.	8.	
104. Cyrill. Sportsman, Chadwick's. Th.	L. 1,34". D. 1,05". G. 279 Gr. Mordoréroth; Adern lichter, mit zeisiggrünen Punkten; sehr wenig durchscheinend, etwas dickschaalig, angenehm süß. E. Jul. A. A. — Zw. aufw.	P.	30.	

Allgemeine Kennzeichen: I. **Roth.** A. **Glatt.** **5. Eiförmig.**				
Name der Beere.	Besondere Kennzeichen.	Des Cultivateurs Name.	Nr.	Bemerkungen.
105. Buffo.	L. 1,28". D. 0,97". G. 230 Gr. Purpurroth, röthlich weiß durch die Haut scheinend; Adern theils heller, theils gelblich weiß, mit weißlich grünen Punkten; hellere und dunkelrothe Flecken durch die Haut gesprengelt, wenig durchscheinend, sehr dickschaalig; Geschmack nicht sonderlich, mehlig. — A. A. — Zw. seitw.	P.	45 a.	Der Name White Stay, Nield's, ist falsch.
106. Bruno. Cheshire Sheriff, Adam's.	L. 1,23". D. 0,99". G. 227 Gr. Purpurroth fein gesprengelt auf röthlich gelbem Grunde; Adern theils citrongelb, theils hellroth, mit wenigen grünlich weißen Punkten; ziemlich durchscheinend, dünnschaalig, sehr angenehm süß. — E. Jul. — Zw. seitw.	P.	238 a.	
107. Cicero.	L. 1,21". D. 0,93". G. 219 Gr. Gelblich roth, an der Sonnenseite purpurroth; an der Blume weißlich purpurroth; Adern röthlich weiß, mit gelben Punkten; etwas durchscheinend, dickschaalig, fleischig, angenehm süß. — M. Jul — Zw. abw.	P.	107.	
108. Brunehild.	L. 0,96". D. 0,76". G. 101 Gr. Dunkel öströthlichbräunroth; Adern gelblich weiß, mit wenigen gelblich weißen Punkten; etwas durchscheinend, dickschaalig, süß. — A. A. — Zw. seitw.	P.	127 a.	Der dieser Sorte beigefügte Name: Golden Ball, Shaw's, ist falsch.
109. Borromeo.	L. 1,14". D. 0,98". G. 192 Gr. Carmesinroth; Adern grünlich gelb, mit wenigen lichtgrünen Punkten; sehr wenig durchscheinend, dickschaalig, fleischig, angenehm süß. — E. Jul. — Zw. aufw.	P.	146.	Als Smiling Beauty erhalten, welcher Namen aber falsch ist, da diese Sorte nach Th. eine **gelbe** Beere trägt.
110. Alexander. Alexander.	L. 1,11". D. 0,89". G. 170 Gr. Schön carmeisinroth, auf durchscheinenden grünlich gelben Grund gesprengelt; Adern grünlich gelb, mit weißlich gelben Punkten; sehr durchscheinend, dünnschaalig, sehr süß. — A. A. — Zw. seitw.	P.	75 b.	Die von Th. eben so genannte Sorte ist verschieden, da sie **haarig** sein soll.
111. Bovis. Stadtholder.	L. 1,37". D. 1,09". G. 297 Gr. Mehrere auch elliptisch, andere birnförmig. Dunkel kirschroth, an manchen Stellen dunkel grasgrün; Adern wenig sichtbar, mit gelben und rothen Punkten; zwar glatt, jedoch auch sehr wenige, kurze, rothe Haare; nicht durchscheinend, etwas dickschaalig, sehr fleischig, gewürzhaft süß. — E. Jul. A. A. — Zw. abw.	P.	120.	

Allgemeine Kennzeichen: I. **Roth.** A. **Glatt.** 5. **Eiförmig.**				
Name der Beere.	Besondere Kennzeichen.	Des Cultivateurs Name.	Nr.	Bemerkungen.
112. Christian. British Hero, Collin's.	L. 1,36". D. 1,08". G. 311 Gr. Auch elliptisch. Kirschroth, bei der Blume pfirsichblüthroth, auf schmutzig grünem Grunde; Adern lichter, mit gelblich weißen und einzelnen rothen Punkten; zwar glatt, aber doch auch wenige, kurze, rothe Haare; wenig durchscheinend, etwas dickschaalig, sehr angenehm süß. — M. Jul. A. A. — Zw. seitw.	P.	60.	
113. Bartholomäus.	L. 0,92". D. 0,77". G. 107 Gr. Schön kirschroth, lichte grüne Flecken durch die Haut scheinend; Adern wenig sichtbar, pfirsichblüthroth, mit grünen und gelblich weißen Punkten; glatt glänzend; ziemlich durchscheinend, etwas dickschaalig, sehr süß. — A. A. — Zw. seitw.	P.	121 a.	Mit dem Namen Gage Green erhalten, welcher aber offenbar unrichtig ist.
114. Amabilis. Royal Tiger.	L. 1,10". D. 0,92". G. 175 Gr. Schön kirschroth, auf weißlich rothen Grund gesprengelt; Adern lichter, mit gelblich weißen Punkten; einzelne dunkelrothe Flecken durch die Haut scheinend; dickschaalig, nicht sonderlich von Geschmack, mehlig. — A. A. — Zw. abw.	P.	100 a.	
115. Angelus.	L. 1,13". D. 0,89". G. 168 Gr. Schön kirschroth; das Roth ist auf röthlich gelbem Grunde über die ganze Beere gesprengelt, auf der Sonnenseite jedoch mehr; Adern lichter, mit grünlich gelben Punkten; stark durchscheinend, dünnschaalig, fleischig, nicht sonderlich süß. — A. A. — Zw. seitw.	P.	60 a.	Der erhaltene Name Rockwood ist falsch.
116. Apollonius. Conquecor, Worthington's. Th.	L. 1,35". D. 1,02". G. 263 Gr. Viele elliptisch. Kirschroth; Adern lichter, mit gelblich weißen Punkten; sehr wenig durchscheinend, dünnschaalig, sehr hartfleischig, angenehm süß. — E. Jul. — Zw. seitw.	P.	18.	
117. Balderich. Monument Lord Nelson's.	L. 1,42". D. 1,00". G. 261 Gr. Kirschroth, schmutzig gelb durch die Haut scheinend; Adern gelblich roth mit weißlich gelben Punkten, auf den Samensträngen grüne Punkte; glatt, doch einige wenige kurze rothe Haare; dünnschaalig, angenehm süß. — E. Jul. — Zw. aufw.	P.	288 a.	

Allgemeine Kennzeichen: I. **Roth.** A. **Glatt.** 5. **Eiförmig.**

Name der Beere.	Besondere Kennzeichen.	Des Cultivateurs Name.	Nr.	Bemerkungen.
118. Aristo- bul. Smolensko, Greaves's. Th.	L. 1,45". D. 1,14". G. 346 Gr. Auch elliptisch. Schmutzig kirschroth, auf schmutzig grünem Grunde; Adern dunkelroth, mit gelblich weißen Punkten, auch schmutzig gelb, ohne Punkte; wenig durchscheinend, dünnschaalig, säuerlich süß. — M. u. E. Jul. — Zw. abw.	P.	261.	
119. Ambro- sius. Glorious, Bell's.	L. 1,33". D. 1,08". G. 287 Gr. Schmutzig kirschroth, mit durchscheinendem schmutzigen Grün; Adern dunkelkirschroth, mit wenigen gelblich weißen Punkten; etwas durchscheinend, etwas dickschaalig, sehr süß. — M. u. E. Jul. — Zw. abw.	P.	282.	Soll nach Th. einerlei sein mit High-wayman, Speechley's, welche aber eine **grüne** Beere trägt.
120. Augu- stin.	L. 1,28". D. 0,98". G. 237 Gr. Viele auch elliptisch. Dunkel kirschroth; Adern hellroth, mit einzelnen weißen Punkten; wenig durchscheinend, dünnschaalig, sehr fleischig, gewürzhaft süß. — M. u. E. Jul. — Zw. seitw.	P.	298.	Der beigelegte Name Prince of Wales ist falsch, da diese Sorte eine **grüne** Beere tragen und Jolly Farmer gleich sein soll.
121. Aristode- mus.	L. 1,19". D. 0,97". G. 212 Gr. Dunkel kirschroth, an der Blume und den Adern lichter, doch wenig sichtbar, mit wenigen gelblich weißen Punkten; nicht durchscheinend, dünnschaalig, angenehm süß. — E. Jul. — Zw. seitw.	P.	371.	
122. Bogo- mir. Boggart, Houghton's. Th.	Sehr groß, dunkelroth, süß. — Zw. abw.			
123. Anaklet. Richmond Hill-ward's. Th.	Groß, dunkelroth, angenehm süß. — Zw. abw.			
124. Apolli- naris. Royal Duke. Th.	Groß, dunkelroth, süß. — Zw. abw.			
125. Alkuin. Trimmer. Th.	Groß, dunkelroth, süß. — Zw. abw.			
126. Angel- fus. Black King.	Mittelgroß, dunkelroth, fast schwarz; viele Adern; wohlschmeckend. — M. Jul.			
127. Balbin. Fox whelp the East.	Groß.			
128. Alphons. Scented Lemon. Rider's. Th.	Groß, Geruch citronenartig, Geschmack sehr gut. — A. — Zw. seitw.			
129. Absalom. Billy Denn, Shaw's. Th.	Groß, roth getüpfelt; glatt, jedoch hin und wieder kurze, starke, rothe Haare; wohlschmeckend. — A. — Zw. seitw.			

Allgemeine Kennzeichen: I. Roth. A. Glatt. 5. Eiförmig. 6. Birnförmig.

Name der Beere.	Besondere Kennzeichen.	Des Cultivateurs Name.	Nr.	Bemerkungen.
130. Alan. Saint John, Titlotson's. Th	Mittelgroß, ziemlich wohlschmeckend. — Zw. seitw.			
131. Adam. Red Turkey. Smooth Red. Th.	Klein, sehr wohlschmeckend. — A. — Zw. seitw.			
132. Bravo. Nutmeg, Brawnlie. Th.	Klein, ziemlich wohlschmeckend. — Zw. seitw.			
	I. Roth. A. Glatt. 6. Birnförmig.			
133. Adelbert.	L. 1,50". D. 1,14". G. 363 Gr. Auch elliptisch und eiförmig. Mordoréroth, bei der Blume stark roth geadert und getüpfelt, nach dem Stiele zu immer weniger; Adern lichter, mit gelben Punkten; wenig durchscheinend, etwas dickschaalig, weinsäuerlich. — M. Jul. A. A. — Zw. abw.	P.	26.	Erhalten mit dem Namen Liberty, welcher wohl falsch ist, da die Beere dieser Sorte weiß sein soll.
134. Abälard.	L. 1,25". D. 0,73". G. 126 Gr. Auch walzenförmig, am Stiele dünner und berberitzenformähnlich. — Schön purpurroth; Adern lichter, mit weißlich gelben Punkten; durchscheinend, dickschaalig, sehr fleischig, süß. — M. Jul. A. A. — Zw. seitw.	P.	357.	
135. Agricola.	L. 0,69". D. 0,58". G. 50 Gr. Scharlachroth, reifer kirschroth; Adern lichter, mit sehr kleinen gelblichen und röthlichen Punkten; glatt und glänzend, ziemlich durchscheinend, dünnschaalig, Muskatellergeschmack. — A. A. — Zw. seitw. In nassen Jahren wird die Beere größer.	P.	383.	
136. Alfred.	L. 1,59". D. 1,06". G. 319 Gr. L. 1,33". D. 1,04". G. 270 Gr. Mehrere rundlich, andere eiförmig. Ueber den Samensträngen wird die Beere durch eine kleine Vertiefung oder Furche in 2 Hälften getheilt. Kirschroth; Adern lichter, mit röthlich weißen und wenigen gelben Punkten; ziemlich durchscheinend, dünnschaalig, gewürzhaft säuerlich süß. — E. Jul. — Zw. seitw.	P.	58.	Der beigelegte Name Leigh's Toper ist falsch, da die Beere der also genannten Sorte nach Th. grünlich weiß ist.
137. Ahasver. Mogul, Singleton's.	L. 0,78". D. 0,61". G. 55 Gr. Ganz dunkel kirschroth; Adern lichter, wenig sichtbar, mit röthlich weißen Punkten; nicht durchscheinend, sehr dünnschaalig, nicht sehr süß, sondern wässerig. — A. A. — Zw. aufw.	P.	319 a.	

Allgemeine Kennzeichen: I. Roth. A. Glatt. 6. Birnförmig.

Name der Beere.	Besondere Kennzeichen.	Des Cultivateurs Name.	Nr.	Bemerkungen.
138. Adolph.	L. 1,58". D. 1,05". G. 210 Gr. Auch eiförmig. Dunkel kirschroth; Adern wenig sichtbar, mit gelblich weißen Punkten, die bei der Blume und auf den Samensträngen dichter werden; sehr wenig durchscheinend, dünnschaalig, fleischig, sehr gewürzhaft. — E. Jul. — Zw. abw.	P.	310 a.	Unter dem Namen Evergreen, Perring's, erhalten, welcher aber falsch ist. Die Beere der also genannten Sorte ist nach Th. grün.
139. Bassianus. Jolly Miner, Greenhalgh's. Th.	L. 1,54". D. 1,17". G. 105 Gr. Auch elliptisch. Schmutzig kirschroth, schmutzig grün durchscheinend, bei der Blume pfirsichblüthroth; Adern weißlich apfelgrün, beim Stiele mit grünen, weiter nach der Blume zu mit vielen gelblich weißen Punkten; nicht durchscheinend, hartes Fleisch, wenig Kerne, süß. — E. Jul. A. A. — Zw. abw.	P.	98.	
140. Alarich. Briton, Haslam's.	L. 1,40". D. 1,05". G. 297 Gr. Kirschroth; Adern lichter, mit wenigen grünlichen Punkten; etwas durchscheinend, dünnschaalig, süß, etwas wässerig — A. A.	Möhring.		
141. Alcibiades. Coe's Hannibal.	Auch rund- und rundlich; sehr groß; dunkelroth, fast schwarz, mit einem angenehmen Rosenparfüm; Geschmack vorzüglich. — A.			

I. Roth. B. Wollig. 1. Rund.

142. Daniel. Late red.	L. 0,71". D. 0,69". G. 64 Gr. Ganz dunkelkirschroth, fast schwarz; Adern wenig sichtbar, mit sehr wenigen, ganz feinen, grünlich weißen Punkten; feine weiße Wolle; nicht durchscheinend, dünnschaalig, eigenthümlich gewürzhaft, aber angenehm. — E. Jul. — Zw. aufw.	P.	280 a.	

I. Roth. B. Wollig. 2. Rundlich.

143. Florens. Red Rose, Pendleton's.	L. 0,71". D. 0,70". G. 70 Gr. Schön carmoisinroth; Adern röthlich weiß, mit weißen Punkten; zwischen feiner weißer Wolle rothe Haare, ziemlich durchscheinend, aromatischer Geruch, dünnschaalig, angenehm säuerlich süß. — E. Jul. A. A. — Zw. aufw. Vielleicht sind ganz einerlei mit dieser Sorte: Shelmardine's Red Rose, welche als rund, meistens am Stiele breit, mit kleinen Haaren, sehr wohlschmeckend. — A.; Taylor's Red Rose, welche als oval, schön hell rosenroth, weiß getüpfelt,	P.	135 a.	

Allgemeine Kennzeichen: I. Roth. B. Wollig. 2. Rundlich. 3. Elliptisch.

Name der Beere.	Besondere Kennzeichen.	Des Cultivateurs Name.	Nr.	Bemerkungen.
	ganz dünn behaart, sehr angenehm süß — M. A. beschrieben worden. Red Rose von Th. beschrieben ist oblong, sehr groß. — Zw. abw., **sehr gut.**			
144. Evangelist. Victory Lomas's. Th.	Sehr groß, wohlschmeckend, Zw. abw. Nach **Christ** ist Victory eine der allergrößten Beeren, eiförmig, haarig, rosenroth.			
145. Demetrius. Raspberry. Old Preserver, Nutmeg. Th.	L. 0,70". D. 0,61". G. 51 Gr. Kirschroth; Adern pfirsichblüthroth mit gelblich weißen Punkten; zwischen weißlicher Wolle wenige kurze, steife Haare; Geruch angenehm; dünnschaalig, sehr angenehm gewürzhaft. — M. Jul. — Zw. seitw.	P.	63.	
146. Dietrich. Miss Bold. Pigeon's Egg. Th.	L. 0,76". D. 0,67". G. 63 Gr. Schmutzig kirschroth, auf schmutzig grünem Grunde aufgesprengelt; wollig, mit wenigen, langen, dunkelrothen Haaren, wenig durchscheinend, sehr wohlschmeckend. — Jul. — Zw. seitw.	P.	62 a.	Nach Thompson ist diese Sorte, mittelgroß, verwandt mit Red Walnut, aber besser.
147. Ephraim. Heremit.	Nicht groß, dunkelroth, fast schwarz; Adern hellroth. Viele Härchen. Sie ist blau gepudert.			
	I. Roth. B. Wollig. 3. Elliptisch.			
148. Donat. Keen's Seedling. Th.	L. 1,47". D. 1,17". G. 362 Gr. *L. 1,58". D. 1,06". G. 352 Gr. Purpurroth, auf der Sonnenseite ganz dunkelkirschroth, bei der Blume pfirsichblüthroth; Adern lichter, kaum sichtbar, mit gelblich weißen Punkten; zwischen feiner weißer Wolle viele lange, stachelähnliche, ganz dunkelrothe Haare; wenig durchscheinend, etwas dickschaalig, sehr angenehm süß. — M. u. E. Jul. — Zw. abw.	P.	37. 78.	* Einige Beeren sind rundlich; alle aber über den Samensträngen an den Stielen etwas eingedrückt. Man könnte diese Sorte auch zu den haarigen zählen.
149. Friedrich. Black Prince, Shipley's.	L. 1,17". D. 0,96". G. 203 Gr. Dunkelmordoréroth, an der Sonnenseite fast schwarz; Adern nicht sichtbar; sehr viele feine weiße Wolle; nicht durchscheinend, dünnschaalig, nicht wohlschmeckend. — E. Jul. — Zw. abw.	Möhring.		
150. Erasmus. Black Prince, Muffey's.	L. 0,94". D. 0,86". G. 134 Gr. Ganz dunkelkirschroth, fast schwarz; Adern schön pfirsichblüthroth mit gelblich weißen Punkten; ziemlich viele, feine, weißliche Wolle; sehr durchscheinend, dünnschaalig, gewürzhaft süß. — A. A. — Zw. aufw.	P.	51 a.	Soll nach Th. größer sein als Rider's Black Prince.

Allgemeine Kennzeichen: I. Roth. B. Wollig. 3. Elliptisch. 4. Eiförmig.

Name der Beere.	Besondere Kennzeichen.	Des Cultivateurs Name.	Nr.	Bemerkungen.
151. Franz.	L. 0,99". D. 0,83". G. 125 Gr. Kirschroth, an der Blume pfirsichblüth-roth; Adern wenig sichtbar, mit vielen röthlich weißen Punkten, die an der Blume dichter werden; viele sehr feine, weiße Wolle, zwischen welcher einzelne, ziemlich lange, steife, rothe Haare; wenig durch-scheinend, dickschaalig, nicht sehr süß, aber gewürzhaft. — E. Jul. — Zw. seitw.	P.	117a.	Aus dem erhaltenen Namen Drop. white, Smith's ist zu ersehen, daß derselbe falsch ist.
152. Eduard.	L. 0,94". G. 0,73". G. 112 Gr. Dunkelkirschroth, an der Blume weißlich roth; Adern pfirsichblüthroth, mit vielen gelblich weißen Punkten; zwischen feiner Wolle nicht sehr viele, lange, unten weiße, an der Spitze rothe Haare; wenig durch-scheinend, dünnschaalig, sehr süß. — E. Jul. — Zw. aufw.	P.	291a.	Unter dem Namen Amber Common erhalten, welche Sorte aber **weiß** und **roth gestreift** sein soll.
153. Edmund.	L. 1,09". D. 0,89". G. 164 Gr. Dunkelkirschroth, an der Schattenseite schmutzig gelb; Adern wenig sichtbar, mit kleinen grünlich weißen Punkten; auf der glänzenden Oberfläche eine feine weiße Wolle; schwach durchscheinend, dünnschaa-lig, süß. — E. Jul. — Zw. abw.	P.	182.	
154. David. Woodman, Re-dyard's.	L. 1,33". D. 1,01". G. 242 Gr. Schmutzig kirschroth, grün durch die Haut scheinend; Adern lichter, mit vielen gelb-lich weißen Punkten; viele, sehr feine, weiße Wolle; nicht durchscheinend, etwas dickschaalig, gewürzhaft süß. — E. Jul. A. A. — Zw. aufw.	P.	141.	
155. Ehlert. Dakin's Black. Th.	Mittelgroß, dunkelroth, angenehm süß. — Zw. aufw. Schlecht tragend.			
	I. Roth. B. Wollig. 4. Eiförmig.			
156. Egmont. Magistrate, Diggle's. Th.	Groß, sehr wohlschmeckend. — Zw. seitw.			
157. Faramund. Farmer's Glory, Berry's. Th.	Groß, Geschmack vorzüglich. — A. — Zw. abw. Trägt reichlich.			
158. Damian. Earl Grosvenor. Th.	Groß, wohlschmeckend. — Zw. abw.			
159. Elias. Tantararara, Hampson's. Th.	Mittelgroß, außerordentlich wohlschme-ckend. — Zw. aufw. Die Blätter haben feine Härchen.			

Allgemeine Kennzeichen : I. Roth. B. Wollig. 4. Eiförm. 5. Birnförm.

Name der Beeren.	Besondere Kennzeichen.	Des Cultivateurs Name.	Nr.	Bemerkungen.
160. Emanuel. Black, Waverham's. **Bullfinch.** Th.	Ansehnlich groß, dunkelroth; Adern weiß, wohlschmeckend. — Zw. seitw.			
161. Dominikus. Jackson's Slim. Th.	Mittelgroß, dunkelroth, wohlschmeckend. — Zw. seitw.			
162. Ferdinand. Walnut, Red. Th.	Mittelgroß, wohlschmeckend, frühreifend. — Zw. seitw. Eine der besten Sorten zum Einmachen.			Murrey; Eckersley's Double Bearing und Ashton, Red (einiger) sollen mit Walnut Red einerlei sein.
163. Deodat. Murrey.	Mittelgroß; das Roth ist zuweilen etwas mit Grün unterlaufen; Adern hellroth; wohlschmeckend. — Zw. seitw.			Soll mit Red Walnut, nach Th., einerlei sein.
164. Fridolin. Rodney, Acherley's. Th.	Mittelgroß, wohlschmeckend. — Zw. abw. Ist verwandt mit Red Walnut.			
165. Dorus. Redsmith. Th.	Mittelgroß, wohlschmeckend. — Zw. seitw.			
166. Friedemann. Warrior, Knight's. Th.	L. 1,48". D. 1,04". G. 286 Gr. Kirschroth, an der Sonnenseite; Schattenseite grünlich ochergelb; Adern lichter, mit grünlich weißen Punkten; zwischen der Wolle wenige steife lange rothe Haare, wenig durchscheinend, dünnschaalig, sehr süß. — E. Jul. A. A. — Zw. abw.	P.	307.	
	I. Roth. B. Wollig. 5. Birnförmig.			
167. Fortunat. Forester.	Birnförmig, aber auch viele eiförmig. Carmoisinroth; Adern dunkler, mit gelben Punkten; viele lange, feine Wolle; sehr durchscheinend, dünnschaalig, sehr angenehm süß. — E. Jul.	Möhring.		
168. Ernst. Lucelle.	L. 0,95". D. 0,68". G. 77 Gr. Auch viele eiförmig. Dunkelkirschroth; Adern lichter, mit wenigen grünlich weißen Punkten; feine weiße Wolle; wenig durchscheinend, dünnschaalig; sehr gewürzhaft, fleischig, aber nicht süß. — E. Jul.	P.	229.	
169. Florian.	L. 1,11". D. 0,77". G. 116 Gr. Kirschroth, Adern dunkler mit grünlich gelben Punkten; ziemlich stark durchscheinend, dünnschaalig, weinsäuerlich. — M. Jul. — Zw. seitw.	P.	325 a.	

Allgemeine Kennzeichen: I. Roth. C. Haarig. 1. Rund.

Name der Beere.	Besondere Kennzeichen.	Des Cultivateurs Name.	Nr.	Bemerkungen.
	I. Roth. C. Haarig. 1. Rund.			
170. Gabriel. Allcock's King. Th.	L. 0,63". G. 44 Gr.; auch rundlich. Scharlachroth; Adern lichter, mit wenigen, gelblichen Punkten; ziemlich viele, rothbraune Haare; durchscheinend, dünnschaalig, sehr wohlschmeckend, süß. — A. A. — 3w. aufw.			
171. Hartmann. Johnson's Twig'em.	Groß, rosenroth, dünn behaart, sehr wohlschmeckend. — A. Eine treffliche Sorte.			
172. Gallus. Whiteley's Plentiful. Beaver.	Sehr groß, schön rosenroth, dünn und fein behaart; sehr gut schmeckend. — E. Jul.			
173. Herbert. llippad's Attractor.	Bisweilen länglicht. Groß, schön hell rosenroth, stark behaart, wohlschmeckend. — A. A. — 3w. aufw.			
174. Judas. Carneol.	Sehr groß, hell rosenroth, fein und stark behaart, durchsichtig, wohlschmeckend. — E. Jul.			
175. Galba. CanaanClyton's.	L. 0,80". D. 0,75". G. 84 Gr. Carmoisinroth; Adern dunkler mit röthlich weißen Punkten; viele, lange, rothe Haare; etwas durchscheinend, dünnschaalig, sehr angenehm aromatisch. — E. Jul. — 3w. aufw.	P.	75 a.	
176. Heinrich.	L. 0,84". D. 0,77". G. 100 Gr. Carmoisinroth, an der Blume pfirsichblüthroth; Adern lichter, mit weißlich rothen Punkten; ziemlich viele, kurze, rothe Haare; ziemlich durchscheinend, sehr dünnschaalig, fleischig, süß. — A. A. — 3w. aufw.	P.	4 a.	Mit dem Namen Nayden's Rule als erhalten, welche Sorte aber nach Einigen **grün,** nach andern **weiß** sein soll.
177. Justus. Nutmeg,Scotch.	L. 0,88". G. 121 Gr.; auch rundlich. Morderéroth; Adern etwas lichter, mit röthlich weißen Punkten; viele, lange, ziemlich starke, ganz dunkelrothe Haare, undurchsichtig, dünnschaalig, sehr gewürzhaft süß. — E. Jul. A. A. — 3w. seitw.	P.	59.	
178. Galen. Plumper Red.	L. 1,11". D. 1,07". G. 230 Gr. Dunkelpfirsichblüthroth; Adern mit röthlich weißen Punkten; ziemlich lange, dunkelrothbraune Haare; etwas durchscheinend, dünnschaalig, sehr angenehm süß. — E. Jul.	Möhring.		
179. Hannibal. Victory, Rawlinson's.	L. 0,85". D. 0,77". G. 98 Gr. Dunkelfirschroth, fast schwarz, weiß beduftet; Adern pfirsichblüthroth, mit röthlich weißen Punkten; ziemlich viele, lange, rothe Haare; ziemlich durchscheinend, dünnschaalig, sehr aromatisch, sehr süß. — E. Jul. — 3w. seitw.	P.	109 a.	

Allgemeine Kennzeichen: I. **Roth.** C. **Haarig.** 1. **Rund.**

Name der Beere.	Besondere Kennzeichen.	Des Cultivateurs Name.	Nr.	Bemerkungen.
180. Julius.	L. 0,77″. G. 90 Gr. Dunkelkirschroth; Adern lichter, an der Blume pfirsichblüthroth, mit röthlich weißen Punkten; viele, lange, stachelähnliche, dunkelrothe Haare; etwas durchscheinend, sehr dünnschaalig, gewürzhaft säuerlich süß. — M. Jul. — Zw. seitw.	P.	353.	
181. Honoratus.	L. 0,96″. D. 0,92″. G. 160 Gr. Ganz dunkelkirschroth, fast schwarz; Adern wenig sichtbar, mit gelblich weißen, an der Blume aber mit pfirschblüthrothen Punkten; viele, lange, starke, dunkelrothe Haare; nicht durchscheinend, sehr dünnschaalig, gewürzhaft süß. — E. Jul. — Zw. abw.	P.	163.	
182. Jason. Black - bird, Kloken's.	L. 1,00″. D. 0,99″. G. 177 Gr. Auch rundlich. Ganz dunkelkirschroth, fast braun, an einzelnen Stellen lichter; Adern weißlich roth, mit gelblichen Punkten; viele lange, steife, dunkelrothe Haare; nicht durchscheinend, sehr dünnschaalig, sehr süß. — E. Jul. — Zw. seitw.	P.	286 a.	
183. Hiob. Greedy, Logan's.	L. 0,69″. G. 68 Gr. Sehr dunkel und lichter Kirschroth, an der Blume lichter; Adern weißlich roth, mit gelblich weißen Punkten; wenige, lange, steife, dunkelrothe Haare; ziemlich durchscheinend, ziemlich dickschaalig, säuerlich süß. — E. Jul. — Zw. seitw.	P.	277 b.	
184. Joachim. Smooth Early.	L. 0,70″. G. 67 Gr. Kirschroth; Adern pfirsichblüthroth, mit röthlich weißen Punkten; sehr wenige, kurze, steife, rothe Haare; ziemlich durchscheinend, dünnschaalig, sehr süß. — A. A.	P.	81 a.	
185. Gustav.	L. 0,73″. D. 0,72″. G. 77 Gr. Kirschroth; Adern pfirsichblüthroth mit weißlichen Punkten; sehr viele, sehr lange, steife, rothe Haare; ziemlich durchscheinend, dünnschaalig, gewürzhaft süß. — E. Jul. — Zw. seitw.	P.	301 b.	Aus den dieser Sorte beigelegten Namen Marburg's Green erhellt schon, daß derselbe falsch ist.
186. Götz. Gooseberry, Black's.	L. 0,76″. D. 0,78″. G. 98 Gr. Kirschroth; Adern pfirsichblüthroth mit gelblich weißen Punkten; nicht viele, lange, rothe Haare; ziemlich durchscheinend, etwas dickschaalig, sehr süß. — E. Jul. A. A. — Zw. aufw.	P.	116 a.	
187. Innocenz. Queen Mab?, Williamson's.	L. 0,80″. G. 88 Gr. Kirschroth; Adern lichter, mit vielen gelben Punkten; sehr wenige, kurze, steife, rothe Haare; beinah glatt; wenig durchscheinend, dünnschaalig, nicht sehr süß. — A. A. — Zw. seitw.	P.	18 a.	

4

Allgemeine Kennzeichen: I. **Roth.** C. **Haarig. 1. Rund.**

Name der Beere.	Besondere Kennzeichen.	Des Cultivateurs Name.	Nr.	Bemerkungen.
188. Hugo. Duke Willialm, Livesey's.	Schön, kirschroth; Adern roth, kleine Härchen, Geschmack sehr gut. — A. A. Eine treffliche Sorte.			
189. Jonathan.	L. 0,51". G. 34 Gr. Schmutzig kirschroth, auf schmutzig grünem Grunde; Adern grünlich, mit weißlich gelben Punkten; viele, sehr lange, dünne, steife, rothe Haare; durchscheinend, sehr dünnschalig, nicht sonderlich von Geschmack. — E. Jul. — Zw. aufw.	P.	11 a.	Der dieserSorte beigelegte Name Canary Clyton's ist falsch, da sie **grüngelb** sein soll.
190. Günther. Glory of Euler.	L. 0,73". G. 74 Gr. Blutroth, fast braunroth; Adern dunkler, mit pfirsichblüthrothen Punkten; ziemlich viele, kurze, dunkelbraunrothe Haare, durchscheinend, dünnschaalig, nicht sonderlich süß. — A. A.	Koch.		
191. Heinze. Black Tom.	Mittelgroß; dunkelroth, fast schwarz; Adern hellroth; sehr stark behaart, sehr wohlschmeckend. — Jul. A. A.			
192. Gratian. Elliot's Red Hot Ball.	Groß, in manchen Sommern fast schwarz; wenig behaart, angenehm süß. — A.			
193. Henoch. Pine Apple.	Ganz dunkelroth, schwarz; die Haarigste von Allen; sehr wohlschmeckend. — A.			
194. Hartlieb. Richmond's Raspe.	Schwarzroth, stark haarig, sehr wohlschmeckend. — A.			
195. Gotthilf. Red Dragoon.	Sehr groß, dunkelroth; Adern weiß; rothe Härchen oder Stacheln, gutschmeckend. — A. A.			
196. Gregor. Malkin Wood.	Mittelgroß; dunkelroth; Adern hellroth; einzelne rothe Härchen, gutschmeckend. — M. Jul.			
197. Hengist. Red Globe, Ashton's.	Mittelgroß; dunkelroth; Adern hellroth; wenige rothe Härchen, gutschmeckend. — M. Jul.			
198. Gerlach. Proctor's Scarlet non Such.	Groß, dunkelroth, etwas haarig, sehr wohlschmeckend. — A.			
199. Helwig. Fairfax.	Groß, dunkelroth; viele, starke, rothe Härchen; angenehm süß. — M. Jul.			
200. Herodes. High Sheriff.	Ziemlich groß, dunkelroth, rothhaarig; sehr wohlschmeckend. — A.			
201. Hermes. Red Smal-Dack Rough.	Klein, dunkelroth, stark behaart, sehr wohlschmeckend, reift früh im Jul.			
202. Henning. Down's Cheshire Round.	Sehr groß, schön; hellroth; Adern weiß; viele Härchen; sehr angenehm schmeckend. — E. Jul.			

Allgemeine Kennzeichen: I. Roth. C. Haarig. 1. Rund. 2. Rundlich.

Name der Beere.	Besondere Kennzeichen.	Des Cultivateurs Name.	Nr.	Bemerkungen.
203. Genfe- rich. Hulton's Great Caesar.	Groß, hellroth, viele rothe Haare, sehr wohlschmeckend, reift spät im A.			
204. Heim. Richardson's Seedling.	Groß, hellroth, haarig, sehr wohlschmeckend. — A. — Das Blatt ist fettig anzufühlen.			
205. Gordon. Damson.	Hochroth, roth geschäckt.			
206. Gumal.	L. 0,83". D. 0,79". G. 98 Gr. Roth gesprengelt auf röthlich weißem Grunde; Adern gelblich weiß, mit grünlich weißen Punkten; viele, lange, steife, rothe Haare; sehr durchscheinend, dünnschaalig, sehr wohlschmeckend süß. — E. Jul. — Zw. aufw.	P.	373.	
207. Heil- mann. Folt- head.	Nicht sehr groß, roth und grün unterlaufen; Adern weiß und roth, rothe Härchen. — M. Jul.			
208. Gott- fried. Hob- thurst?	Ansehnlich groß; roth, grün unterlaufen; Adern hellroth; rothe Haare; trefflich süß; ist eine der frühesten schätzbarsten Sorten.			
209. Goswin. Black Eagle.	Mittelgroß; Adern roth; rothe Härchen; gutschmeckend. — E. Jul.			
210. Geron. Balliff.	Schön, sehr groß; Adern hellroth; rothe Härchen; sehr trefflicher Geschmack. — A. A.			
211. Garlieb. Rough Red. Th.	Klein, stark behaart; sehr gut von Geschmack. A. — Zw. seitw. Soll zum Einmachen vorzüglich brauchbar sein.			Diese Sorte ist nach Th. mit Little Red Hairy, Old Scotch Red u. Thickskinned Red einerlei.
212. Gerhard. Rough Red, Small Dark. Th.	Klein, Geschmack vorzüglich, frühreifend. — Zw. seitw. Die Blätter haben feine Härchen.			
213. Gottlob. Small Red, Small Red Globe. Th.	Klein, stark behaart, Geschmack vorzüglich. — A. — Zw. seitw. Trägt sehr reichlich, ist von vorzüglicher Güte.			
214. Hilde- brand. Cardi- nal.				
	I. Roth. C, Haarig. 2. Rundlich.			
215. Gideon. Royal scarlet.	L. 1,09". D. 1,03". G. 214 Gr. Auch rund und elliptisch. Dunkelscharlachroth; Adern lichter mit gelblichen Punkten; auf der Haut roth geflammt und geädert; viele kurze, steife, dunkelrothe Haare; wenig durchscheinend, etwas dickschaalig, süß. — M. u. E. Jul. — Zw. seitw.	P.	49.	

Allgemeine Kennzeichen: **I. Roth. C. Haarig. 2. Rundlich.**

Name der Beere.	Besondere Kennzeichen.	Des Cultivateurs Name.	Nr.	Bemerkungen.
216. Guisgard. Dale's Seedling.	L. 1,04". D. 0,92". G. 175 Gr. Weißlich purpurroth; Adern weißlich gelb, mit grünen Punkten; durch rothe Punkte unter der Haut grünlich weiß durchscheinend; viele sehr lange, steife, rothe Haare; dickschaalig, süß. — M. Jul.			
217. Herkulian. Napoleon, Red.	L. 1,11". D. 1,07". G. 216 Gr. Schön purpurroth; Adern lichter mit gelblich weißen Punkten; viele, lange, steife, rothe Haare; durchscheinend, dünnschaalig, sehr süß. — E. Jul. — Zw. aufw.	P.	303.	
218. Gutmann. Queen Mab? Hagne's.	L. 0,92". D. 0,83". G. 118 Gr. Purpurroth; Adern weißlich roth, mit grünlich gelben Punkten. Das Roth ist auf schmutzig röthlich weißem Grunde aufgesprengelt. Viele, lange, dünne, purpurrothe Haare; sehr stark durchscheinend, dünnschaalig, sehr süß. — E. Jul. — Zw. seitw.	P.	33 a.	
219. Gotthold. Chrystal, Red.	L. 0,99". D. 0,87". G. 143 Gr. Lichtcarmesinroth, an der Blume pfirsichblüthroth; Adern lichter, mit weißlich gelben Punkten. Das Roth ist auf röthlich gelbem Grunde aufgesprengelt; ziemlich viele, lange, starke, dunkelrothe Haare; ziemlich durchscheinend, sehr dünnschaalig, sehr süß. — A. A. — Zw. aufw.	P.	67 a.	
220. Gerson. Bery-Shepherd, Atkinson's.	L. 0,99". D. 0,89". G. 152 Gr. Bei dem Stiele, über den Samensträngen, eingedrückt. Carmesinroth; Adern lichter, mit röthlich weißen Punkten; viele, lange, dünne, steife, rothe Haare; etwas durchscheinend, dünnschaalig, aromatisch süß. — E. Jul. — Zw. seitw.	P.	29 a.	
221. Hermann.	L. 0,85". D. 0,80". G. 103 Gr. Carmesinroth; Adern pfirsichblüthroth mit gelblich weißen Punkten; viele, lange, steife, rothe Haare mit Drüsen an der Spitze; wenig durchscheinend, dünnschaalig, sehr süß. — E. Jul. — Zw. aufw.	P.	156.	
222. Hero. Oliver Cromwell.	L. 0,80". D. 0,74". G. 84 Gr. Dunkelcarmesinroth; Adern lichter mit röthlich weißen Punkten; grünlich gelb durch die Haut scheinend; viele, lange, steife, schönrothe Haare; wenig durchscheinend, dünnschaalig, gewürzhaft süß. — E. Jul. — Zw. seitw.	P.	77 a.	

Allgemeine Kennzeichen: I. Roth. C Haarig. 2. Rundlich.

Name der Beere.	Besondere Kennzeichen.	Des Cultivateurs Name.	Nr.	Bemerkungen.
223. Gau=Danz. Companion, Hopley's.	L. 1,27". D. 1,21". G. 366 Gr. Auch rund und elliptisch. L. 1,28". D. 1,18". G. 316 Gr. birnförmig. Vordereroth, bei der Blume pfirsichblüthroth; Adern kirschroth, wenig sichtbar, mit wenigen röthlich weißen Punkten; viele, lange, steife, dunkelrothe Haare; sehr wenig durchscheinend; Geruch gewürzhaft; dünnschaalig, sehr süß. — M. u. E. Jul. — Zw. seitw.	P.	87.	
224. Hadrian. Nero, Down's.	L. 0,74". D. 0,66". G. 64 Gr. Kirschroth, Sonnenseite lichter; Adern lichter mit grünlich weißen Punkten; wenige, lange, schwache, rothe Haare; sehr durchscheinend, dünnschaalig, sehr süß. — E. Jul. — Zw. seitw.	P.	126 a.	
225. Gilles.	L. 0,84". D. 0,78". G. 100 Gr. Lichtkirschroth, an der Blume lichter; Adern pfirsichblüthroth, mit gelblich weißen Punkten; viele, sehr lange, steife, kirschrothe Haare; etwas durchscheinend, dünnschaalig, sehr süß. — E. Jul. — Zw. aufw.	P.	347.	
226. Gun=tram. Large Damson.	L. 0,91". D. 0,80". G. 115 Gr. Schön kirschroth; Adern pfirsichblüthroth, mit weißlichen Punkten; viele, lange, starke, rothe Haare; ziemlich durchscheinend, sehr dünnschaalig, sehr süß. — E. Jul. Zw. aufw.	P.	301 a.	
227. Heime=ran.	L. 0,91". D. 0,78". G. 115 Gr. Kirschroth, schmutzig grün durch die Haut scheinend; Adern dunkelpfirsichblüthroth, mit gelblich weißen Punkten; viele, lange, rothe Haare; ziemlich durchscheinend, dünnschaalig, sehr angenehm, eigenthümlich aromatisch. — E. Jul. — Zw. seitw.	P.	240 a.	Der Name White Imperial, Rider's, den diese Sorte haben soll, ist wohl falsch.
228. Haubold. Marquis of Stafford, Knight's. Th.	L. 0,89". D. 0,85". G. 120 Gr. Dunkelkirschroth, an der Blume lichter; Adern pfirsichblüthroth mit grünlich weißen Punkten; wenige, kurze, steife, rothe Haare; nicht durchscheinend, dickschaalig, sehr fleischig, nicht sonderlich süß. — E. Jul. A. A. — Zw. aufw.	P.	316.	Ist Wilmot's Late Superb ähnlich.
229. Gott=wald. Late Superb, Wilmot's. Th.	Groß, stark behaart, angenehm süß. — A. — Zw. seitw.			
230. Hege=hipp.	L. 0,78". D. 0,70". G. 71 Gr. Ganz dunkelkirschroth; Adern lichter, mit gelblich weißen Punkten; viele, sehr lange, steife, rothe Haare; sehr durchscheinend, sehr dünnschaalig, recht angenehm süß. — E. Jul. — Zw. aufw.	P.	237 a.	Als Cereus Creeping's erhalten, welche Sorte aber gelb ist.

Allgemeine Kennzeichen: I. Roth C. Haarig. 2. Rundlich.

Name der Beere.	Besondere Kennzeichen.	Des Cultivateurs Name.	Nr.	Bemerkungen.
231. Helfrecht.	L. 0,85". D. 0,75". G. 97 Gr. Ganz dunkelkirschroth, an der Blume schön dunkelpfirschblüthroth; Adern lichter, mit weißlich rothen Punkten; viele, lange, steife, rothe Haare; ziemlich durchscheinend, dünnschaalig, sehr angenehm süß. — E. Jul. — Zw. seitw.	P.	250 a.	Der dieser Sorte beigefügte Name White Wreen, Fox's ist wohl falsch.
232. Häns chen. Little John. Th.	L. 0,78". D. 0,71". G. 74 Gr. Ganz dunkel schmutzig kirschroth; Adern wenig sichtbar, mit weißlich gelben Punkten; lange, steife, dünne, rothe Haare; durchscheinend, dünnschaalig, sehr fleischig, angenehm aromatisch süß. — E. Jul. — Zw. seitw.	P.	229 a.	
233. Hartar. Bragger.	Groß, theils rund, theils lang; dunkelroth, fast schwarz; Adern weiß; starke Haare, gut schmeckend. — A. A.			
234. Jubel. Jubilee, Hopley's. Th.	Groß, dunkelroth; wohlschmeckend. — Zw. aufw.			
235. Hatto. Irish Plum. Th	Mittelgroß, dunkelroth, sehr wohlschmeckend. — Zw. aufw.			
236. Günzel. Red, Beaumont's. Th.	Mittelgroß, dunkelroth, stark behaart, sehr wohlschmeckend. — A. — Zw. aufw. Die Blätter haben feine Haare.			
237. Gum brecht. Scarlet, Transparent. Th.	Klein, dunkelroth, wohlschmeckend. — Zw. aufw. Schlecht tragend.			
238. Hemme rich. Scotch Best Jam. Dumpling. Th.	Klein, dunkelroth, sehr wohlschmeckend. — Zw. aufw. Die Blätter sind mit feinen Härchen bedeckt.			
239. Hartrig. Non Such.	Sehr groß, theils rund, theils länglich; hellroth; Adern weiß und roth; viele, starke, rothe Härchen.			
240. Heriger. Elector.	Sehr groß; Adern weiß; viele, starke, rothe Härchen; sehr angenehm süß. — E. Jul.			
241. Gut mund. Lord of the Manor, Bratherton's. Th.	Groß, stark behaart, sehr wohlschmeckend. — A. — Zw. seitw.			
242. Heine. Shakespear. Th.	Groß, sehr wohlschmeckend. — Zw. aufw.			
243. Ilja. Elijah, Lovart's. Th.	Groß, angenehm süß.			

Allgemeine Kennzeichen: I. Roth. C. Haarig. 2. Rundlich. 3. Elliptisch.

Name der Beere.	Besondere Kennzeichen.	Des Cultivateurs Name.	Nr.	Bemerkungen.
244. Galban. Globe, Large Red. Th.	Groß, wohlschmeckend. — Zw. aufw.			
245. Haman. Squire Hammond, Lovard's. Th.	Groß, wohlschmeckend.		·	
246. Gutfried. Favorite, Smith's. Th.	Mittelgroß, wohlschmeckend. — Zw. seitw.			
247. Gunderich. Red Mognl, Schole's. Th.	Klein, stark behaart, sehr wohlschmeckend. — A. — Zw. seitw.			
248. Irenus. Ironmonger. **Hairy Black.** Th.	Klein, sehr wohlschmeckend. — Zw. seitw. Die Frucht ist runder und dunkler als die von Red Champagne, die oft mit dieser verwechselt wurde. — Die Blätter haben eine feine Wolle.			
249. Haistulf. Hairy Red, Barton's. Th.	Klein, wohlschmeckend. — Guttragend.			

I. Roth. C. Haarig. 3. Elliptisch.

Name der Beere.	Besondere Kennzeichen.	Des Cultivateurs Name.	Nr.	Bemerkungen.
250. Harduin. Transparent, Boardman's.	L. 1,14". D. 0,84". G. 188 Gr. Hyacinthroth; Adern pfirschblüthroth, mit gelblich weißen Punkten; viele kurze, ziemlich starke, braunrothe Haare; durchscheinend, ziemlich dünnschaalig, sehr angenehm süß. — A. A. — Zw. seitw.	P.	25.	
251. Heliodor. Early Rough Red. Th.	L. 1,23". D. 0,83". G. 166 Gr. Hyacinthroth; Adern lichter, beinahe pfirsichblüthroth, mit schwefelgelben Punkten; ziemlich viele, lange, rothe Haare, undurchsichtig, etwas dickschaalig, nicht sonderlich süß. — M. Jul. — Zw. aufw.	P.	329.	Diese Sorte soll nach Th. **rund** und **klein** sein.
252. Guido. Guido Red.	L. 1,57". D. 1,21". G. 432 Gr. Einige walzenförmig. Dunkel hyacinthroth, grün an einigen Stellen durchscheinend; Adern lichter, nur bei der Blume sichtbar, mit vielen kleinen gelben Punkten; viele kurze, steife, rothe Haare; nicht durchscheinend; aromatischer Geruch; etwas dickschaalig; gewürzhaft, aber nicht süß, mehlig. — E. Jul. — Zw. seitw.	P.	89.	
253. Gutmund. Two Warrior, Red.	L. 1,34". D. 1,04". G. 264 Gr. Einige fast spulenförmig. Mordoréroth; Adern lichter, mit grünlich gelben Punkten; sehr wenige, einzelne, steife, rothe Haare; etwas durchscheinend, ziemlich dünnschaalig, süß. — A. A. — Zw. abw.	P.	74.	

Allgemeine Kennzeichen: **I. Roth. C. Haarig. 3. Elliptisch.**

Name der Beere.	Besondere Kennzeichen.	Des Cultivateurs Name.	Nr.	Bemerkungen.
254. Helfrade. Top Sawyer, Capper's.	L. 1,25″. D. 0,93″. G. 212 Gr. Einige rundlich, andere oval, noch andere fast birnförmig. Koschenilroth, an der Blume pfirsichblüthroth; Adern pfirsichblüthroth, mit grünlichen und gelblichen Punkten; viele lange, ziemlich starke, rothbraune Haare; wenig durchscheinend, dünnschaalig, gewürzhaft süß. — E. Jul. — Zw. abw.	P.	52.	
255. Justinian. Caesar, Harrison's.	L. 0,92″. D. 0,80″. G. 109 Gr. Schön purpurroth; Adern lichter, wenig sichtbar, mit röthlich weißen Punkten; viele lange, steife, purpurrothe Haare; ziemlich durchscheinend, dünnschaalig, sehr angenehm süß. — A. A. — Zw. aufw.	P.	130 a.	
256. Jeremias. Eclipse, Thompson's.	L. 1,07″. D. 0,87″. G. 149 Gr. Purpurroth; Adern lichter, mit vielen gelblichen Punkten; ziemlich viele, steife, rothe Haare; ziemlich durchscheinend, etwas dickschaalig, süß. — A. A. Zw. seitw.	P.	66 a.	
257. Humprecht.	L. 0,93″. D. 0,77″. G. 113 Gr. Purpurroth; Adern pfirsichblüthroth, mit gelblich weißen Punkten; ziemlich viele, lange, steife, purpurrothe Haare; ziemlich durchscheinend, dünnschaalig, sehr aromatisch. — E. Jul. — Zw. aufw.	P.	92 a.	Ist als Neisd's White bezeichnet und wohl falsch.
258. Hyacinth.	L. 0,89″. D. 0,77″. G. 113 Gr. Purpurroth; Adern weißlich roth, mit gelblich weißen Punkten; viele lange, steife, rothe Haare; durchscheinend, dünnschaalig, sehr süß. — M. u. E. Jul. — Zw. aufw.	P.	332.	Unter dem Namen: Levengston? green erhalten, der aber augenscheinlich unrichtig ist.
259. Jonas.	L. 1,14″. D. 0,93″. G. 198 Gr. Viele rundlich. Licht purpurroth (schön rosenroth); Adern lichter, mit gelblichen Punkten; viele, lange, steife, purpurrothe Haare; schön durchscheinend, sehr dünnschaalig, sehr wohlschmeckend süß. — A. A. und noch später. — Zw. seitw.	P.	274 a.	Der mitgetheilte Name dieser Sorte: Princess Royale, Withington's, ist falsch, da sie, nach Th. eine weiße Beere trägt.
260. Hiero. Prince Regent.	L. 1,22″. D. 0,97″. G. 220 Gr. Weißlich purpurroth; Adern röthlich weiß, mit gelblich weißen Punkten; überall netzartig weiß durch die Haut scheinend; viele, nicht sehr lange, steife, rothe Haare; durchscheinend, etwas dickschaalig, angenehm süß. — M. Jul. — Zw. abw.	P.	93.	Ob diese Sorte richtig benannt ist, muß eine genauere Untersuchung lehren, da sie nach Th. dunkelroth, glatt und rundlich sein soll.
261. Galaktion. Seedling Teltz.	L. 1,03″. D. 0,86″. G. 146 Gr. Weißlich purpurroth, an der Spitze lichter, weißlich durchscheinend; Adern lichter, mit weißen Punkten; ziemlich viele, kurze, steife, rothe Haare; ziemlich durchscheinend, sehr dünnschaalig, sehr süß. — A. A. — Zw. seitw.	P.	307 a.	

— 33 —

Name der Beere.	Besondere Kennzeichen.	Des Cultivateurs Name.	Nr.	Bemerkungen.
262. Johann. Sir John Cotgrave, Bratherton's. Th.	L. 1,30". D. 1,13". G. 310 Gr. Mehrere rundlich. Weißlich purpurroth; Adern lichter mit gelblich grünen Punkten; viele kurze, steife, rothe Haare; durchscheinend, ziemlich dünnschaalig, ziemlich süß. — E. Jul. A. A. — Zw. seitw.	P.	19.	
263. Honorius.	L. 1,24". D. 0,95". G. 208 Gr. Lichtblutroth; Adern dunkler, mit kleinen grünlich weißen Punkten; ziemlich viele, etwas lange, starke, dunkelrothe Haare; stark durchscheinend, dünnschaalig, gewürzhaft angenehm süß. — A. A.			Unter dem Namen Nutmeg zur Untersuchung erhalten.
264. Hartwig. Grey Lion.	L. 1,14". D. 1,01". G. 213 Gr. L. 1,12". D. 0,97". G. 198 Gr. Blutroth, fast bräunlichschwarz; Adern lichter, mit gelblich weißen Punkten; ziemlich viele, nicht sehr lange, steife, braune Haare; sehr wenig durchscheinend, ziemlich dünnschaalig, süß. — M. u. E. Jul. — Zw. abw.	P.	100.	
265. Ignaz. Lion's Provider.	L. 1,38". D. 1,14". G. 320 Gr. L. 1,54". D. 1,09". G. 327 Gr. Blutroth, stellenweise scharlachroth; Adern heller, mit grünlich weißen und gelblich weißen Punkten; ziemlich viele, kurze, starke, dunkelrothe Haare; sehr wenig durchscheinend, etwas dickschaalig, angenehm säuerlich süß. — E. Jul.	Möhring.		
266. Jovian. Warrington Red. **Aston. Aston Seedling. Volunteer.** Th.	L. 1,04". D. 0,90". G. 158 Gr. L. 1,08". D. 0,85". G. 142 Gr. Scharlachroth; Adern lichter mit röthlich weißen Punkten; viele, ziemlich starke, braunrothe Haare; stark durchscheinend, ziemlich dünnschaalig, sehr angenehm süß. — M. Jul. A. A. — Zw. abw. Der Saft dieser Beere soll hell sein.	P.	3. 327.	Eine schöne Beere und eine der besten Sorten.
267. Hilarion. Champagne Red.	L. 0,83". D. 0,70". G. 80 Gr. Dunkelscharlachroth; Adern lichter, mit röthlich weißen Punkten; viele, ziemlich lange, steife, blutrothe Haare; durchscheinend, ziemlich dünnschaalig, gewürzhaft süß. — M. Jul. A. A. — Zw. aufw. Von ungleicher Ergiebigkeit. Der Saft ist hell.	P.	1. 289.	
268. Juventus. Prince Adolphus.	L. 1,14". D. 0,87". G. 166 Gr. Schön carmoisinroth; Adern pfirsichblüthroth, mit sehr vielen, röthlich weißen Punkten; viele, starke, steife, rothe Haare; wenig durchscheinend, sehr süß. — A. A. — Zw. seitw.	P.	294 a.	

5

Name der Beere.	Besondere Kennzeichen.	Des Cultivateurs Name. / Nr.	Bemerkungen.
269. Georg.	L. 1,13″. D. 0,92′. G. 184 Gr. Carmoisinroth; Adern pfirschblüthroth, mit gelbli o weißen Punkten; roth gesprengelt auf röthlich weißem Grunde; viele, lange, steife, rothe Haare; sehr durchscheinend, dünnschaalig, angenehm süß, fleischig. — E. Jul. — Zw. aufw.	P. 259 a.	Der dieser Sorte beigefügte Name: Hummer Yellow, Hall's, ist falsch, wie der Name selbst zeigt.
270. Gamaliel.	L. 1,00″. D. 0,79″. G. 119 Gr. Einige rundlich, andere eiförmig. Schön hell carmoisinroth; Adern dunkler, mit gelblich weißen Punkten; roth gesprengelt, auf ganz gelblich weißen, glasartigem Grunde; viele lange, steife, rothe Haare; sehr hell durchscheinend, dünnschaalig, sehr süß. — E. Jul. — Zw. seitw.	P. 38 a.	
271. Hartwin. Beau Sarmont (?), Jackson's.	L. 0,97″. D. 0,77″. G. 108 Gr. Schön carmoisinroth; Adern dunkler, wenig sichtbar, mit einzelnen, sehr feinen, gelblich weißen Punkten; sehr wenige, kurze, steife, rothe Haare; ziemlich durchscheinend, sehr dünnschaalig, sehr angenehm süß. — E. Jul. — Zw. aufw. Eine schöne Beere.	P. 242 a.	
272. Gutmar. Black Lady, Coe's.	L. 1,08″. D. 0,90″. G. 168 Gr. Carmoisinroth; Adern gelblich weiß, mit wenigen weißen Punkten; fein aufgesprengelte rothe Flecken; viele, sehr lange, steife, hellrothe Haare; sehr durchscheinend, dünnschaalig, gewürzhaft süß. — E. Jul. A. A. — Zw. aufw.	P. 138 a.	
273. Gebhard.	L. 1,25″. D. 1,04″. G. 252 Gr. Auch rundlich; beim Stiele eingedrückt, und durch die Samenstränge in 2 Hälften getheilt. Carmoisinroth, an wenigen Stellen weißlich roth, besonders bei der Blume; Adern dunkler, mit weißlich gelben Punkten; nicht viele, lange, steife, rothe Haare; wenig durchscheinend, ziemlich dickschaalig, viel Fleisch, angenehm, doch nicht süß. — E. Jul. — Zw. seitw.	P. 279 a.	Diese Duke of Bedford genannte Beere soll **gelb** oder **grün** sein; der Name wäre daher **falsch.**
274. Gotthard. Rifleman, Leigh's. **Aucock's Duke of York. Youtes's Royal Anne. Grange's Admirable. Th.**	L. 1,19″. D. 0,96″. G. 186 Gr. Weißlich carmoisinroth, an der Sonnenseite schön purpurroth; Adern röthlich gelb, mit vielen grünlich gelben Punkten; netzartige rothe Flecken auf der Haut; viele, lange, steife, dunkelrothe Haare, wenig durchscheinend, dünnschaalig, sehr süß. — M. Jul. — Zw. aufw.	P. 267	Der Stock trägt reichlich

Allgemeine Kennzeichen: I. **Roth.** C. **Haarig.** 3. **Elliptisch.**			
Name der Beere.	Besondere Kennzeichen.	Des Cultivateurs Name.	Nr.	Bemerkungen.
275. Helfrich. Ramsay Seedling.	L. 1,21". D. 1,01". G. 233 Gr. L. 1,34". D. 0,93". G. 223 Gr. Ist bei den Samensträngen etwas eingedrückt. Weißlich carmoisinroth, an der Sonnenseite dunkler, an der Blume lichter; Adern weißlich roth, mit vielen, gelblich weißen Punkten; viele, lange, steife, rothe Haare; ziemlich durchscheinend, dünnschaalig, sehr süß. — E. Jul. A. A. — Zw. seitw.	P.	66.	
276. Geminian. Crown Bob, Melling's.	L. 1,50". D. 0,99". G. 274 Gr. Einige eiförmig. Carmoisinroth; Adern lichter, mit gelblich weißen Punkten; ziemlich viele, lange, steife, dunkelrothe Haare; etwas durchscheinend, dünnschaalig, angenehm süß. — M. Jul. A. A. — Zw. seitw.	P.	34.	Unter dem falschen Namen Jolly Tar erhalten, welche eine **grüne** Beere trägt.
277. Gotthelf. Prince Boy.	L. 1,11". D. 0,96". G. 194 Gr. elliptisch. L. 1,46". D. 1,05". G. 276 Gr. eiförmig. Dunkelcarmoisinroth, an der Blume etwas lichter; Adern dunkler, mit weißlichen gelben Punkten; wenige, lange, steife, rothe Haare; etwas durchscheinend, sehr dünnschaalig, viel Fleisch, sehr süß. — M. Jul. A. A. — Zw. abw.	P.	104.	
278. Godomar.	L. 1,19". D. 1,00". G. 231 Gr. Auch rundlich. Hellpfirschblüthroth, an der Sonnenseite dunkler; Adern weißlich roth, mit vielen weißlich grünen Punkten; netzartige dunkelrothe Flecken auf der weißlich rothen Haut; viele, lange, steife, rothe Haare; etwas durchscheinend, sehr angenehm süß. — M. Jul. — Zw. abw.	P.	254.	Als Warrington Red erhalten, ist aber in allen Kennzeichen davon verschieden.
279. Hellmuth. Sämling.	L. 0,95". D. 0,65". G. 81 Gr. Pfirschblüthroth; Adern lichter, mit gelblich weißen Punkten; ziemlich viele, kurze, steife, rothe Haare; sehr stark durchscheinend, ziemlich dünnschaalig, säuerlich süß. — M. Jul. — Zw. aufw.	P.	222.	Eine **schöne, frühreifende** Beere.
280. Hunibert. Huntsman, Bratherton's. Rough Robin, Speechley's. Th.	L. 1,21". D. 1,08". G. 262 Gr. L. 1,29". D. 1,05". G. 264 Gr. Ueber den Samensträngen eine Furche, die beim Stiele tiefer ist, so daß derselbe tiefer liegt und die Beere in 2 Kugelhälften getheilt wird. Dunkelpfirschblüthroth, bei der Blume lichter; Adern lichter, mit gelblich weißen Punkten, viele dunkelrothe Punkte und Adern auf der Haut; ziemlich viele, etwas lange, steife, dunkelrothe Haare; etwas durchscheinend, dünnschaalig, gewürzhaft angenehm süß. — M. u. E. Jul. — Zw. seitw.	P.	33.	

Allgemeine Kennzeichen:	I. **Roth.** C. **Haarig.** 3. **Elliptisch.**			
Name der Beeren.	Besondere Kennzeichen.	Des Cultivateurs		Bemerkungen.
		Name.	Nr.	
281. Guido=bald. Boardman's Red.	L. 1,29". D. 1,07". G. 277 Gr. Kirschroth, an der Blume pfirsichblüth= roth; Adern pfirsichblüthroth, mit ziem= lich vielen, röthlich weißen Punkten; viele, lange, steife, dunkelrothe Haare; ziemlich durchscheinend, sehr dünnschaalig, sehr angenehm süß. — A. A. und später noch. — Zw. abw.	P.	97.	
282. Goliath. Schoolmaster.	L. 1,57". D. 1,12". G. 360 Gr. Kirschroth, auf schmutzig grünem Grunde, um die Blume purpurroth; Adern dunk= ler, mit gelblich weißen Punkten, auf der Schattenseite sind die Adern gelblich weiß; viele, lange, steife, rothe Haare; sehr wenig durchscheinend, etwas dick= schaalig, sehr süß, fleischig. — M. Jul. A. A. — Zw. aufw.	P.	96. 260.	.
283. Habakuk. Bullfinch.	L. 1,36". D. 1,09". G. 300 Gr. Kirschroth; Adern lichter, mit gelblich weißen Punkten; roth gesprengelt auf grünlich gelbem Grunde; wenige, lange, steife, rothe Haare; sehr wenig durch= scheinend, dickschaalig, sehr süß, fleischig. — E. Jul. — Zw. seitw.	P.	277 a.	
284. Gentilis. Beauty of Ork= ney.	L. 1,25". D. 1,05". G. 242 Gr. Kirschroth, fein gesprengelt auf grasgrü= nem Grunde; Adern grünlich gelb, mit gelblich weißen Punkten; ziemlich viele, kurze, steife, rothe Haare; ziemlich durch= scheinend, dünnschaalig, sehr süß. — E. Jul. A. A. — Zw. abw.	P.	227.	-
285. Hermen=gild. Lanca= shire Lad, Hartshorn's.	L. 1,37". D. 1,04". G. 276 Gr. L. 1,25". D. 1,09". G. 284 Gr. Mehrere rundlich. Kirschroth; roth ge= sprengelt auf röthlich gelbem Grunde; Adern etwas lichter, wenig sichtbar, mit grünlich weißen Punkten; wenige, lange, steife, rothe Haare, aber nach der Blume zu glatt; wenig durchscheinend, dickschaa= lig, säuerlich süß, fleischig. — M. u. E. Jul. — Zw. anfw.	P.	260 a. 314.	Guttragend.
286. Gode=mar.	L. 1,19". D. 1,09". G. 270 Gr. rundlich. L. 1,43". D. 0,97". G. 253 Gr. elliptisch, einige eiförmig. Kirschroth; Adern dunk= ler, mit weißen Punkten; netzartige, schmutzig grüne Flecken durch die Haut scheinend; viele, lange, steife, rothe Haare; nicht durchscheinend, dünnschaa= lig, sehr fleischig, sehr angenehm süß. — E. Jul. — Zw. seitw.	P.	306 a.	

Allgemeine Kennzeichen: 1. **Roth.** C. **Haarig.** 3. **Elliptisch.**

Name der Beere.	Besondere Kennzeichen.	Des Cultivateurs Name.	Nr.	Bemerkungen.
287. Helisäus.	L. 1,31". D. 1,12". G. 293 Gr. Kirschroth; Adern lichter, mit grünlich weißen Punkten; über den Samensträngen etwas eingedrückt; viele, lange, steife, rothe Haare; wenig durchscheinend, dünnschaalig, sehr süß. — M. u. E. Jul. — Zw. aufw.	P.	268.	Mit dem Namen Royal Gunner bezeichnet, jedoch fälschlich, weil diese Sorte **gelb** ist.
288. Grimald. Royal Forrester.	L. 1,14". D. 0,95". G. 200 Gr. elliptisch. L. 1,40". D. 0,96". G. 226 Gr. Kirschroth, auch carmoisinroth; Adern lichter, mit gelben und gelblich grünen Punkten; viele, ziemlich lange, steife, rothe Haare; etwas durchscheinend, ziemlich dünnschaalig, gewürzhaft, angenehm süß. — E. Jul. — Zw. seitw.	P.	11.	Eine **schöne** Beere.
289. Harpalus. Long red.	L. 1,40". D. 1,07". G. 298 Gr. elliptisch. L. 1,56". D. 0,91". G. 241 Gr. birnförm. Kirschroth; Adern gelblich roth, mit weißlich grünen Punkten; gelblich roth durch die Haut scheinend; sehr wenige, steife, rothe Haare, beinahe glatt; fast undurchsichtig, sehr dickschaalig, sehr süß. — M. Jul. A. A. — Zw. abw.	P.	110.	
290. Gerfried.	L. 1,48". D. 1,18". G. 357 Gr. Schmutzig kirschroth, auf der Sonnenseite ganz dunkel; Adern lichter, mit vielen grünlich weißen Punkten; rothe adernartige Zeichnungen auf durchscheinenden schmutzig grünem Grunde; viele lange, steife, rothe Haare; sehr wenig durchscheinend, dickschaalig, sehr süß. — M. Jul. A. A. — Zw. seitw.	P.	75.	Fälschlich als Langley Green bezeichnet, welche Sorte **grün** ist.
291. Hektor. Hector.	L. 1,12". D. 0,97". G. 201 Gr. Schmutzig kirschroth; grün durch die Haut scheinend; Adern dunkler, mit vielen gelblich weißen Punkten; ziemlich viele, lange, steife, dunkelrothe Haare; wenig durchscheinend, etwas dickschaalig, sehr süß. — M. u. E. Jul. — Zw. seitw.	P.	121.	
292. Gustavian. Beauty of England, Hamlet's Th.	L. 1,26". D. 0,97". G. 230 Gr. elliptisch. L. 1,05". D. 0,90". G. 155 Gr. birnförm. Dunkelkirschroth, mit braun gefleckt und geflammt; Adern lichter, wenig sichtbar, mit wenigen grünlich gelben Punkten; auf der Schattenseite hellroth geflammt und geadert; wenige kurze, dunkelrothe Haare; beinahe glatt, glänzend; fast undurchsichtig, etwas dickschaalig, nicht sonderlich süß. — E. Jul. A. A. — Zw. seitw.	P.	15.	

Allgemeine Kennzeichen: **I. Roth. C. Haarig. 3. Elliptisch.**

Name der Beere.	Besondere Kennzeichen.	Des Cultivateurs Name.	Nr.	Bemerkungen.
293. Gorgon.	L. 1,09″. D. 0,87″. G. 159 Gr. Dunkelkirschroth; Adern lichter mit gelblich weißen Punkten; schmutzig olivengrün durch die Haut scheinend; lange, steife, rothe Haare; nicht durchscheinend, dünnschaalig, sehr süß, fleischig. — E. Jul. — Zw. seitw.	P.	52 a.	Der beigelegte Name Thorpe's Green, ist falsch.
294. Gelasius.	L. 1,08″. D. 0,85″. G. 116 Gr. Einige sind an den Samensträngen eingedrückt. Dunkelkirschroth; Adern lichter, wenig sichtbar, mit wenigen weißen Punkten; nicht viele, sehr steife, stachelartige, rothe Haare; nicht durchscheinend, dickschaalig, sehr fleischig, süß. — M. Jul. — Zw. seitw.	P.	349.	
295. Ibrahim. Captain. Red.	L. 0,92″. G. 0,81″. G. 110 Gr. Dunkelkirschroth; Adern lichter, mit sehr wenigen weißen Punkten; viele, lange, steife, rothe Haare; sehr wenig durchscheinend, sehr dünnschaalig, recht angenehm süß. — M. Jul. — Zw. aufw.	P.	329.	
296. Hippolyt.	L. 1,16″. D. 0,94″. G. 200 Gr. Auch rundlich. Dunkelkirschroth, auf schmutzig grünem Grunde; Adern grünlich gelb, mit gelblich weißen Punkten; viele, lange, starke, rothe Haare; wenig durchscheinend; dickschaalig, sehr angenehm süß. — A. A. — Zw. seitw.	P.	61 a.	Fälschlich Perfection, Gregory's, genannt, von welcher Sorte die Beere grün ist.
297. Isaak. Goose Leb?	L. 1,29″. D. 1,02″. G. 256 Gr. Dunkelkirschroth, schmutzig grün durch die Haut scheinend; Adern dunkler, wenig sichtbar, mit gelblich weißen Punkten; ziemlich viele, steife, starke, rothe Haare; wenig durchscheinend, dickschaalig, fleischig, sehr angenehm süß. — A. A. — Zw. aufw.	P.	244 a.	
298. Herkules. Hercules.	L. 1,00″. D. 0,85″. G. 140 Gr. Dunkelkirschroth; Adern dunkler, wenig sichtbar, mit wenigen gelben Punkten; viele lange, stachelähnliche, rothe Haare; nicht durchscheinend, dünnschaalig, sehr süß. — E. Jul.	Möhring.		
299. Ildephons.	L. 1,16″. D. 0,90″. G. 181 Gr. L. 1,19″. D. 1,02″. G. 231 Gr. Braunroth, Adern lichter, mit gelblichen Punkten; nicht sehr viele, nicht sehr lange, steife, braunrothe Haare, undurchsichtig, dünnschaalig, angenehm gewürzhaft süß. — E. Jul. A. A. — Zw. abw.	P.	28.	Fälschlich als Speedwell bezeichnet, weil diese Sorte eine weiße Beere hat.

Allgemeine Kennzeichen: I. **Roth. C. Haarig. 3. Elliptisch. 4. Länglich.**

Name der Beere.	Besondere Kennzeichen.	Des Cultivateurs		Bemerkungen.
		Name.	Nr.	
300. Hila-rius. Royal Oak, Boardman's.	Sehr groß, dunkelroth, sehr haarig, Geschmack sehr gut; reift A. Jul. Hat der Petersilie ähnliche Blätter.			
301. Hubert. Pollet's Seedling. Th.	Groß, dunkelroth, Geschmack ziemlich süß. — Zw. seitw.			
302. Juvenal. Cornwall. Th.	Groß, dunkelroth, Geschmack ziemlich süß. — Zw. abw.			
303. Janus. Matchless Wright's. Th.	Mittelgroß, dunkelroth, ziemlich süß. — Zw. abw.			
304. Immanuel. Rewarder.	Sehr groß, sehr schön, hellroth, Adern roth und weiß; viele starke, rothe Haare; sehr angenehm süß. — M. Jul.			Eine der besten Sorten.
305. Hilmar. Redfinch.	Adern roth, sehr wenige Härchen, etwas durchsichtig, gutschmeckend. — E. Jul.			
306. Hippokrates. Red Wolf.	Groß, Adern hellroth, viele Härchen, gutschmeckend. — A. A.			
307. Jakob. Duke of Lancaster.	Mittelgroß; Adern hellroth; sehr einzelne rothe Härchen, angenehm weinsäuerlich. — M. Jul.			Eine treffliche Sorte.
308. Isidor. Agate.	Schön; mittelgroß; Adern weiß; rothe Härchen, von gutem Geschmack. — A. A.			
309. Horatius. Overall, Bratherton's. Th.	Groß, wohlschmeckend. — Zw. abw.			
310. Jodokus. Cheshire Lady. Th.	Mittelgroß, Geschmack vorzüglich, frühreifend. — Zw. aufw.			
311. Glorreich. Glory of Oldham. Th.	Mittelgroß, gutschmeckend. — Zw. seitw.			
	I. **Roth. C. Haarig. 4. Länglich.**			
312. Hieronymus. Seedling, Kloken's.	Groß, schön; rosenroth, etwas starke Härchen; gutschmeckend. — M. Jul.			
313. Huldreich. Thorpe's Master Wolfe.	Ziemlich groß; hochroth; Adern weiß, sehr haarig, sehr wohlschmeckend. — M. A.			
314. Joseph. Red Joseph.	Mittelgroß; schön; Adern weiß, rothe Härchen, gutschmeckend. — A. A.			
315. Jesaias. Hep.	Nicht sehr groß; Adern weiß, rothe Härchen; gutschmeckend. — A. A.			

Allgemeine Kennzeichen: I. **Roth.** C. **Haarig.** 4. **Länglich.** 5. **Eiförmig.**

Name der Beere.	Besondere Kennzeichen.	Des Cultivateurs Name.	Nr.	Bemerkungen.
316. Hesekiel. Goggle-eyed.	Nicht sehr groß; dunkelroth; Adern weiß; rothe Härchen oder vielmehr Stacheln; gutschmeckend. — E. Jul.			
317. Geldrich. Alchimist.	Ansehnlich groß; dunkelroth; Adern hellroth; rothe Härchen; von gutem Geschmack. — M. Jul.			
318. Gandolph. Wilmot's Red Seedling.	Groß, dunkelroth; stark bebaart; sehr wohlschmeckend. — A.			
319. Helmold. Late Damson.				
320. Hamilkar. Platt's Red.				
	1. **Roth.** C. **Haarig.** 5. **Eiförmig.**			
321. Helvetius. Atlas, Brundrett's. Th.	L. 1,32". L. 1,03". G. 253 Gr. Mehrere rund, rundlich. Scharlachroth; Adern lichter, mit wenigen gelblichen Punkten; wenige, kurze, steife, rothe Haare; etwas dickschalig, ziemlich durchscheinend, angenehm süß. — M. u. E. Jul. — Zw. abw.	P.	84.	
322. Gottlieb. Bang-up, Tyrer's. Th.	L. 0,88". D. 0,73". G. 79 Gr. Soll groß werden. Carminroth; Adern lichter, mit gelblichen Punkten; kurze rothe Haare; durchscheinend; ziemlich dünnschalig, nicht sonderlich süß. — A. A. — Zw. abw.			
323. Glycerius.	L. 1,23". D. 0,85". G. 174 Gr. Viele rundlich. Dunkelpurpurroth; Adern lichter, mit wenigen gelben Punkten; viele, ziemlich lange, starke, purpurrothe Haare; die Haut roth geädert; stark durchscheinend, ziemlich dünnschalig, süß. — M. Jul. u. A. A. — Zw. seitw.	P.	40.	Fälschlich Peacock benannt; denn die Sorte dieses Namens ist **grün.** Eine **schöne Beere.**
324. Gero.	L. 1,28". D. 0,87". G. 166 Gr. eiförmig. L. 1,03". D. 0,85". G. 136 Gr. birnförmig. Mordoreroth; Adern pfirsichblüthroth, mit vielen gelben Punkten; viele, rothe, steife Haare; etwas durchscheinend, etwas dickschalig süß. — E. Jul. A. A. — Zw. seitw.	P.	27.	Der mitgetheilte Name dieser Sorte: Langley green, ist falsch, welche nach Th. eine **grüne** Beere trägt.
325. Hellwig. Matchless, Thorpe's.	L. 0,88". D. 0,78". G. 100 Gr. Kirschroth, roth gesprengelt auf röthlich gelbem Grunde; Adern gelblich roth, mit grünlich weißen Punkten; viele, lange, steife, rothe Haare; durchscheinend, dickschalig, süß, fleischig. — E. Jul. — Zw. aufw.	P.	34 a.	

Allgemeine Kennzeichen: I. **Roth.** C. **Haarig.** 5. **Eiförmig.**				
Name der Beere.	Besondere Kennzeichen.	Des Cultivateurs Name.	Nr.	Bemerkungen.
326. Gunde-bert.	L. 1,25". D. 0,90". G. 186 Gr. L. 1,24". D. 1,02". G. 261 Gr. Kirschroth, dunkler und heller; Adern dunkel kirschroth, mit grünlich weißen Punkten; viele, lange, steife, rothe Haare; dünnschaalig, sehr süß. — M. u. E. Jul — Zw. seitw.	P.	270.	Fälschlich Invincible benannt, da die Sorte dieses Namens nach Th gelb ist.
327. Herman-fried. Pastime, Bratherton's. Th.	L. 1,33". D. 0,97". G. 225 Gr. Kirschroth; Adern dunkler, mit grünlich gelben Punkten; wenige, kurze, steife, rothe Haare; etwas durchscheinend, etwas dickschaalig, säuerlich süß. — E. Jul. u. A. A. — Zw. seitw.	P.	324.	Ausnahmsweise finden sich öfter Deckblättchen an den Seiten der Frucht.
328. Geisel-brecht. Commander.	L. 1,28". D. 1,05". G. 245 Gr. Braunroth, bei der Blume pfirsichblüthroth; Adern dunkler, mit sehr kleinen grauen und rothen Punkten; wenige kurze, aber etwas starke, braune Haare; undurchsichtig, etwas dickschaalig, sehr angenehm süß. — A. A.	Möhring.		
329. Heine-cius. Foxhunter, Bratherton's.	L. 1,34". D. 1,01". G. 250 Gr. An der Sonnenseite braunroth, an der Schattenseite carmoisinroth, an der Blume dunkelpfirsichblüthroth; Adern lichter, mit vielen grünlich weißen Punkten; viele, ziemlich lange, starke, rothbraune Haare; sehr wenig durchscheinend; ziemlich dünnschaalig, säuerlich süß. — M. Jul. A. A. — Zw. seitw.	P.	21.	
330. Homer. Nabob.	Schön, mittelgroß; Adern hellroth; viele rothe Härchen; angenehm süß. — E. Jul.			
331. Joel. Floramour.	Schön, nicht sehr groß; Adern hellroth; sehr feine Härchen; trefflich schmeckend. — A. A.			
332. Gott-schalk. Descendent.	Ansehnlich groß; Adern hellroth, starke Haare oder Stacheln; sehr angenehm süß. — E. Jul. A.			
333. Isokra-tes. Red Oval, Large. Th.	Groß; stark behaart; sehr wohlschmeckend. — A. — Zw. seitw.			
334. Hilpert. Yaxley Hero, Speechley's. Th.	Groß; stark behaart; sehr wohlschmeckend. — A. — Zw. aufw.			
335. Gerwin. Rob Roy. Th.	Mittelgroß; sehr wohlschmeckend; sehr früh reifend. — Zw. aufw.			
336. Josua. Sir Francis Burdett, Mellor's. Th.	Groß, wohlschmeckend. — Zw. aufw.			

Allgemeine Kennzeichen: I. Roth. C. Haarig. 5. Eiförm. 6. Birnförm.

Name der Beere.	Besondere Kennzeichen.	Des Cultivateurs Name. Nr.	Bemerkungen.
337. Israel. Alexander. Th.	Groß, wohlschmeckend. — Zw. seitw.		
338. Julian. Triumphant, Denny's. Th.	Groß, wohlschmeckend. — Zw. abw.		
339. Hiltin. Defiance, Worthington's.	Groß, wohlschmeckend. — Zw. abw.		
340. Herold. Conqueror, William's. Th.	Groß, wohlschmeckend. — Zw. abw.		
	I. Roth. C. Haarig. 6. Birnförmig.		
341. Ismael. British Crown, Boardman's. Th.	Rundlich und sehr groß, nach Th. — Dunkelkirschroth; Adern dunkler, wenig sichtbar, mit gelblich weißen Punkten; sehr wenig Haare, mehr glatt; wenig durchscheinend, sehr dünnschaalig, süß, sehr fleischig, so daß man das ganze Fleisch der Beere, ohne zu zerfließen, aus der Schaale drücken kann. — E. Jul. — Zw. seitw.	Möhring.	
342. Frasklion. Peace Maker Oliver.	L. 1,24". D. 1,09". G. 275 Gr. Auch mehrere rundlich. Kirschroth; Adern lichter, mit sehr vielen gelblichen und röthlich weißen Punkten; apfelgrüne Flecken durch die Haut scheinend; viele, kurze, weiße, rothe Haare; etwas durchscheinend, sehr dünnschaalig, sehr angenehm süß. A. A. — Zw. seitw.	P. 198	

Grüne Stachelbeeren,

haben männliche Namen mit den Anfangsbuchstaben von **K** bis **Z**.

1. Glatte   K — N.
2. Wollige   O — R.
3. Haarige   S — Z.

Name der Beere.	Besondere Kennzeichen.	Des Cultivateurs Name.	Nr.	Bemerkungen.
	II. Grün. A. Glatt. 1. Rund.			
343. Kamill. Bumper.	L. 0,87″. G. 106 Gr. Apfelgrün; Adern zeisiggrün; dunkelrothe Flecken und Punkte auf der Haut an der Sonnenseite; durchscheinend, dünnschaalig, angenehm gewürzhaft süß. — A. A.	Möhring.		
344 Lorenz. Balloon.	L. 1,11″. D. 1,02″. G. 210 Gr. Die Beeren sind beim Stiele über den Samensträngen vertieft. — Apfelgrün; Adern lichter, mit grünlich weißen Punkten, stark durchscheinend, etwas dickschaalig, süß. -- A. A. — Zw. seitw.	P.	97 a.	
345. Karl. Lord Byron, Plat's.	L. 0,80″. G 91 Gr. Gelblich apfelgrün; Adern citronengelb, mit weißlich grünen Punkten; glänzend, glatt; sehr durchscheinend, dünnschaalig, säuerlich süß. — C. Jul.	Möhring.		
346. Makar.	L. 0,80″. G. 117 Gr. Blaß apfelgrün; Adern gelblich weiß; weiße Punkte durch die Haut scheinend, etwas dickschaalig, sehr süß. — C. Jul. Zw. aufw. — Eine schöne Beere.	P.	9 a.	Als Billy Dean, Shaw's, erhalten, von welcher Sorte aber nach Th. die Beere roth ist.
347. Kasimir.	L. 0,75″. D. 0,44″. G. 75 Gr. Licht grasgrün; Adern grünlichgelb, mit wenigen gelblich weißen Punkten; bei einigen rothe Flecken an der Sonnenseite; ziemlich durchscheinend, sehr dünnschaalig, sehr süß, wenige Kerne. — A. A. — Zw. seitw.	P.	75 a.	Der dieser Sorte beigelegte Name Golden Hercules, Mason's, ist wohl falsch.
348. Leopold.	L. 1,00″. D. 0,94″. G. 164 Gr. Schön, grasgrün; Adern weißlich grün, mit wenigen gelblich weißen Punkten; kleine gelblich weiße Flecken durch die Haut scheinend; rothe Flecken auf der Haut; dickschaalig, sehr süß. — A. A. Zw. seitw.	P.	111.	Als Victory, Lomas's, erhalten, welche Sorte aber nach Th. eine rothe Beere trägt.

Allgemeine Kennzeichen: II. Grün. A Glatt. 1. Rund.

Name der Beere.	Besondere Kennzeichen.	Des Cultivateurs Name.	Nr.	Bemerkungen.
349. Klemens. Alexander, Rawlinson's.	L. 0,90". D. 0,85". G. 126 Gr. Licht grasgrün, an der Blume weißlich; Adern lichter, mit grünlich weißen Punkten; netzartige grünlich weiße Flecken durch die Haut scheinend; dickschaalig, sehr angenehm süß. — A. A. — Zw. seitw.	P.	169.	
350. Martin. White Green, Adam's.	L. 0,95". D. 0,89". G. 142 Gr. Grasgrün mit weißlichen Flecken; Adern lichter, mit grünlich weißen Punkten; glatt, glänzend; sehr durchscheinend, dünnschaalig, sehr süß. — E. Jul. — Zw. aufw.	P.	231 a.	
351. Max. Gently Green, Shelmardine's.	L. 0,90". G. 133 Gr. Grasgrün; Adern lichter, mit grünlich weißen Punkten; Rothe Flecken auf der Sonnenseite; ziemlich durchscheinend, dünnschaalig, angenehm süß. — E. Jul. A. A. — Zw. seitw.	P.	55 a.	
352. Markus.	L. 0,63". G. 53 Gr. Grasgrün; Adern lichter, besonders an der Blume, mit wenigen grünlich weißen Punkten; glänzend, glatt, aber doch auch sehr wenige, kurze, weiße Haare; sehr durchscheinend, sehr dünnschaalig, sehr süß. — E. Jul. — Zw. aufw.	P.	246 a.	Der beigefügte Name Yellow Top, Chapman's, ist wohl falsch.
353. Linus. Green Lined, Taylor's.	L. 0,89". D. 0,82". G. 121 Gr. Grasgrün; Adern gelblich grün, mit sehr wenigen grünlich gelben Punkten; über die ganze Beere weißlich grüne Punkte durch die Haut scheinend; wenige rothe Flecken auf der Haut; dünnschaalig, nicht sonderlich süß. — A. A. — Zw. aufw.	P.	6 a	
354. Lucius.	L. 0,61". D. 0,57". G. 40 Gr. Grasgrün; Adern weißlich grün, mit wenigen lichtern Punkten; glänzend, glatt, mit sehr wenigen, kurzen, weißen Haaren; sehr durchscheinend, glasartig, dünnschaalig, sehr angenehm süß. — A. A. — Zw. seitw.	P.	43 a.	Der Name White Imperial, Stafford's scheint falsch zu sein.
355. Manfred. Hardy, Lipny's.	L. 0,91". D. 0,85". G. 123 Gr. Schmutzig bräunlich grasgrün; Adern lichter mit gelben Punkten; wenige rothe Flecken; glänzend; sehr durchscheinend, dünnschaalig, sehr angenehm süß. — E. Jul. — Zw. abw.	P.	68 a.	
356. Kajetan.	L. 0,79". D. 0,76". G. 89 Gr. Dunkelgrasgrün; Adern weißlich grün, mit gelblichen Punkten; wenig durchscheinend, dünnschaalig, gewürzhaft süß. — E. Jul.	P.	94 a.	Der Name Smooth White ist wohl falsch. Vielleicht ist es Smooth Green, Large.

Allgemeine Kennzeichen: II. Grün. A. Glatt. 1. Rund.

Name der Beere.	Besondere Kennzeichen.	Des Cultivateurs Name.	Nr.	Bemerkungen.
357. Levin. Pomme Water.	Kugelrund, auch länglich; hellgrün; Adern hellgrün; glatt, doch auch wenige, weiße Härchen; Geschmack vortrefflich. — E. Jul., auch spät im A.			
358. Karlmann. Grey.	Fast kugelrund, ansehnlich groß, weißgrünlich; Adern weiß; an der Sonnenseite sehr häufig getüpfelt. A. A.			
359. Manasse. Green Sugar.	Mittelgroß, hellgrün; Adern weiß, wohlschmeckend. — E. Jul.			
360. Lambert. Bald Head.	Kugelrund, groß, gelblich grün, Adern weiß; an der Sonnenseite weiß getüpfelt, sehr angenehm von Geschmack. — E. Jul.			
361. Karus. Gore-belly.	Fast kugelrund, groß, gelbgrün, Adern weiß; durchsichtig, sehr gutschmeckend. — A. A.			
362. Mutius. Muscadel.	Fast kugelrund, groß, grün; Adern weiß; sehr gutschmeckend. — A. A.			
363. Kassiodor. General Howe.	Fast kugelrund, mittelgroß, grün, Adern weiß; sehr angenehm schmeckend. — E. Jul.			
364. Konon. Jacey.	Mittelgroß; grün; Adern weiß; Geschmack sehr trefflich. — M. Jul.			
365. Klarus. Glass-globe.	Fast kugelrund, ansehnlich groß; grün; Adern weiß; Geschmack trefflich. — M. Jun.; eine der frühesten Sorten.			
366. Konrad. Carriage Away.	Kugelrund, groß, grün; Adern hellgrün; durchsichtig, gutschmeckend. — E. Jul.			
367. Mars. Dragon Gray's.	Fast kugelrund, groß, grün; Adern hellgrün, gewürzhaft schmeckend. —			
368. Laertius. Boardman's Green Oak. Th.	Kugelrund (Th. rundlich), groß, grün; glatt (Th. haarig), wohlschmeckend. — E. Jul. A. A. — Zw. aufw. (Th.)			
369. Kastor. Sabine's Green. Th.	Klein, glatt (Th. fein behaart); sehr wohlschmeckend. — A. — Zw. settw.			
370. Nasar. Green Globe. Th.	Mittelgroß, wohlschmeckend. — Zw. seitw.			
371. Kassius. Green Gooseberry.	Kugelrund, groß, hell.			
372. Lars. Greeng? Seedling.				

Allgemeine Kennzeichen: II. Grün. A. Glatt. 2. Rundlich.			
Name der Beere.	Besondere Kennzeichen.	Des Cultivateurs Name. Nr.	Bemerkungen.
	II. Grün. A. Glatt. 2. Rundlich.		
373. Marquard.	L. 0,92". D. 0,82". G. 116 Gr. Licht apfelgrün, mit weißlichen Punkten durch die Haut scheinend; Adern grünlich gelb, mit sehr wenigen weißlichen Punkten; rothe Flecken auf der Haut; glatt, glänzend, sehr durchscheinend, dünnschaalig, außerordentlich wohlschmeckend. — E. Jul. A. A. — Zw. aufw.	P. 54a.	Als Scented Limon, Rider's, erhalten. Der Name ist aber falsch, da die also genannte Sorte nach Th. **rothe** Beeren hat.
374. Kaspar.	L. 1,01". D. 0,93". G. 174 Gr. Apfelgrün; Adern grünlich weiß, mit gelblich weißen Punkten; einzelne rothe Flecken auf der Haut; sehr durchscheinend, dickschaalig, sehr angenehm süß. — M. Jul. A. A.	P. 79.	Als Bonny Lass erhalten, von welcher Sorte aber, nach Th., die Beere **weiß und haarig** ist.
375. Lätus. Glory of Kingston, Needham's.	L. 1,15". G. 261 Gr. Rundlich, auch birnförmig; apfelgrün; Adern grünlich weiß, mit wenigen gelblich weißen Punkten; glatt, glänzend; sehr durchscheinend, dünnschaalig, süß. — M. Jul. — Zw. seitw. Ist schlecht tragend.	P. 214.	
376. Klotar.	L. 0,74". D. 0,69". G. 70 Gr. Apfelgrün; Adern gelblich weiß, mit weißen Punkten; ziemlich durchscheinend, dünnschaalig, sehr süß. — E. Jul. — Zw. aufw.	P. 239.	Soll Bright Venus, Chetam's sein, von welcher Sorte aber die Beere **roth** ist.
377. Larion.	L. 0,69". D. 0,66". G. 57 Gr. Blaß apfelgrün, beinahe grünlich weiß; Adern lichter, mit weißen Punkten; etwas durchscheinend, ziemlich dünnschaalig, nicht sonderlich von Geschmack. — A. A. — Zw. seitw.	P. 123a.	Washington Clayton's benannt, von welcher Sorte aber die Beere **gelb** ist.
378. Martin. Diogenes, Coe's. Th.	L. 0,90". D. 0,96". G. 150 Gr. Apfelgrün, an der Blume lichter, mit weißlichen Flecken durch die Haut scheinend; Adern grünlich weiß, mit weißlichen Punkten; am Stiele an den Saumensträngen ringsum viele rothe Flecken, ziemlich durchscheinend, sehr wohlschmeckend. — E. Jul. — Zw. seitw.	P. 252a.	
379. Novatus. Royal George, Nixon's. Th.	L. 0,86". D. 0,82". G. 103 Gr. Nach Th. oval. Apfelgrün, mit grünlich weißen Flecken; Adern lichter, mit grünlich weißen Punkten; einzelne, wenige rothe Flecken an der Sonnenseite, sehr durchscheinend, dünnschaalig, sehr süß. — E. Jul. — Zw. seitw. (Th. abw.). Eine schöne Beere.	P. 226a.	

Allgemeine Kennzeichen: II. Grün. A. Glatt. 2. Rundlich.

Name der Beere.	Besondere Kennzeichen.	Des Cultivateurs Name. Nr.	Bemerkungen.
380. Loth. Tornout.	Apfelgrün; Adern lichter, mit gelblich grünen Punkten; wenige rothe Flecken auf der Haut, stark durchscheinend. — E. Jul.	Möh- ring.	
381. Montan. Green Gage, Horsefield's. Th.	L. 0,81". D. 0,79". G. 100 Gr. Grasgrün; Adern apfelgrün, mit wenigen feinen, weißlich gelben Punkten, glatt, jedoch einzelne, nicht sehr lange, dünne, weiße Haare; sehr durchscheinend, dünn- schaalig, viel Fleisch, wenig Kerne, ange- nehm süß. — E. Jul. — Zw. seitw.	P.	215 b.
382. Konstant. Bendoe's Seed- ling.	L. 0,90". D. 0,80". G. 107 Gr. L. 1,06". D. 1,05". G. 215 Gr. Auch birnförmig. Grasgrün; Adern lichter mit grünen Punkten; an der Sonnenseite rothe Fle- cken; ziemlich durchscheinend, ziemlich dünnschaalig, säuerlich süß. — E. Jul. A. A. — Zw. seitw.	P. 57.	
383. Nicetas. Peacock, Lo- val's.	L. 1,25". D. 1,15". G. 311 Gr. Grasgrün, an der Blume grünlich weiß; Adern lichter, mit wenigen grünen Punk- ten; rothe Flecken auf der Haut, beson- ders auf den Adern; etwas durchscheinend, dickschaalig, süßlich. — M. Jul. A. A. — Zw. abw.	P. 311.	
384. Libe- rius.	L. 0,81". D. 0,70". G. 93 Gr. Grasgrün; Adern lichter, mit grünlich weißen Punkten; sehr durchscheinend, dick- schaalig, nicht sonderlich von Geschmack. — E. Jul. — Zw. seitw.	P. 127.	Als Rule Alv, Nay- den's erhalten, von welcher Sorte aber die Beere **weiß** sein soll.
385. Mode- rat.	L. 0,96". D. 0,85". G. 127 Gr. Grasgrün; Adern weißlich grün, mit gelblich weißen Punkten; glatt, beduftet; stark durchscheinend, dünnschaalig, süß, sehr wohlschmeckend. — E. Jul. — Zw. abw.	P. 363.	
386. Lionell.	L. 0,89". D. 0,78". G. 103 Gr. Schön grasgrün; Adern weißlich grün, mit grünlich weißen Punkten; ziemlich durchscheinend, dünnschaalig, gewürzhaft süß. A. A. — Zw. aufw.	P. 4 b.	Als White Cham- pion, Mill's erhal- ten. Ist viel- leicht Champagne Green.
387. Kunz. Pearmain, Ber- low's.	L. 0,91". D. 0,81". G. 115 Gr. Gelblich grasgrün; Adern weißlich gelb, mit sehr wenigen lichtern Punkten; rothe Flecken an der Sonnenseite, stark durch- scheinend, dünnschaalig, sehr süß. — A. A. — Zw. aufw.	P. 290 a.	

Allgemeine Kennzeichen: **II. Grün. A. Glatt. 2. Rundlich.**

Name der Beere.	Besondere Kennzeichen.	Des Cultivateurs Name.	Nr.	Bemerkungen.
388. Nikanor.	L. 0,99". D. 0,91". G. 158 Gr. Licht grasgrün; Adern lichter, mit vielen gelben Punkten; glatt, jedoch auch einzelne, sehr wenige, weiße Haare; sehr durchscheinend, dünnschaalig, sehr angenehm süß. — E. Jul. — Zw. aufw. — Eine **sehr schöne** Beere.	P.	217 a.	Als Rodney Ackerley's erhalten, welche Sorte aber eine **rothe** Beere hat.
389. Modest. Prince Ernest.	L. 0,96". D. 0,88". G. 144 Gr. Weißlich grün; Adern gelblich weiß, mit wenigen gelblichen Punkten; glatt, glänzend; sehr durchscheinend, glasartig; sehr dünnschaalig, süß, wässerig. — E. Jul. — Zw. aufw.	P.	76 a.	
390. Krispin. Plantagenet, Down's.	L. 0,95". D. 0,85". G. 131 Gr. Weißlich grün, an der Blume fast weiß; Adern grünlich weiß, mit wenigen weißlichen Punkten durch die Haut scheinend; dünnschaalig, sehr wohlschmeckend. — E. Jul. — Zw. aufw.	P.	194.	
391. Nikander. Delight, Thompson's.	L. 1,00". D. 0,88". G. 147 Gr. Weißlich grün, an der Blume lichter, fast weiß; Adern grünlich weiß, mit wenigen grünlichen Punkten; netzartige weiße Flecken durch die Haut scheinend; glatt, jedoch bei einigen sehr wenige, sehr lange, dünne, weiße Haare; ziemlich durchscheinend, dünnschaalig; sehr angenehm süß A. A. — Zw. aufw.	P.	73 a.	•
392. Mirus.	L. 0,87". D. 0,82". G. 105 Gr. Spargelgrün; Adern weißlich grün, mit gelben Punkten; gelblich weiße Punkte durch die Haut scheinend; glatt, glänzend; sehr durchscheinend, sehr dünnschaalig, gewürzhaft süß. — E. Jul.	Möhring.		Mit dem Namen Jubilee bezeichnet, von welcher Sorte aber die Beere nach Th. **dunkelroth** ist.
393. Kunibert.	L. 0,98". D. 0,87". G. 144 Gr. Bräunlich dunkelgrün, an der Blume ochergelb; Adern erbsgelb, mit grünen Punkten; rothe Flecken bei einzelnen; glatt, glänzend; etwas durchscheinend, dünnschaalig, nicht sonderlich süß, fleischig. — E. Jul. — Zw. abw.	P.	82 a.	Der mitgetheilte Name **Golden Conqueror**, Mason's, ist falsch. Die Beere dieser Sorte ist **gelb**.
394. Leontin. Light Green.	Theils rund, theils länglich, sehr groß; Adern hellgrün. — A. A.			
395. Marcell. Creping's Germings.	Rund und länglich; sehr groß; Adern weiß; süß und angenehm. — A.			
396. Kramer. Grape.	Theils rund, theils länglich; klein, grünlich weiß; Adern weiß, etwas durchsichtig. — E. Jul.			
397. Nestor. Jove.	Mittelgroß; weißlich grün; Adern weiß, durchsichtig, angenehm säuerlich. — M. Jul.			

Allgemeine Kennzeichen: **II. Grün. A. Glatt. 2. Rundlich. 3. Elliptisch.**

Name der Beere.	Besondere Kennzeichen.	Des Cultivateurs Name.	Nr.	Bemerkungen.
398. Minutius. Midsummer. Th.	Klein, wohlschmeckend, frühreifend. — Zw. aufw.			
399. Lothar. Amazon.	Theils rund, theils länglich; außerordentlich groß; sehr angenehm schmeckend. — M. Jul.			
400. Leo. Green Vicar.	Theils rund, theils lang; sehr groß.			
	II. Grün. A. Glatt. 3. Elliptisch.			
401. Melchior.	L. 1,10". D. 0,97". G. 191 Gr. Apfelgrün; Adern grünlich gelb, mit sehr wenigen grünen Punkten; rothe Flecken an der Sonnenseite; ziemlich durchscheinend, dünnschaalig, säuerlich süß. — M. u. E. Jul. — Zw. seitw.	P.	318.	Der mitgetheilte Name British Crown ist falsch. Die Beere dieser Sorte ist, nach Th. **roth.**
402. Kornel.	L. 1,12". D. 0,93". G. 186 Gr. Licht apfelgrün; Adern grünlich weiß, mit weißen Punkten; etwas durchscheinend, etwas dickschaalig, fleischig, süß. — E. Jul. — Zw. seitw.	P.	58 a.	Der Name Black Rose, Stanley's, zeigt schon, daß er falsch ist.
403. Runno. Non descrive.	L. 1,17". D. 1,02". G. 234 Gr. Weißlich apfelgrün; Adern grünlich weiß, mit wenigen weißlich grünen Punkten; durchscheinend, etwas dickschaalig, fleischig, süß. — E. Jul. A. A. — Zw. seitw.	P.	73.	
404. Normann. Northem Ocean.	L. 1,17". D. 0,86". G. 170 Gr. Ist auf den Samensträngen beim Stiele eingedrückt. Weißlich apfelgrün; Adern lichter, mit grünlich weißen Punkten; sehr stark durchscheinend, dünnschaalig, sehr angenehm süß. A. A. — Zw. abw.	P.	114 a.	
405. Ludwig.	L. 1,16". D. 1,00". G. 214 Gr. Schön apfelgrün, mit weißlichen Punkten durch die Haut scheinend; Adern grünlich weiß; bei einigen rothe Flecken auf der Haut, glänzend glatt; sehr durchscheinend, dünnschaalig, sehr süß. — E. Jul. A. A. — Zw. abw.	P.	28 b.	Der Name Sparklet, Knight's, ist falsch; die alt genannte Beere ist nach Th. **grünlich gelb und wollig.**
406. Matthäus. Wirning's Green.	L. 1,03". D. 0,76". G. 114 Gr. Apfelgrün; Adern gelblich grün, mit weißlich gelben Punkten; glänzend glatt, sehr durchscheinend, dünnschaalig, sehr angenehm süß. — E. Jul. — Zw. seitw.	P.	46 a.	
407. Kandidus. Smiling Mary.	L. 1,36". D. 1,03". G. 273 Gr. Apfelgrün; Adern gelblich grün, mit sehr wenigen grünen Punkten, stark durchscheinend, sehr dünnschaalig, süß. — M. u. E. Jul. — Zw. abw.	P.	258.	Eine andere unter demselben Namen in meinem Garten N. 113 a. ist **gelb.** Welche ist die richtige Sorte?

7

Allgemeine Kennzeichen: II. **Grün.** A. **Glatt.** **3. Elliptisch.**

Name der Beeren.	Besondere Kennzeichen.	Des Cultivateurs Name.	Nr.	Bemerkungen.
408. Lips. Ganntlet.	L. 1,35". D. 0,91". G. 273 Gr. Apfelgrün; Adern grünlich weiß, mit sehr wenigen grünen Punkten; sehr durchscheinend, dickschaalig, angenehm süß. — M. Jul. A. A. — Zw. seitw.	P.	118.	
409. Karsten. Brown's Jolly Gardener.	L. 1,37". D. 0,99". G. 218 Gr. Apfelgrün, bei der Blume grünlich weiß; Adern lichter, mit wenigen grünen Punkten; ziemlich durchscheinend, ziemlich dünnschaalig, süß. — E. Jul. — Zw. abw.	P.	263.	
410. Lupin.	L. 1,28". D. 0,88". G. 182 Gr. Auch birnförmig. Apfelgrün; Adern lichter, mit wenigen grünlich weißen Punkten, wenige rothe Punkte an der Sonnenseite; sehr durchscheinend, dünnschaalig, sehr süß. — E. Jul. A. A. — Zw. abw.	P.	76.	Der Name Highwayman, Speechley's, ist falsch. Die also genannte Sorte hat nach Th. eine **rothe** Beere.
411. Kilian. Chisel. Th.	L. 1,07". D. 0,83". G. 140 Gr. Einige rundlich, andere spulenförmig, noch andere nach Th. eiförmig. Apfelgrün; Adern lichter, mit grünlich weißen Punkten; ziemlich durchscheinend, etwas dickschaalig, säuerlich. — M. Jul. A. A. — Zw. seitw.	P.	315.	
412. Majoran.	L. 1,12". D. 0,95". G. 203 Gr. Apfelgrün, an der Blume grünlich weiß, grünlich weiße Flecken durch die Haut scheinend; Adern lichter, mit sehr wenigen weißlichen Punkten; an der Sonnenseite einzelne rothe Flecken; ziemlich durchscheinend, dünnschaalig, sehr viel Fleisch, süß. — E. Jul. — Zw. seitw.	P.	263 a.	Welchen Namen diese Sorte haben soll, kann ich nicht entziffern. Man hat sie Credmus yellow, Credmis yellow u. Bredmis yellow genannt.
413. Marius.	L. 1,04". D. 0,91". G. 168 Gr. Apfelgrün; Adern weißlich grün, mit weißlichen Punkten; sehr durchscheinend, sehr dünnschaalig, sehr süß. — E. Jul. — Zw. aufw.	P.	275 a.	Unter dem Namen Matchless erhalten, von welcher Sorte aber, nach Th., die Beere **dunkelroth** ist.
414. Kato.	L. 1,28". D. 1,01". G. 245 Gr. Licht apfelgrün, an der Blume gelblich weiß; Adern zeisiggrün, mit wenigen gelben Punkten; stark durchscheinend, ziemlich dünnschaalig, angenehm süß. — A. A.	Schmidt in Erfurt.		Soll Regulator sein, ist aber weder Regulator, Holt's, welche **roth**, noch Regulator, Prophet's, welche **gelb** sein soll.
415. Ludolf.	L. 1,20". D. 0,99". G. 214 Gr. Schön grasgrün; Adern apfelgrün, mit weißlich grünen Punkten; glatt, glänzend; sehr durchscheinend, sehr dünnschaalig, sehr süß. — E. Jul. A. A. — Zw. seitw.	P.	284. 43 a.	Der Name Imperial, Stafford's white, ist falsch. — Ist vielleicht Imperial Long Green.

Name der Beere.	Besondere Kennzeichen.	Des Cultivateurs Name.	Nr.	Bemerkungen.
416. Marimus. Green Dorrington.	L. 1,36". D. 1,01". G. 258 Gr. Grasgrün; Adern apfelgrün, mit wenigen weißlichen Punkten; ziemlich durchscheinend, fleischig, sehr süß. — E. Jul. — Zw. abw.	P.	330 a	
417. Kassian. Independent Green, Brigg's. Th.	L. 1,29". D. 0,89". G. 207 Gr. Einige birnförmig. Grasgrün, dem Apfelgrünen sich nähernd; Adern licht apfelgrün, mit wenigen gelblich grünen Punkten; glatt, glänzend, wenige mit ganz feiner Wolle; stark durchscheinend, dünnschaalig, sehr angenehm süß. M. u. E. Jul. — Zw. seitw.	P.	11.	
418. Lukrez. Green Ocean, Wainman's. Th.	L. 1,29". D. 1,07". G. 233 Gr. Einige auch eiförmig, andere birnförmig Grasgrün, an der Blume grünlich weiß; Adern licht grasgrün, mit wenigen hellgrünen Punkten; rothe Flecken auf der Haut; glatt, weiß bedunter; durchscheinend, dünnschaalig, süß. — M. Jul. A. A. — Zw. abw.	P.	39.	
419. Kolumbus. King William.	L. 1,15". D. 1,93". G. 193 Gr. Grasgrün; Adern lichter, mit gelben Punkten; stark durchscheinend, etwas dickschaalig, süß. — E. Jul. A. A. — Zw. abw.	P.	41.	
420. Myron. Green Myrtle, Nikon's. Th.	L. 1,03". D. 0,86". G. 139 Gr. Grasgrün; Adern lichter, mit schwefelgelben Punkten, die an der Blume viel dichter sind; etwas durchscheinend, dünnschaalig, gewürzhaft. — M. u. E. Jul. — Zw. abw. Soll eine große Blume haben.	P.	107 b.	
421. Livius.	L. 0,97". D. 0,77". G. 114 Gr. Grasgrün; Adern lichter, mit weißlich gelben Punkten; glatt, glänzend, aber doch noch sehr wenige, einzelne, kurze, weiße Haare; sehr durchscheinend, dünnschaalig, sehr angenehm süß. — E. Jul. — Zw. seitw.	P.	47 a.	
422. Maurin. Hague's Evander.	L. 0,98". D. 0,82". G. 123 Gr. Grasgrün; Adern lichter mit weißlichen Punkten; rothe Flecken auf der Haut; sehr durchscheinend, dünnschaalig, sehr süß. E. Jul. A. A. — Zw. seitw.	P.	17 a.	
423. Liberalis. Champaigne Green. Th.	L. 1,01". D. 0,87". G. 136 Gr. Wenige eiförmig. Grasgrün; Adern weißlich grün, mit gelblich weißen Punkten; sehr durchscheinend, dickschaalig, fleischig, säuerlich süß. — E. Jul. — Zw. aufw. Die Blätter sollen aber wollig sein.	P.	293 a.	

Allgemeine Kennzeichen: **II. Grün. A. Glatt. 3. Elliptisch.**

Name der Beere.	Besondere Kennzeichen.	Des Cultivateurs		Bemerkungen.
		Name.	Nr.	
424. Malchus. Seedling, Jo- ne's.	L. 1,18". D. 0,89". G. 178 Gr. Weißlich grasgrün; Adern grünlich weiß, mit weißen Punkten; glatt, glänzend; stark durchscheinend, dünnschaalig, fleischig, gewürzhaft. — E. Jul.	P.	215.	
425. Magnus. Wonderful, Sar- der's, Red.	L. 1,11". D. 1,08". G. 302 Gr. Bei den Samensträngen eingerückt und in 2 ungleiche Hälften getheilt. Blaßgrün an der Blume und zwischen den Adern theils mehr, theils weniger ganz fein kirschroth gesprengelt, so daß bei einigen die Beere fast roth aussieht; Adern weiß- lich grün, mit gelblichen Punkten; wenig durchscheinend, dünnschaalig, sehr süß. — E. Jul. — Zw. aufw.	P.	139.	Wegen des vielen Roth haben wohl Einige die Beere roth genannt.
426. Korbi- nian.	L. 0,93". D. 0,80". G. 112 Gr. Blaß grasgrün; Adern grünlich gelb, gelblich weißen Punkten; viele einzelne rothe Flecken auf der Haut, besonders auf den Adern; sehr durchscheinend, sehr dünnschaalig, gewürzhaft süß. — M. Jul — Zw. abw.	P.	232a.	Der Name Black Walnut zeigt schon, daß diese Sorte falsch benannt ist.
427. Lobe- gott. Oak Green, Board- man's. Th.	L. 0,90". D. 0,83". G. 130 Gr. Licht grasgrün; Adern licht grüngelb, mit sehr wenigen weißlichen Punkten; rothe Flecken auf der Sonnenseite; glatt, glän- zend (nach Th. haarig); stark durchschei- nend, dünnschaalig, wässerig, aber sehr süß. — A. A. — Zw. aufw.	P.	91a.	
428. Maxi- milian. Bate's Favorite. Th.	L. 1,23". D. 1,04". G. 249 Gr. Licht grasgrün, an der Blume grünlich weiß; Adern licht grasgrün, mit sehr we- nig grünen Punkten; an der Sonnenseite wenige rothe Punkte; durchscheinend, ziemlich dünnschaalig, angenehm süß. — M. Jul. u. A. A. — Zw. seitw.	P.	32.	
429. Kosmus.	L. 1,24". D. 0,84". G. 166 Gr. Licht grasgrün, an der Blume weißlich; Adern grünlich weiß, mit fast weißen Punkten; weißliche netzartige Flecken durch die Haut scheinend; sehr dünnschaalig, sehr süß. — E. Jul. — Zw. aufw.	P.	206.	
430. McDar- rus.	L. 1,13". D. 0,90". G. 180 Gr. Dunkelgrasgrün; Adern grünlich gelb, mit wenigen gelblich weißen Punkten; etwas durchscheinend, dickschaalig, sehr süß. — A. A. — Zw. seitw.	P.	85a.	Highland white, Chapman's, fälsch- lich genannt.

Allgemeine Kennzeichen: II. Grün. A. Glatt. 3. Elliptisch.

Name der Beere.	Besondere Kennzeichen.	Des Cultivateurs Name.	Nr.	Bemerkungen.
431. Lubin.	L. 1,08". D. 0,86". G. 156 Gr. Schön dunkelgrasgrün; Adern wenig sichtbar, mit weißlichen Punkten; wenige rothe Flecken auf der Haut; glatt, glänzend; wenig durchscheinend, dünnschaalig, aromatisch süß. — M. Jul. — Zw. seitw.	P.	296 a.	Der Name: Goldfinch, Taylor's, ist falsch, da diese Sorte gelb ist.
432. Lucian. Hopley's Shannon. Th.	L. 1,29". D. 0,98". G. 221 Gr. Spargelgrün, an der Blume grünlich weiß; Adern lichter, mit grünen und gelben Punkten; durchscheinend, ziemlich dünnschaalig, weinsäuerlich süß. — E. Jul. A. A. — Zw. seitw.	P.	54.	
433. Koriolan.	L. 0,98". D. 0,76". G. 104 Gr. Spargelgrün; Adern lichter, mit wenigen grünlich gelben Punkten; etwas durchscheinend, dünnschaalig, sehr süß. — M. u. E. Jul. — Zw. seitw.	P.	365.	
435. Longin.	L. 1,29". D. 0,90". G. 192 Gr. Dunkel fanlgrün, an der Blume weißlich; Adern schmutzig apfelgrün, mit weißlichen Punkten; an den Samensträngen bei einzelnen rothe Flecken, ziemlich durchscheinend, sehr dünnschaalig, sehr süß. — E. Jul. Zw. seitw.	P.	278 a.	Aus dem Namen Lion white ist schon zu ersehen, daß er falsch ist.
436. Kundsmann.	L. 0,93". D. 0,76". G. 103 Gr. Zeisiggrün, fast gelb; Adern schwefelgelb, mit vielen grünen Punkten; sehr wenig durchscheinend, fast undurchsichtig, dünnschaalig, süß, mehlig. — A. Jul. — Zw. aufw. Blüht sehr früh und ist die früheste Beere in meinem Garten.	P.	330.	
437. Maurus. Admiral Rodney.	Sehr groß, gelbgrün; Adern hellgelb; Geschmack gut. — E Jul.			
438. Leonhard.	L. 1,13". D. 0,89". G. 170 Gr. Weißlich grün; Adern gelblich grün; gelblich grüne, netzartige Flecken und Punkte durch die Haut scheinend; glatt, bedüftet; stark durchscheinend, dünnschaalig, sehr angenehm süß, saftig. — E. Jul. — Zw. seitw.	P.	377.	
439. Mamertus.	L. 0,99". D. 0,89". G. 117 Gr. Weißlich grün; Adern grünlich weiß, mit gelblich weißen Punkten; sehr durchscheinend, dünnschaalig, angenehm süß, sehr saftig. — E. Jul. — Zw. seitw.	P.	283 a.	Der Name Golden Drop zeigt schon, daß diese Sorte falsch benannt ist.
440. Liebhard. Early Lincoln, Gooseberry.	L. 1,25". D. 1,11". G. 275 Gr. Weißlich grün, an der Blume fast weiß; Adern gelblich weiß, mit grünlichen Punkten; glatt, aber doch auch sehr wenige, einzelne, dünne, weiße Haare; etwas durchscheinend, dickschaalig, sehr süß. — E. Jul. — Zw. seitw.	P.	267 a.	

Allgemeine Kennzeichen: II. Grün. A. Glatt. 3. Elliptisch. 4. Länglich.

Name der Beere.	Besondere Kennzeichen.	Des Cultivateurs Name.	Nr.	Bemerkungen.
441. Natalis. Bassa.	Sehr groß, weißgrünlich; Adern hellgrün, sehr angenehmer Geschmack. — A. A.			
442. Maturin. Coquet.	Nicht sehr groß, weißgrün, sehr gutschmeckend. — E. Jul.			
443. Kalirt. Calash.	Sehr groß; hellgrün; Adern weiß, durchsichtig, gutschmeckend. — A. A.			
444. Mirand. Confect.	Nicht groß; hellgrün; Adern weiß, angenehm schmeckend. — M. Jul.			
445. Repomuk. Fanny.	Ansehnlich groß; hellgrün, getüpfelt, sehr gutschmeckend. — E. Jul.			
446. Martell. Green Chancellor.	Groß, grün; Adern hellgrün, trefflich schmeckend. — E. Jul.			
447. Nikon. General Wolf.	Sehr groß, grün; Adern hellgrün, angenehm schmeckend. — A. A.			
448. Lentulus. Green Joseph.	Mittelgroß, grün; Adern weiß, gutschmeckend. — M. Jul.			
449. Kulmin. Maffey's Heart of Oak. Th.	Groß, grün, fein behaart (glatt Th.), sehr wohlschmeckend. — A. — Zw. abw. Trägt reichlich.			
450. Luther. Reformer. Th.	Groß, sehr wohlschmeckend. — Zw. seitw.			
451. Maternus. Minerva. Th.	Groß, wohlschmeckend. — Zw. seitw.			
452. Makros. Cucumber.				
	II. Grün. A. Glatt. 4. Länglich.			
453. Narciß. Trop's Beautiful Betty.	Länglich, fast walzenförmig; Meergrün; Adern grüngelb; viel Röthe auf der Sonnenseite; glatt, glänzend; etwas dickschaalig, angenehm säuerlich. — E. Jul. A. A			
454. Lavinius. Wrigley's Favorite.	Länglich, gelbgrün, ganz glatt, sehr wohlschmeckend. — A.			
455. Melian. Gilt-head.	Gelbgrün; Adern weiß, durchsichtig, weinsäuerlich. — M. Jul.			
456. Liberatus. Lee's Victory.	Lang, sehr groß, weißlich grün; sehr wohlschmeckend. — A.			
457. Nathanael. Fine Spaniard.	Groß, grün; Adern hellgrün, durchsichtig, gutschmeckend. — E. Jul.			
458. Lullus. Kloken's Victory.	Sehr groß; grünlich; Adern weiß, sehr angenehm süß. — M. Jul.			

Allgemeine Kennzeichen: II. **Grün. A. Glatt. 4. Länglich. 5. Eiförmig.**				
Name der Beere.	Besondere Kennzeichen.	Des Cultivateurs Name.	Nr.	Bemerkungen.
459. Leander. Lizard.	Ansehnlich groß, grün; Adern weiß, wohlschmeckend, hat jedoch hartes Fleisch. — M. Jul.			
460. Marbod. Marbourg's Green.	Sehr lang, mit weißen Punkten getüpfelt, sehr wohlschmeckend. — A.			
461. Konsalvus. Large Thomson.	Groß.			
462. Lamech. Large Heary Crown.				
	II. Grün. A. Glatt. 5. Eiförmig.			
463. Niels. Bratherton's Brikstone?	L. 1,44". D. 1,01". G. 285 Gr. Licht grasgrün, an der Blume weißlich grün; Adern weißlich grün, mit gelblich weißen Punkten; weiße, netzartige Flecken durch die Haut scheinend; dünnschaalig, sehr angenehm süß. — E. Jul. — Zw. aufw.	P.	375.	
464. Martolf. Walnut Green. Nonpareil. Smooth Green. Belmont'sGreen (einige). Th.	L. 1,01". D. 0,92". G. 160 Gr. Rundlich, auch elliptisch. L. 1,20". D. 0,88". G. 180 Gr. eiförmig. Grasgrün; Adern licht grünlich, mit gelblichen und grünlich weißen Punkten; glatt, jedoch auch noch sehr wenige einzelne Haare; ziemlich stark durchscheinend, dünnschaalig, angenehm süß. — M. Jul. A. A. — Zw. seitw. Der Strauch wird groß und trägt reichlich.	P.	2.	Ist oben Nr. 2. — P. 47 a. sehr ähnlich.
465. Krescentius.	L. 1,37". D. 0,96". G. 237 Gr. Licht grasgrün, an der Blume gelblich weiß; Adern grünlich weiß, mit grünlichen und gelblich weißen Punkten; rothe Flecken an der Sonnenseite; wenig durchscheinend, dickschaalig, fleischig, süß. — A. A. — Zw. seitw.	P.	106 a.	Der Name Golden Queen ist falsch; ist nach Th. **gelb.**
466. Leupold.	L. 1,26". D. 0,96". G. 213 Gr. Licht grasgrün, an der Blume heller; Adern gelblich weiß mit grünen Punkten; wenig durchscheinend, sehr dünnschaalig, saftig, süß. — E. Jul. — Zw. aufw.	P.	354.	Der Name Roland smooth ist falsch, da die Beere dieser Sorte **roth** sein soll.
467. Norbert. Prince of London.	L. 1,34". D. 1,00". G. 240 Gr. Weißlich grün, an der Blume gelblich weiß; Adern lichter, mit wenigen weißlichen Punkten; rothe Flecken an der Sonnenseite; sehr wenig durchscheinend, dickschaalig, sehr fleischig, süß. — A. A. — Zw. abw.	P.	295 a.	

Name der Beere.	Besondere Kennzeichen.	Des Cultivateurs Name.	Nr.	Bemerkungen.
Allgemeine Kennzeichen: II. Grün. A. Glatt. 5. Eiförmig.				
468. Libertin. Newman's Favorite.	L. 1,43". D. 1,10". G. 312 Gr. Schön grasgrün, an manchen Stellen weißlich grün; Adern gelblich grün, mit grünlich weißen Punkten; netzartige weißlich grüne Zeichnungen über die ganze Beere; durchscheinend, dickschaalig, süß, mehlig. — E. Jul. M. A. — Zw. aufw.	P.	124.	
469. Menno. Evergreen, Perring's. Th.	L. 1,42". D. 1,05". G. 282 Gr. Grasgrün; Adern lichter, mit sehr wenigen grünlich weißen Punkten; durchscheinend, dickschaalig, süß. — M. u. E. Ju'. — Zw. seitw.	P.	317.	
470. Koron.	L. 1,24". D. 1,00". G. 220 Gr. Grasgrün; Adern weißlich grün, mit wenigen lichtern Punkten; ziemlich durchscheinend, dickschaalig, wässerig, süß. — A. A. — Zw. seitw.	P.	160.	
471. Lälius. Peover Pecher, Bell's. Th.	Groß, dunkelgrün, wohlschmeckend. - Zw. abw.			
472. Marrian. Czarina.	Ansehnlich groß, gelblich grün; Adern hellgrün. Geschmack sehr trefflich. — M. Jul.			
473. Merkur. Fame, Elgin's. Th.	Groß; gelblich grün; Adern zum Theil grün; ziemlich dickschaalig, angenehm säuerlich. — A. A. — Zw. abw.			
474. Raso. Lord Hood, Tartlow's. Th.	Groß, blaßgrün, wohlschmeckend. — Zw. aufw.			
475. Nehemias. Emy.	Ansehnlich groß; hellgrün; Adern weiß. Geschmack sehr gut. — M. A.			
476. Leonidas. Grand Duke.	Sehr groß; Adern weiß. — A. A.			
477. Nikolaus. Czar.	Groß; Adern hellgrün, gutschmeckend. — E. Jul.			
478. Nikomed. Green Fig.	Groß; Adern hellgrün, gutschmeckend. — E. Jul.			
479. Methusala. Pitmaston's Green Gage. Th.	Klein; glatt Th. (nach Andern fein behaart) sehr süß und vortrefflich. — A. — Zw. aufw. Die Beere muß am Stocke bleiben, bis sie zusammenschrumpft.			
480. Marus. Smooth Green Large. Th.	Groß; glatt Th. (nach Andern fein behaart) sehr wohlschmeckend. A. - Zw. seitw.			
481. Krato. Jolly Tar, Edward's. Th.	Groß, sehr wohlschmeckend. — Zw. abw. Ist gut tragend.			

Allgemeine Kennzeichen: II. **Grün.** A. **Glatt.** **5. Eiförm. 6. Birnförm.**

Name der Beere.	Besondere Kennzeichen.	Des Cultivateurs Name.	Nr.	Bemerkungen.
482. Lupus. No-bribery, Taylor's. Th.	Groß, wohlschmeckend. — Zw. abw.			
483. Merwig. Merry Lass. Th.	Mittelgroß, wohlschmeckend. - Zw. aufw			
484. Moses. High Sheriff of Lancashire, Grundy's. Th.	Mittelgroß, wohlschmeckend. — Zw. abw.			
485. Napoleon. Northern Hero. Th.	Groß, wohlschmeckend. — Zw. abw.			
486. Laban. Riflemian, London. Th.	Mittelgroß; ziemlich wohlschmeckend. — Zw. seitw.			

II. **Grün.** A. **Glatt.** **6. Birnförmig.**

Name der Beere.	Besondere Kennzeichen.	Des Cultivateurs Name.	Nr.	Bemerkungen.
487. Moritz. Morning Star.	L. 1,56". D. 0,89". G. 225 Gr. L. 1,60". D. 1,04". G. 320 Gr. Gelblich grün, an der Blume fast weiß; Adern lichter, mit grünlich weißen Punkten; rothe Flecken an der Sonnenseite; stark durchscheinend, dünnschaalig, sehr wohlschmeckend, süß. — A. A. — Zw. seitw.	P.	112.	Diese Beere soll nach der Angabe Einiger **gelb,** Anderer aber **weiß** sein.
488. Konstantin.	L. 1,22". D. 1,02". G. 209 Gr. Apfelgrün, Adern licht apfelgrün, mit wenigen röthlichen Punkten; wenig durchscheinend, etwas dickschaalig, gewürzhaft süß. — A. A. —	Möhring.		Der beigelegte Name Twig'em ist falsch, wenn es anders Twig'em Johnson's sein soll, an welchen die Beere **roth** ist.
489. Lukas.	L. 0,82". D. 0,78". G. 94 Gr. Apfelgrün, an der Blume grünlich weiß; Adern blaß apfelgrün, mit röthlichen Punkten; dunkele, blutrothe Flecken auf der Haut; durchscheinend, dünnschaalig, angenehm süß. — A. A.	Koch.		Der Name Smith's yellow zeigt schon, daß er falsch ist.
490. Michael. Laureshees Seedling.	L. 1,55". D. 1,09". G. 333 Gr. Grasgrün; Adern apfelgrün, mit grünlich weißen Punkten; wenig durchscheinend, etwas dickschaalig, fleischig, säuerlich süß. — M. u. E. Jul. Zw. seitw.	P.	77.	
491. Nimrod. Nimrod, Taylor's.	L. 1,63". D. 0,90". G. 236 Gr. L. 1,46". L. 1,05". G. 293 Gr. Schön grasgrün; Adern gelblich grün, mit sehr wenig weißlichen Punkten; durchscheinend, dünnschaalig, nicht sonderlich süß. — E. Jul. A. A. — Zw. abw.	P.	119.	

Allgemeine Kennzeichen: II. Grün. B. Wollig. 1. Rund. 2. Rundlich.

Name der Beere.	Besondere Kennzeichen.	Des Cultivateurs Name.	Nr.	Bemerkungen.
492. Lebrecht. Green Willow, Johnson's. Th.	L. 1,53". D. 1,00". G. 280 Gr. Dunkel grasgrün; Adern lichter, mit wenigen grünen Punkten; glatt, glänzend (nach Th. wollig); durchscheinend, dünnschaalig, weinsäuerlich süß. — E. Jul. A. A. — Zw. seitw.	P.	13.	
493. Kuno. Bang of Green.	L. 1,54". D. 1,00". G. 268 Gr. Schön grasgrün; Adern grünlich gelb, mit wenigen gelblich weißen Punkten; glatt, beduftet; durchscheinend, dünnschaalig, recht angenehm süß. — E. Jul. — Zw. aufw.	P.	358.	
494. Nathan. Glory of Ratcliff, Allen's. Th.	L. 1,18". D. 1,02". G. 244 Gr. L. 1,37". D. 0,95". G. 222 Gr. Spargelgrün; Adern lichter, beinahe gelb, mit gelben Punkten; wenige rothe Flecken an der Sonnenseite; sehr stark durchscheinend, ziemlich dünnschaalig, angenehm süß. — M. u. E. Jul. — Zw. seitw.			
495. Kurt. Green Froy.	Schön; weißlich grün; Adern weiß; sehr trefflich schmeckend. E. Jul.			
496. Nero. Vulture.	Sehr groß; hellgrün; Adern weiß; angenehm schmeckend. — M. Jul.			
	II. Grün. B. Wollig. 1. Rund.			
497. Otto. Freeranger, Nield's.	L. 0,88". D. 0,85". G. 119 Gr. Licht grasgrün; Adern lichter, gelblich weiß, mit wenigen gelblich weißen Punkten; zwischen feiner Wolle mehrere lange weiße Haare; einige etwas, andere mehr durchscheinend; etwas dickschaalig, nicht sonderlich süß. — A. A.	P.	14 a.	Diese Sorte könnte man auch zu den haarigen zählen.
498. Pamphil. Small Green. Th.	Kugelförmig, klein, angenehm süß. — Zw. aufw.			
	II. Grün. B. Wollig. 2. Rundlich.			
499. Olaf. Laurel, Parkinson's. **Green Laurel. Green Willow** (Einiger). Th.	L. 1,10". D. 1,08". G. 239 Gr. L. 1,18". D. 0,99". G. 229 Gr. Einige vollkommen kugelig, andere elliptisch, auch eiförmig; Apfelgrün; Adern lichter, mit grünen Punkten; stark durchscheinend, dünnschaalig, sehr angenehm süß. — E. Jul. — Zw. aufw.	P.	9.	Je nach Th. guttragend und Woodward's Whitesmith ähnlich.
500. Rüdiger.	L. 1,08". G. 184 Gr. rund. L. 1,17". D. 1,05". G. 237 Gr. Licht apfelgrün; Adern licht apfelgrün, mit gelblich grünen Punkten; sehr feinwollig, stark durchscheinend, dünnschaalig, sehr wohlschmeckend. — M. Jul. A. A. — Zw. seitw.	P.	31.	Als Crown Bob erhalten, welche Sorte aber eine **rothe** Beere hat.

Allgemeine Kennzeichen: II. Grün. B. Wollig. 2. Rundlich. 3. Elliptisch.

Name der Beere.	Besondere Kennzeichen.	Des Cultivateurs Name.	Nr.	Bemerkungen.
501. Paul. Will Scheckby?	L. 0,77". D. 0,69". G. 73 Gr. Licht grasgrün; Adern grünlich gelb, mit weißlichen Punkten; sehr feine, weiße Wolle und bei einigen noch wenige, einzelne, steife, weiße Haare; etwas durchscheinend, dünnschaalig, sehr aromatisch süß. — A. A. — Zw. seitw.	P.	248 a.	
502. Ovid.	L. 0,91". D. 0,85". G. 123 Gr. L. 0,95". D. 0,82". G. 124 Gr. Zeisiggrün; Adern gelb, mit sehr wenigen weißen Punkten; sehr feinwollig, fast glatt; durchscheinend, etwas dickschaalig, süß. — M. u. E. Jul. — Zw. anfw.	P.	248.	Ironmonger fälschlich genannt, da von dieser Sorte nach Th. die Beere roth ist.
503. Quirin.	L. 1,00". D. 0,91". G. 157 Gr. Weißlich grün; Adern weißlich mit lichtern Punkten; glänzend; viele ganz feine weiße Wolle; stark durchscheinend, glasartig; sehr dünnschaalig, sehr süß. — E. Jul. — Zw. abw.	P.	174.	
504. Pilatus. Pilot.	Grün; Adern lichter, mit gelben Punkten; wollig, mit einzelnen, langen, steifen, grünlich weißen Haaren; durchscheinend.	Möhring.		
505. Perfect. Perfection, Gregory's. Th.	Groß, sehr wohlschmeckend, spät reifend. — Zw. abw.			
506. Rainer. Joke, Hodkinson's. Th.	Groß, ziemlich wohlschmeckend. — Zw. abw.			
	II. Grün. B. Wollig. 3. Elliptisch.			
507. Richard. Brougham, Gaskel's.	L. 1,08". D. 0,91". G. 167 Gr. Apfelgrün; Adern weißlich grün, mit grünlichen Punkten; sehr feinwollig, sehr durchscheinend, dünnschaalig, sehr süß. — E. Jul.	Möhring.		
508. Rudolph. Fair Play, Holt's.	L. 1,18". D. 0,91". G. 189 Gr. elliptisch. L. 1,26". D. 1,02". G. 244 Gr. eiförmig. Apfelgrün; Adern lichter, mit grünen Punkten; etwas feinwollig; wenig durchscheinend, dickschaalig, säuerlich süß. — E. Jul. A. A. — Zw. seitw.	P.	312.	
509. Optatus. Darling's Prize.	L. 1,11". D. 1,04". G. 209 Gr. rundlich. L. 1,13". D. 1,09". G. 300 Gr. elliptisch. Apfelgrün; Adern lichter, mit weißlich grünen Punkten; scheint glatt, ist aber sehr feinwollig; durchscheinend, etwas dickschaalig, säuerlich süß. — E. Jul. A. A. — Zw. abw.	P.	114.	

— 60 —

Allgemeine Kennzeichen: II. **Grün.** B. **Wollig.** 3. **Elliptisch.**

Name der Beere.	Besondere Kennzeichen.	Des Cultivateurs Name.	Nr.	Bemerkungen.
510. Philipp.	L. 1,34". D. 1,10". G. 291 Gr. Apfelgrün; Adern grünlich gelb, mit grünlich weißen Punkten; rothe Flecken auf der Haut; viele, feine, weiße Wolle; sehr durchscheinend, etwas dickschaalig, sehr süß. — M. Jul. — Zw. seitw.	P.	65.	Der Name Lady Delamere ist falsch, weil die Beere dieser Sorte nach Th. **gelblich weiß** und **glatt ist.**
511. Romanuß.	L. 1,40". D. 1,18". G. 360 Gr. L. 1,38". D. 1,21". G. 388 Gr. Ueber den Saamensträngen eingedrückt, so daß durch diese Furche die Beere in 2 ungleiche Hälften getheilt wird. Apfelgrün; Adern lichter, mit grünlich weißen Punkten; wenige rothe Flecken auf der Haut; viele, feine, weiße Wolle; ziemlich durchscheinend, dünnschaalig, aromatisch angenehm süß. — M. u. E. Jul. — Zw. seitw.	P.	85.	Der Name Overall ist falsch, weil diese Sorte nach Th. eine **rothe** Beere trägt.
512. Quintin.	L. 1,29". D. 0,81". G. 155 Gr. Apfelgrün; Adern lichter, mit vielen grünen und grünlich weißen Punkten. Rothe Flecken und Punkte an der Sonnenseite; viele, feine, weiße Wolle; durchscheinend, sehr dünnschaalig, sehr süß. — M. Jul — Zw. aufw.	P.	317b.	
513. Prochor. Providence, Hassal's.	L. 1,36". D. 1,10". G. 306 Gr. L. 1,30". D. 1,18". G. 336 Gr. Apfelgrün, bei der Blume grünlich weiß; Adern lichter, mit grasgrünen und grünlich weißen Punkten. Rothe Flecken und Punkte an der Sonnenseite; wenige, feine, weiße Wolle; sehr durchscheinend, dünnschaalig, sehr angenehm süß. — E. Jul. A. A. — Zw. seitw.	P.	269.	
514. Raphael.	L. 1,25". D. 0,97". G. 203 Gr. L. 1,19". D. 1,00". G. 220 Gr. Weißlich apfelgrün; Adern lichter, mit grünlich weißen Punkten; viele, sehr feine, weiße Wolle; durchscheinend, etwas dick schaalig, sehr süß. — M. Jul. — Zw. abw	P.	115.	Der Name Devonshire Delight ist falsch; die Beere davon ist **roth.**
515. Pomian. Nelson's Waves, Andrew's Th.	L. 1,49". D. 1,13". G. 354 Gr. Einige Beere walzenförmig. Gelblich apfelgrün; Adern weißlich gelb, mit weißlich grünen Punkten; wenige, feine, weiße Wolle und einige wenige weiße Haare; etwas dickschaalig, nicht sonderlich süß. — M. Jul. — Zw. abw.	P.	132.	
516. Rinald. Invincible, Bratherton's.	L. 1,28". D. 0,96". G. 220 Gr. Apfelgrün, mit weißlich gelben Flecken. Adern lichter, mit weißlich gelben Punkten; viele, feine, weiße Wolle, etwas durchscheinend, dickschaalig, sehr angenehm süß. E. Jul.	Möhring.		

Name der Beere.	Besondere Kennzeichen.	Des Cultivateurs		Bemerkungen.
		Name.	Nr.	
517. Polykarp. Greenwood, Berry's. Th.	L. 1,54". D. 1,07". G. 324 Gr. Grasgrün; Adern lichter, mit kleinen grünen und gelblichen Punkten; sehr wenige rothe Flecken auf der Haut, wollig (nach Th. glatt), stark durchscheinend, dünnschaalig, sehr angenehm süß. — M. Jul. A. A. — Zw. seitw. Der Stock trägt reichlich.	P.	10.	
518. Raul. Eigener Sämling.	L. 1,22". D. 0,92". G. 194 Gr. Licht grasgrün; Adern weißlich grün, mit grünlich weißen Punkten; feine, weiße Wolle; etwas durchscheinend, dickschaalig, säuerlich süß. — M. Jul. — Zw. seitw.	P.	338.	
519. Robert.	L. 1,24". D. 0,99". G. 230 Gr. Einige rundlich. Grasgrün; Adern licht grasgrün, mit sehr wenigen grünen Punkten; stark durchscheinend, dünnschaalig, säuerlich süß. — M. u. E. Jul. — Zw. aufw.	P.	17.	Der mitgetheilte Name: Trafalgar ist falsch; die Beere von dieser Sorte ist **grünlich gelb und haarig**.
520. Renatus.	L. 1,36". D. 1,06". G. 284 Gr. Spargelgrün; Adern weißlich grün, mit grünen Punkten; weiße Flecken unter der Haut; feine, weiße Wolle; durchscheinend, sehr dünnschaalig, süß. — M. Jul. — Zw. aufw.	P.	246.	Der Name Whitesmith ist falsch; hat nach Th. eine **weiße** Beere.
521. Pretiosus. Champaigne, Large Pale. Th.	L. 1,10". D. 0,91". G. 168 Gr. Einige rundlich. Spargelgrün; Adern grünlich weiß, mit wenigen grünen Punkten; viele, feine, weiße Wolle; stark durchscheinend, dickschaalig, fleischig, angenehm süß. — M. Jul.	P.	144.	
522. Reinhold.	L. 1,33". D. 0,93". G. 222 Gr. Spargelgrün; Adern grünlich weiß, mit wenigen grünen Punkten; viele gelblich weiße Punkte durch die Haut scheinend, viele, feine, weiße Wolle, zwischen welcher einzelne lange, weiße Haare; sehr durchscheinend, dickschaalig, sehr süß. — E. Jul.	Möhring.		Der Name Lord Nelson ist falsch; die Beere dieser Sorte ist **gelb**.
523. Robin. Robin Hood, Bell's. Th.	Groß, gelblich grün. — Zw. abw.			
524. Platon. Jolly Angler's, Collierss's. Collin's. Lay's. Th.	Groß, Geschmack sehr gut. — A. — Zw. aufw. Eine gute späte Sorte.			
525. Oskar. Profit, Prophet's. Th.	Groß, wohlschmeckend. — Zw. seitw.			
526. Othello. Beauty, Holt's. Th.	Groß, ziemlich wohlschmeckend. — Zw. abw.			

Allgemeine Kennzeichen: **II. Grün. B. Wollig. 3. Elliptisch. 4. Eiförmig.**				
Name der Beere.	Besondere Kennzeichen.	Des Cultivateurs Name.	Nr.	Bemerkungen.
527. Pius. Chance, Green, Th.	Groß, ziemlich wohlschmeckend. — Zw. abw.			
528. Omar. Waterloo, Sydney's. Th.	Mittelgroß, ziemlich wohlschmeckend. — Zw. abw.			
529. Placidus. Thumper.	Grün; Adern lichter, mit grünlich gelben Punkten; wenige, feine Wolle.	Möhring.		
	II. Grün. B. Wollig. 4. Eiförmig.			
530. Peter. New Jolly Angler.	L. 1,34". D. 1,02". G. 257 Gr. Grasgrün; Adern lichter, in's Gelbliche fallend, mit wenigen gelblichen Punkten; eine sehr feine, weiße Wolle; durchscheinend, ziemlich dünnschaalig, angenehm süß. M. Jul. A. A. — Zw. seitw.	P.	24.	
531. Oswald. Lovely Anne. Th.	L. 1,39". D. 1,09". G. 292 Gr. L. 1,19". D. 1,04". G. 242 Gr. Apfelgrün; Adern lichter, mit vielen grünen Punkten; einige mit kleinen rothen Flecken; viele, feine, weiße Wolle; etwas durchscheinend, dickschalig, angenehm süß. M. Jul. — Zw. seitw.	P.	279.	
532. Oliver. New Devonshire Seedling.	L. 1,13". D. 0,91". G. 173 Gr. elliptisch. L. 1,17". D. 1,11". G. 316 Gr. elförmig. Licht apfelgrün; Adern lichter; die Samenstränge grün, mit weißen Punkten; wenige kleine rothe Flecken; feinwollig, fast glatt; stark durchscheinend, dickschaalig, angenehm süß. — M. Jul. A. A. — Zw. abw.	P.	116.	
533. Paracelsus.	L. 1,35". D. 1,07". G. 282 Gr. Weißlich grün; Adern lichter, mit wenigen grünlich weißen Punkten; gelblich weiße Flecken und Punkte durch die Haut scheinend; viele, feine, weiße Wolle; etwas dickschaalig, sehr angenehm süß. — A. A. — Zw. seitw.	P.	312.	
534. Romeo. Merryman, Nuts's. Th.	Mittelgroß, blaßgrün, angenehm süß. — Zw. abw.			
535. Ottolar. Late Green. Th.	Klein, sehr angenehm süß. — E. A. — Zw. aufw.			
536. Prokop. Unicorn Chupis, Cupi's Shipley's. Th.	Groß, durchsichtig, sehr schmackhaft, reift sehr früh. — Zw. seitw.			

Allgemeine Kennzeichen:	II. Grün.	C. Haarig.	1. Rund.		
Name der Beere.	**Besondere Kennzeichen.**	**Des Cultivateurs**		**Bemerkungen.**
		Name.	Nr.	
	II. Grün. B. **Wollig.** 5. **Birnförm.**			
537. Ruben. Jolly Farmer, Chapman's. **Prince of Wales.** **Farmer.** Th.	L. 1,29". D. 0,87". G. 191 Gr. Einige rundlich. Apfelgrün; Adern lichter, einige grünlich weiß; auf erstern grüne, auf letztern weiße Punkte. Rothe Flecken auf der Haut; sehr feine, weiße Wolle, stark durchscheinend, ziemlich dünnschaalig, weinsäuerlich süß. — E. Jul. A. A. — Zw. seitw.	P.	29.	
538. Ralph.	L. 1,12". D. 0,91". G. 166 Gr. birnförm. L. 1,26". D. 1,03". G. 251 Gr. eiförmig. Apfelgrün, viele weiße Flecken auf der Haut; Adern lichter; sehr feinwollig, an einigen Stellen glatt; etwas durchscheinend, dünnschaalig, sehr viel Fleisch, süß. — E. Jul. — Zw. seitw.	P.	113.	Der Name White Eagle ist falsch. Die Beere dieser Sorte ist **weiß.**
539. Pipin.	L. 1,17". D. 1,06". G. 254 Gr. birnförm. L. 1,31". D. 0,94". G. 207 Gr. eiförmig. Apfelgrün; Adern lichter, mit grünen Punkten; stark durchscheinend, dünnschaalig, angenehm süß. — M. Jul. A. A. — Zw. seitw.	P.	64.	Der Name Large white ist falsch, da die Beere dieser Sorte **weiß** ist.
	II. Grün. C. **Haarig.** 1. **Rund.**			
540. Sopho-kles. Flower of Chester.	L. 0,89". G. 117 Gr. Apfelgrün, Adern lichter, auch zeißiggrün; viele lange, ziemlich starke, weiße Haare; stark durchscheinend, ziemlich dünnschaalig, weinsäuerlich süß. — A. A.	Koch.		
541. Theodor. Green, Fox's.	L. 0,94". D. 0,87". G. 133 Gr. Apfelgrün; Adern lichter, mit grünlich weißen Punkten; sehr wenige, kurze, steife, weiße Haare; beinahe glatt; ziemlich durchscheinend, etwas dickschaalig, süß. — A. A. — Zw. aufw.	P.	129 a.	
542. Trajan. Annibal, Knight's.	L. 0,81". D. 0,81". G. 106 Gr. Apfelgrün, an der Blume grünlich weiß; Adern grünlich gelb, mit weißlichen Punkten; rothe Flecken auf der Haut; ziemlich viele, lange, dünne, steife Haare mit Drüsen an der Spitze, auf glänzender Oberfläche; ziemlich durchscheinend, etwas dickschaalig, angenehm süß. — A. A. — Zw. seitw.	P.	15 a.	
543. Uranius. Greenfinch, Blackley's.	L. 0,82". D. 0,81". G. 104 Gr. Apfelgrün; Adern weißlich gelb, besonders an der Blume, mit vielen weißlichen Flecken und Punkten; viele, lange, feine, steife, weiße Haare; sehr durchscheinend, dünnschaalig, aromatisch süß. — E. Jul. — Zw. aufw.	P.	247 a.	

Allgemeine Kennzeichen: II. **Grün.** C. **Haarig.** 1. **Rund.**

Name der Beere.	Besondere Kennzeichen.	Des Cultivateurs Name.	Nr.	Bemerkungen.
544. Vincenz. Matchless, Rider's.	L. 0,84". D. 0,82". G. 110 Gr. Apfelgrün; Adern lichter, mit weißlichen Punkten; rothe Flecken auf der Haut; viele, lange, steife, weiße Haare mit Drüsen; durchscheinend, dünnschaalig, sehr süß. — E. Jul. — Zw. aufw.	P.	13a.	
545. Sokrates. Diogenes, Whiteley's.	L. 0,82". D. 0,76". G. 86 Gr. Licht apfelgrün; Adern grünlich weiß, mit weißen Punkten; viele, lange, steife, weiße Haare; sehr durchscheinend, sehr dünnschaalig, angenehm süß. — E. Jul. — Zw. aufw.	P.	229b.	
546. Wenzel.	L. 0,82". G. 82 Gr. Licht apfelgrün; Adern lichter, wenige grünliche Haare; durchscheinend; dünnschaalig, gewürzhaft süß. — A. A. —			Der Name Queen Ann red dieser Sorte ist offenbar falsch.
547. Trofim. British Farmer, Down's.	L. 0,90". D. 0,84". G. 118 Gr. Schön grasgrün; Adern weißlich grün, mit vielen weißlichen Punkten; viele, lange, steife, weiße Haare mit Drüsen; stark durchscheinend, sehr dünnschaalig, angenehm süß. — E. Jul. — Zw. aufw.	P.	20b.	
548. Zephyrin. Diane white.	L. 0,87". D. 0,81". G. 108 Gr. Licht grasgrün, an der Blume weißlich; Adern lichter, mit wenigen gelben Punkten; gelblich weiße Punkte durch die Haut scheinend; sehr viele, sehr lange, feine, steife, stachelähnliche, weiße Haare mit Drüsen; etwas durchscheinend, dickschaalig, sehr schön süß. — A. A. — Zw. aufw.	P.	208.	
549. Tacitus.	L. 1,05". D. 0,94". G. 172 Gr. Licht grasgrün, an der Blume fast weiß; Adern grünlich weiß, mit sehr wenigen grünen Punkten; netzartige weiße Flecken durch die Haut scheinend; sehr viele, lange, starke, stachelähnliche, grünlich weiße Haare; wenig durchscheinend, dünnschaalig, fleischig, nicht sonderlich süß. — E. Jul. — Zw. aufw.	P.	346.	
550. Speratus. Pope's Seedling.	Grasgrün; Adern lichter, mit grünlich weißen Punkten; viele, lange, steife, schwache, weiße Haare; sehr durchscheinend, sehr dünnschaalig, sehr angenehm, aromatisch süß. — E. Jul. — Zw. seitw. Eine **sehr kleine,** aber **sehr wohlschmeckende** Beere.	P.	268a.	
551. Salomo.	L. 0,93". D. 0,85". G. 126 Gr. Dunkel grasgrün; Adern grünlich weiß, vom Grunde scharf abstehend, mit gelblichen Punkten; viele, sehr lange, steife, grünlich weiße Haare mit Drüsen; etwas durchscheinend, dünnschaalig, sehr süß. — E. Jul. — Zw. seitw.	P.	271a.	

Allgemeine Kennzeichen: II. Grün. C. Haarig. 1. Rund.

Name der Beere.	Besondere Kennzeichen.	Des Cultivateurs Name.	Nr.	Bemerkungen.
552. Samuel. Beautiful Betty, Thorpe's.	L. 0,84". D. 0,79". G. 107 Gr. Dunkelgrasgrün; Adern weißlich grün, mit grünlich weißen Punkten, vom dunkeln Grunde stark abstehend; viele, lange, steife, grünlich weiße Haare mit Drüsen; stark durchscheinend, dünnschaalig, sehr fleischig, nicht sonderlich süß. — A. A. — Zw. aufw.	P.	30 a.	
553. Till. Gascoigne Green.	L. 0,78". G. 100 Gr. Dunkel grasgrün; Adern lichter mit grünlich weißen Punkten; viele, lange, steife, grünlich weiße Haare; ziemlich durchscheinend, nicht sonderlich süß. — M. u. E. Jul. — Zw. aufw.	P.	333.	
554. Tobern. Early Green Hairy. Early Green, Lee's. Mill's Green Gascoigne. Th.	Klein, stark behaart (nach Andern viele weiße Härchen); sehr angenehm süß. Frühzeitig im Jul., ist eine der ersten, welche zeitigt. — Zw. seitw. Hat dunkelgrüne und nur wenig behaarte Blätter; trägt sehr reichlich.			
555. Tertullian. Emperial Globe.	Fast kugelrund; grasgrün; viele weiße Härchen. Geschmack sehr gut. — M. Jul.			
556. Sergius.	L. 0,84". G 99 Gr. Weißlich spargelgrün; Adern lichter, mit grünen Punkten; weißliche Flecken und Punkte unter der Haut; viele, lange, borstenähnliche Haare; durchscheinend, dickschaalig, süß. — E. Jul. — Zw. aufw.	P.	331.	Der dieser Sorte beigelegte Name Black Prince ist offenbar falsch.
557. Terenz. Fox-grape.	Schön; gelblich grün; Adern gelblich; viele gelbliche Härchen; Geschmack trefflich. — E. Jul.			
558. Severin. Fox's Green Goosberry.	Sehr groß; weißlich grün; sehr haarig oder vielmehr stachlig; dünnhäutig, sehr süß und überaus gutschmeckend; reift früh im A. d. Jul. — Soll **eine der besten Sorten** sein.			
559. Tiber. Hony-apple.	Groß; weißlich grün; Adern weiß; sehr einzelne Härchen; sehr angenehm süß. — M. Jul.			
560. Timoleon. Bellona.	Groß; weißlich grün; Adern weiß; sehr einzelne Härchen; sehr wohlschmeckend. — M. Jul.			
561. Tranquillus. Governor.	Groß; weißlich grün; Adern weiß; viele Härchen; sehr gutschmeckend. — M. Jul			
562. Sebastian. King of Prussia.	Mittelgroß; weißlich grün; Adern gelblich grün; feine weiße Härchen; gutschmeckend. — E. Jul.			

Allgemeine Kennzeichen: **II. Grün. C. Haarig. 1. Rund. 2. Rundlich.**

Name der Beere.	Besondere Kennzeichen.	Des Cultivateurs Name.	Nr.	Bemerkungen.
563. Valentin. Vaulter.	Nicht sehr groß; weißlich grün; Adern weiß; viele weißliche Härchen; Geschmack angenehm. — M. Jul.			
564. Schmul. Country Squire.	Weiß grünlich; viele Härchen; durchsichtig; Geschmack gut. — E. Jul.			
565. Serenus. Muskat.	Mittelgroß, hellgrün; Adern weiß; viele Härchen; Geschmack sehr gut. — E. Jul.			
566. Thilo. Large - paunch.	Fast kugelrund; sehr groß; hellgrün; Adern weiß; weißliche starke Härchen oder Stacheln; Geschmack sehr angenehm. — A. A.			
567. Timon. Champion Goliath.	Rund, groß, schön; grünlich; Adern weiß; einzelne Härchen; Geschmack trefflich. — A. A.			
568. Wigand. Davinis nescio.	Rund; nicht groß; grün, Adern weiß; viele Härchen; sehr süß, angenehm. — E. Jul.			
569. Rupert. Rumbullion, Green. Th.	Klein, wohlschmeckend. — Zw. aufw.			
570. Sabin. Sabine's Green. Th.	Klein, fein behaart (Th. glatt) sehr angenehmer Geschmack. — A. — Zw. seitw.			
571. Ursus. Astlet's Green.				
	II. Grün. C. Haarig. 2. Rundlich.			
572. Salvator. Globe Green. Th.	L. 0,89". D. 0,87". G. 122 Gr. L. 0,97". D. 0,85". G. 136 Gr. Schön grasgrün; Adern apfelgrün; mit wenigen gelben Punkten; sehr wenige, lange, feine, steife, weiße Haare; sehr durchscheinend; etwas angenehm säuerlich. — E. Jul. — Zw. aufw.	P.	216 a.	
573. Uriel. Orland White.	L. 0,91". D. 0,83". G. 107 Gr. Schön grasgrau; Adern grünlich weiß, mit weißlichen Punkten; viele netzartige weißliche Flecken und Punkte durch die Haut scheinend; viele, sehr lange, dünne, steife, weiße Haare mit Drüsen; nicht durchscheinend; dickschaalig, sehr süß. — E. Jul. — Zw. aufw.	P.	304 a.	
574. Valerian. Knight's Seedling.	L. 0,91". D. 0,83". G. 120 Gr. Blaß grasgrün; Adern grünlich weiß, mit weißen Punkten; wenige, lange, steife, weiße Haare; wenig durchscheinend, dünnschaalig, sehr süß, fleischig. — M. u. E. Jul. — Zw. seitw.	P.	293 a	

Allgemeine Kennzeichen: II. Grün. C. Haarig. 2. Rundlich.

Name der Beere.	Besondere Kennzeichen.	Des Cultivateurs Name.	Nr.	Bemerkungen.
575. Saul.	L. 0,99". D. 0,94". G. 160 Gr. L. 1,12". D. 0,93". G. 192 Gr. Weißlich spargelgrün, an der Blume fast weiß; Adern lichter, mit wenigen grünlich weißen Punkten; sehr viele, lange, starke, steife, weiße Haare; ziemlich durchscheinend, etwas dickschaalig, fleischig, sehr süß. — E. Jul. A. A. -- Zw. ausw.	P.	369.	
576. Walter.	L. 1,09". D. 0,99". G. 191 Gr. Weißlich grün; Adern lichter, fast weiß, weiße netzartige Flecke durch die Haut scheinend; viele, lange, sehr starke, grünlich weiße Haare; stark durchscheinend, dünnschaalig, aromatisch, sehr angenehm süß, sehr saftig. — E. Jul. — Zw. seitw.	P.	362.	
577. Stor. Loat-star.	Fast rund, mittelgroß; weißlich grün; Adern weiß; weiße Härchen; gutschmeckend. — A. A.			
578. Xerxes. Clyton's Canary.	Theils rundlich, th. länglich; groß, gelbgrün; wenig und fein behaart; von gutem Geschmack, reift früh im Jul.			
579. Tegenhard. Mercury.	Ansehnlich groß; gelbgrün; Adern weiß und hellroth; viele starke Härchen.			
580. Urban. Cygnet.	Theils rund, th. länglich; Mittelgroß; hellgrün; Adern weißgelblich; weiße feine Härchen; durchsichtig, Geschmack sehr angenehm. — M. Jul.			
581. Veit. American.	Theils rund, th. länglich; Adern hellgrün; feine einzelne Härchen, durchsichtig, Geschmack gut. — M. A.			
582. Selim. Admiral.	Theils rund, th. lang. Groß; grün; Adern hellgrün; wenig Härchen, von gutem Geschmack. — M. Jul.			
583. Wilhelm. Molly.	Mehr rund als lang. Groß; grünlich; Adern hellgrün; fein behaart, etwas durchsichtig, wohlschmeckend. — M. Jul.			
584. Tankred. Herald.	Fast rund; ansehnlich groß; grün; Adern weiß; sehr einzelne weiße Härchen; Geschmack gut. — E. Jul.			
585. Wahrmund. Elisha, Lovart's. Th.	Groß, wohlschmeckend. — Zw. seitw.			
586. Serapion. Green Prolific, Hebburn's. Th.	Mittelgroß, stark behaart; Geschmack vorzüglich. -- A. — Zw. ausw. Der Stock trägt reichlich.			
587. Zachäus. Greensmith. Th.	Mittelgroß; wohlschmeckend. — Zw. ausw.			

Allgemeine Kennzeichen: II. Grün. C. Haarig. 2. Rundlich. 3. Elliptisch.				
Name der Beere.	Besondere Kennzeichen.	Des Cultivateurs Name.	Nr.	Bemerkungen.
588. Sigmar. Hairy Green, Gerrard's. Th.	Mittelgroß; ziemlich wohlschmeckend.			
589. Josinus. Mignonette. Th.	Klein, wohlschmeckend. — Zw. aufw. Die Blätter sind wollig.			
590. Tobias. Troubler, Moore's. Th.	Groß, wohlschmeckend. — Zw. seitw.			
	II. Grün. C. Haarig. 3. Elliptisch			
591. Sigismund. Hopley's Nettle Green.	L. 1,46". D. 1,06". G. 300 Gr. Weißlich apfelgrün; Adern grünlich weiß, mit grünen, an der Blume mit weißlich grünen Punkten; nicht viele, steife, grünlich weiße Haare; sehr durchscheinend, dickschaalig, sehr süß. — M. Jul. A. A. — Zw. aufw.	P.	67.	
592. Theobald. Hopley's Nobleman Green.	L. 1,15". D. 0,97". G. 200 Gr. L. 1,35". D. 0,94". G. 223 Gr. Apfelgrün; Adern lichter, mit grünen Punkten; viele, lange, steife, grüne Haare; stark durchscheinend, dünnschaalig, nicht sonderlich süß. M. u. E. Jul. — Zw. aufw.	P.	322.	
593. Stanislaus.	L. 1,23". D. 1,02". G. 240 Gr. L. 1,40". D. 1,05". G. 284 Gr. Apfelgrün; Adern lichter, ins Gelbliche fallend, mit grünlichen und weißen Punkten; wele rothe Flecken auf der Sonnenseite, besonders über den Adern; nicht viele, lange, steife, stachelähnliche, durchsichtige, weiße Haare, auf den rothen Flecken aber sind auch die Haare roth; durchscheinend, etwas dickschaalig, sehr angenehm süß. — M. Jul. A. A. — Zw. abw.	P. Möhring.	86.	Als Eagle white erhalten, mit welcher Sorte diese sehr viele Kennzeichen gemein hat, nur unterscheiden sich beide durch die Farbe und Beschaffenheit der Oberfläche, da jene **weiß und glatt** ist. S. N.
594. Trautlieb. Reine Claude, Stanley's.	L. 1,13." D. 0,92". G. 185 Gr. Apfelgrün, an der Blume weißlich grün, mit weißlichen Flecken durch die Haut scheinend; Adern lichter, mit sehr wenigen grünlich weißen Punkten; einzelne rothe Flecken auf der Haut; ist zwar glatt und glänzend, hat aber doch wenige, kurze, breit gedrückte, weiße Haare; ziemlich durchscheinend, sehr dickschaalig, sehr fleischig, nicht sonderlich süß. — M. Jul. A. A. — Zw. seitw.	P.	57 a.	

Allgemeine Kennzeichen: **II. Grün. C. Haarig. 3. Elliptisch.**

Name der Beere.	Besondere Kennzeichen.	Des Cultivateurs Name.	Nr.	Bemerkungen.
595. Wolfgang. Thorpe's white wreen.	L. 1,00". D. 0,81". G. 135 Gr. Grasgrün; Adern grünlich weiß, mit gelblich weißen Punkten; gelbliche Flecken und Punkte durch die Haut scheinend; nicht viele, lange, steife, gelblich weiße Haare; wenig durchscheinend, dünnschaalig, wässerig süß. — A. A. — Zw. seitw.	P.	44 a.	
596. Tuber. Tup, Monk's.	L. 0,85". D. 0,73". G. 90 Gr. Schön apfelgrün; Adern lichter, mit grünlich weißen Punkten; glänzend, glatt, mit wenigen langen, steifen, weißen Haaren; stark durchscheinend, sehr dünnschaalig, sehr süß. — M. Jul. A. A. — Zw. aufw.	P.	365.	
597. Thuiston. Green Prince.	L. 1,25". D. 0,99". G. 234 Gr. Grasgrün; Adern lichter, ins Gelbliche fallend, mit grünlich weißen Punkten; wenige kurze, etwas steife, weiße Haare; ziemlich durchscheinend, dünnschaalig, süß. M. Jul. A. A.	Möhring.		
598. Thomas. Langley Green, Mill's.	L. 0,78". D. 0,65". G. 62 Gr. Grasgrün; Adern lichter, mit gelblichen Punkten; ziemlich viele, lange, dünne, steife, weißlich grüne Haare; ziemlich durchscheinend, dünnschaalig, sehr angenehm süß. — A. A. — Zw. aufw. — NB. Trägt zum ersten Mal. Diese in der Hauptsache mit Th. Angabe übereinstimmende Beschreibung weicht von den älterer Schriftsteller in einigen Stücken gar sehr ab. Nach diesen ist die Beere fast rund, etwas eiförmig, sehr groß, ganz glatt, von muskatellerartigem Geschmack und reift im Jul. — Die Blätter des Stocks sollen tiefe Einschnitte haben und sog. Petersilienblätter sein.	P.	42 a.	
599. Wladimir.	L. 1,36". D. 1,02". G. 259 Gr. Grasgrün; Adern lichter, mit grünlich weißen Punkten; ziemlich viele, lange, etwas steife, grünliche Haare; etwas durchscheinend, ziemlich dünnschaalig, süß. — A. A. — Zw. seitw.	P.	50.	Mit dem falschen Namen Black Prince erhalten.
600. Werner.	L. 1,04". D. 0,81". G. 125 Gr. Dunkel grasgrün; Adern lichter, mit wenigen gelblichen Punkten; auf der Haut stellenweise roth geadert und punktirt; sehr wenige kurze, steife Haare; durchscheinend, ziemlich dünnschaalig, süß. — A. A.			Der dieser Sorte beigelegte Name Trafalgar ist falsch, da solche nach Th. eine **gelbe** Beere trägt.

Allgemeine Kennzeichen: II. Grün. C. Haarig. 3. Elliptisch.

Name der Beere.	Besondere Kennzeichen.	Des Cultivateurs Name. Nr	Bemerkungen.
601. Siegfried.	L. 1,09". D. 0,95". G. 183 Gr. Grasgrün; Adern apfelgrün, mit wenigen weißlich gelben Punkten; nicht sehr viele, lange, steife, weiße Haare mit Drüsen; ziemlich durchscheinend, etwas dickschaalig, angenehm süß. — E. Jul. — Zw. seitw.	P. 215 a.	Der beigelegte Name Black Royale ist wohl falsch.
602. Waltmann. Walnut, Black's.	L. 0,76". D. 0,63". G. 57 Gr. Gelblich grasgrün, an der Blume lichter; Adern weißlich grün, mit sehr wenigen weißlichen Punkten; gelblich weiße netzartige Flecken durch die Haut scheinend; glänzend, mit sehr wenigen dünnen, nicht sehr langen, steifen, weißlichen Haaren; stark durchscheinend; dünnschaalig, säuerlich süß. A. A. Zw. aufw. NB. Der Stock hat zum ersten Mal Früchte getragen.	P. 102 a.	
603. Stephan. Elgin's Fame.	L. 1,23". D. 0,96". G. 199 Gr. Spargelgrün, bei der Blume weiß; Adern grünlich weiß, mit vielen gelblich weißen Punkten; kirschrothe Flecken auf der Sonnenseite; wenige, lange, steife, weiße Haare; durchscheinend, dünnschaalig, weinsäuerlich sehr süß. — M. Jul. A. A. — Zw. abw.	P. 108.	
604. Traugott.	L. 0,96". D. 0,79". G. 120 Gr. Weißlich grün, an der Blume fast weiß; Adern gelblich weiß, mit grünen Punkten; weiße netzartige Flecken durch die Haut scheinend; nicht sehr viele, lange, dünne, weiße Haare mit Drüsen; sehr dünnschaalig, recht angenehm süß. — E. Jul. — Zw. abw.	P. 151.	
605. Ulrich.	L. 1,12". D. 0,79". G. 125 Gr. Weißlich grün; Adern lichter, fast weiß, mit grünen Punkten auf den Samensträngen; netzartige weiße Flecken und Punkte über die ganze Beere gesprengelt; viele, lange, steife, grüne Haare; wenig durchscheinend, dünnschaalig, sehr angenehm süß, fleischig. — E. Jul. — Zw. seitw.	P. 352.	
606. Warnefried. Warminster?	L. 1,21". D. 1,02". G. 245 Gr. elliptisch. L. 1,17". D. 1,07". G. 252 Gr. eiförmig. Schmutzig graulich grün, an der Blume weißlich; Adern wenig sichtbar, mit wenigen grünlich weißen Punkten; rothe Flecken und Punkte auf der Haut; sehr wenig Haare, mehr glatt; wenig durchscheinend, ziemlich dickschaalig, sehr süß. — M. Jul. A. A. — Zw. seitw.	P. 101.	Diese Sorte soll nach Andern eine gelbe Beere tragen.

Allgemeine Kennzeichen: II. Grün. C. Haarig. 3. Elliptisch.

Name der Beere.	Besondere Kennzeichen.	Des Cultivateurs Name.	Nr.	Bemerkungen.
607. Sma=ragd. Smiling Beauty, Beaumont's. Th.	L. 1,30". D. 1,20". G. 336 Gr. rundlich. L. 1,44". D. 1,23". G. 410 Gr. elliptisch. Ist bei den Samensträngen eingedrückt; zeisiggrün, nach der Blume zu ochergelb; Adern ochergelb mit grünen Punkten; wenige lange, steife, plattgedrückte, grün= lich weiße Haare (nach Th. glatt); durch= scheinend, ziemlich dünnschaalig, sehr an= genehm süß. — M. Jul. A. A. — Zw. abw. Der Stock hat dünne Zweige und trägt reichlich.	P.	72.	
608. Vitalis. Small Hairy Green. Th.	L. 0,90". D. 0,77". G. 102 Gr. Wohlschmeckend. — Zw. aufw. Die Blätter haben feine Haare.	P.	233.	
609. Sixtus. Prelat.	Nach der Blume zu spitz; ansehnlich groß; gelbgrün; weiße feine Härchen; Geschmack gut. — M. Jul.			
610. Wezel. Proud.	Sehr groß; Adern weiß; viele starke Härchen; Geschmack sehr trefflich. — M. Jul.			
611. So=phron. Huntress.	Mittelgroß; Adern weiß; sehr feine Här= chen; gutschmeckend. — E. Jul.			
612. Theo=dat. Infant.	Nicht sehr groß; Adern weiß; gutschme= ckend. — E. Jul.			
613. Sulla. Hopley's Lord Crew. Th.	Groß; stark behaart; sehr wohlschmeckend. — A. — Zw. aufw.			
614. Wolf. Wistaton Hero, Bratherton's. Th.	Groß, wohlschmeckend. — Zw. aufw.			
615. Themi=stokles. Colonel, Anson's. Th.	Ziemlich wohlschmeckend; spät reifend. — Zw. seitw.			
616. Ursin. Glenton Green. **York Seedling.** Th.	Mittelmäßig groß, stark behaart; sehr wohlschmeckend. — A. — Zw. abw. Die Blätter haben feine Härchen.			
617. Simson. Conquering Hero, Chipen- dale's. Th.	Mittelgroß, ziemlich wohlschmeckend. — Zw. seitw. Der Stock ist schlecht tragend.			
618. Zeno, Green Seedling. Th.	Klein; stark behaart; sehr wohlschmeckend. — J. A. — Zw. abw. Der Stock trägt reichlich.			

Allgemeine Kennzeichen: **II. Grün. C. Haarig. 4. Länglich. 5. Eiförmig.**

Name der Beere.	Besondere Kennzeichen.	Des Cultivateurs Nam.	Nr.	Bemerkungen.
	II. Grün. C. Haarig. 4. Länglich.			
619. Treumund. Jewel.	Sehr groß, schön; wenige kleine Härchen; durchsichtig, sehr angenehm süß. — A. A.			
620. Widulf. White Orland.				
	II. Grün. C. Haarig. 5. Eiförmig.			
621. Spiridion. Companion white.	L. 1,30". D. 1,01". G. 248 Gr. L. 1,44". D. 0,89". G. 224 Gr. Weißlich spargelgrün; Adern lichter mit vielen grünen und wenigen weißen Punkten; rothe Flecken auf den Samensträngen; viele, kurze, steife, weiße Haare, vom Stiele bis zur Mitte der Beere, von da an bis zur Blume glatt; glasartig durchscheinend, sehr dünnschaalig, süß. — M. u. E. Jul. — Zw. aufw.	P.	290.	
622. Ulfila. Old Briton Goosberry.	L. 1,18". D. 0,91". G. 188 Gr. Weißlich grün; Adern lichter, mit gelblich weißen Punkten; viele rothe Flecken auf der Haut; sehr wenige, lange, feine, weiße Haare; ziemlich durchscheinend, dünnschaalig, sehr süß. — A. A. — Zw. aufw.	P.	12 a.	.
623. Tycho. Royal George, Early?	L. 1,33". D. 1,16". G. 323 Gr. Gelblich grün; Adern schwefelgelb, mit gelben Punkten; ziemlich viele, lange, steife, grünlich gelbe Haare; durchscheinend, etwas säuerlich süß. — E. Jul. — Zw. seitw.	P.	136.	'
624. Wolfram. Yellow Hornet, Taylor's.	L. 0,82". D. 0,76". G. 93 Gr. Gelblich grün; Adern weißlich grün, mit grünen Punkten; glatt, jedoch mit wenigen, einzelnen, feinen, kurzen Haaren; stark durchscheinend, dünnschaalig, Geschmack fade. — A. A. — Zw. aufw.	P.	219 a.	
625. Wendelin. Large Smooth Green.	Groß; fein behaart, sehr wohlschmeckend. — A.			
626. Simon. Moses, Lovart's. Th.	Groß, wohlschmeckend. — Zw. aufw.			
627. Tryphon. Triumph, Rider's. Th.	Klein; gelblich grün; Adern gelblich; fein behaart; gutschmeckend. — E. A. — Zw. seitw.			
628. Viktor. Audley Lass, Williams. Th.	Groß, ziemlich wohlschmeckend. — Zw. seitw.			

Allgemeine Kennzeichen: II. Grün. C. Haarig. 5. Eiförm. 6. Birnförm.

Name der Beere.	Besondere Kennzeichen.	Des Cultivateurs Name.	Nr.	Bemerkungen.
629. Silvester. Green Mountain, Sandiford's. Th.	Groß, ziemlich] wohlschmeckend. — Zw. seitw.			
630. Winfried. Charles Fox, Monck's. Th.	Mittelgroß; Adern weiß; feine weiße Härchen; wohlschmeckend. — E. Jul. - Zw. aufw.			
	II. Grün. C. Haarig. 6. Birnförm.			
631. Xaver. Fire Ball, Elliot's?	L. 1,49". D. 0,93". G. 247 Gr. L. 1,30". D. 0,92". G. 212 Gr. Weißlich gelbgrün, an der Blume lichter; Adern lichter, mit grünlich weißen Punkten; nach dem Stiele zu viele, sehr lange, steife, weiße Haare; wenig durchscheinend, dickschaalig, angenehm süß, sehr fleischig. — E. Jul.	Möhring.		
632. Wulf. Royal George. Th.	L. 1,21". L. 0,93". G. 191 Gr. Zeisiggrün; Adern schwefelgelb, mit wenigen gelben Punkten; ziemlich viele, steife, zeisiggrüne Haare; durchscheinend, etwas dickschaalig, wohlschmeckend säuerlich süß. — A. A. An diesem Stocke fanden sich runde und birnförmige Beere an einem gemeinschaftlichen, zweigetheilten Stiele.			
633. Zacharias. Green Peak.	Groß; gelblich grün; Adern weiß; viele, zarte, weiße Härchen; angenehm süß. — E. Jul.			

Gelbe Stachelbeeren,

haben weibliche Namen mit den Anfangsbuchstaben von A bis I.

1. Glatte A. B. C.
2. Wollige D. E. F.
3. Haarige G. H. I.

Allgemeine Kennzeichen: **III. Gelb. A. Glatt. 1. Rund.**

Name der Beere.	Besondere Kennzeichen.	Des Cultivateurs Name.	Nr.	Bemerkungen.
	III. Gelb. A. Glatt. 1. Rund.			
634. Adelheid. Eclipse, Blackley's.	L. 0,93''. D. 0,87''. G. 133 Gr. rundlich. Schön goldgelb, an der Blume lichter; Adern licht goldgelb, mit gelblich weißen Punkten; etwas stark durchscheinend, dünnschaalig, fleischig; nicht sonderlich süß. — E. Jul. — Zw. seitw.	P.	314 a.	
635. Arnoldine. Thorpe's Lamb.	L. 0,89''. D. 0,77''. G. 103 Gr. L. 0,70''. D. 0,70''. G. 64 Gr. Hell goldgelb; Adern gelblich, mit gelblich weißen Punkten; durchscheinend, etwas dickschaalig, nicht sonderlich süß. — E. Jul. — Zw. seitw.	P.	50 a.	
636. Berenice. Washington, Coe's.	L. 0,82''. D. 0,80''. G. 104 Gr. L. 0,91''. D. 0,88''. G. 125 Gr. Goldgelb; Adern erbsgelb, auf den Samensträngen mit grünen, auf den Adern mit gelblich weißen Punkten; bei einigen rothe Flecken nach dem Stiele zu; durchscheinend, etwas dickschaalig, sehr süß. — M. Jul. — Zw. aufw.	P.	275.	
637. Betty. Miter, Simington's.	L. 0,85''. D. 0,80''. G. 107 Gr. Goldgelb; Adern citronengelb, mit wenigen weißlich gelben Punkten; zwar glatt, aber doch mit sehr wenigen langen, lichtgelben Haaren mit Drüsen an den Spitzen; sehr durchscheinend, dünnschaalig, sehr süß. — A. A. — Zw. seitw.	P.	35 a.	
638. Cäcilie.	L. 0,93''. D. 0,84''. G. 123 Gr. Schmutzig goldgelb, an der Blume erbsgelb; Adern erbsgelb, mit weißlich gelben Punkten; ziemlich durchscheinend, etwas dickschaalig, säuerlich süß. — A. A. — Zw. seitw.	P.	132 a.	Unter dem Namen Rumbullion erhalten, ist aber davon sehr verschieden.
639. Brigitte. Golden Conqueror, Lee's.	L. 0,84''. D. 0,84''. G. 118 Gr. L. 0,80''. D. 0,77''. G. 93 Gr. Goldgelb; Adern weißlich gelb; einzelne rothe Punkte auf der Haut; sehr durchscheinend, dickschaalig, aromatisch süß. — E. Jul. — Zw. aufw.	P.	245 a.	

Allgemeine Kennzeichen: **III. Gelb. A. Glatt. 1. Rund.**

Name der Beere.	Besondere Kennzeichen.	Des Cultivateurs Name.	Nr.	Bemerkungen.
640. Aniane. Golden Conque ror, Mason's.	Rund (theils rund, theils länglich); groß und schön; goldgelb, sehr süß; reift früh M. Jul. — Zw. aufw.			
641. Alpne. Earl Chatham.	Groß, goldgelb; Adern hellgelb; Geschmack trefflich. — M. Jul.			
642. Bastiane. Hony Comp.	Hochgelb, sehr wohlschmeckend. — A.			
643. Amber-tine. Large Amber.	Sehr groß, goldgelb, mit weißen Punkten getüpfelt, durchsichtig, sehr wohlschmeckend. — A.			
644. Amal-rife. Goldfinch, Taylor's.	Goldgelb, sehr wohlschmeckend. A.			
645. Artemic. Yellow Seedling.	L. 0,85". D. 0,83". G. 107 Gr. L. 1,01". D. 0,92". G. 157 Gr. Schmutzig grünlich ochergelb; Adern lichtgelb, mit gelblich grünen Punkten, die nach der Blume zu dichter stehen; rothe Flecken auf der Haut; sehr durchscheinend, dickschaalig, süß. — A. A. — Zw. aufw.	P.	221.	
646. Agrip-pine. Stampf.	L. 0,87". D. 0,82". G. 112 Gr. Schmutzig grünlich ochergelb; Adern lichtgelb, mit weißlich grünen Punkten, glänzend, sehr durchscheinend. — C. Jul. — Zw. abw.	P.	86 a.	
647. Agnes.	L. 0,75". D. 0,67". G. 65 Gr. Schmutzig ochergelb; Adern licht goldgelb, mit grünen und gelblich weißen Punkten. Licht goldgelbe Flecken und Punkte durch die Haut scheinend; glänzend, dünnschaalig, sehr angenehm süß. A. A. — Zw. aufw.	P.	390.	
648. Benja-mine. Long yellow.	L. 0,86". D. 0,85". G. 119 Gr. Schmutzig grünlich ochergelb; Adern lichter, an der Blume erbsgelb, mit grünlichen und gelblich weißen Punkten; durchscheinend, dünnschaalig, fleischig, nicht sonderlich süß. — C. Jul.	P.	303 a.	
649. Adol-phine. Yellow John, Lee's.	L. 0,78". D. 0,72". G. 80 Gr. Schmutzig grünlich ochergelb, an der Blume lichter, fast erbsgelb; Adern erbsgelb, mit gelblich weißen Punkten; sehr durchscheinend, sehr dünnschaalig, sehr angenehm süß. — C. Jul. — Zw. aufw.	P.	230 a.	
650. Aline. Bird Lime.	Grünlich gelb; Adern erbsgelb, mit wenigen grünen Punkten; etwas durchscheinend, dünnschaalig, sehr süß. — C. Jul.	Möhring.		

Allgemeine Kennzeichen: III. Gelb. A. Glatt. 1. Rund. 2. Rundlich.

Name der Beere.	Besondere Kennzeichen.	Des Cultivateurs Name.	Nr.	Bemerkungen.
651. Brunhilde. Thinling's Tom.	L. 1,05". G. 160 Gr. Schwefelgelb; Adern citronengelb; rothe Flecken und Punkte auf Haut und Adern; stark durchscheinend, ziemlich dünnschaalig, angenehm süß. — A. A.	Törnberg.		
652. Arabelle. White Wreen, Gray's.	Nicht sehr groß; gelb; Adern hellgelb, angenehm süß. — A. A.			
653. Adriane. Ore-Gold.	Ansehnlich groß; gelb; Adern hellgelb, Geschmack gut. — M. Jul.			
654. Blandine. Golden Ball, Stanley's.	Sehr wohlschmeckend. — A.			
655. Agave. Blithfield. Th.	Klein, von Geschmack ziemlich gut, spät reifend. — Zw. aufw.			

III. Gelb. A. Glatt. 2. Rundlich.

Name der Beere.	Besondere Kennzeichen.	Des Cultivateurs Name.	Nr.	Bemerkungen.
656. Achilleis. Ferdinand IV.	L. 0,81". G. 85 Gr. rund. L. 0,93". D. 0,78". G. 100 Gr. elliptisch. Ochergelb; Adern schwefelgelb; durchscheinend, ziemlich dickschaalig, nicht sonderlich süß. — A. A.	Koch.		
657. Cölestine.	L. 1,03". D. 0,92". G. 161 Gr. Schmutzig ochergelb; Adern erbsgelb, am Stiele grün, an der Blume lichter. Die gelben Adern stehen auf schmutzig grünem Grunde vor, wie bei Nr. 361. Durchscheinend, dünnschaalig, sehr süß. — C. Jul. — Zw. seitw.	P.	376.	
658. Adele. Leader, Piggot's.	L. 1,03". G. 198 Gr. rund. L. 1,05". D. 0,96". G. 185 Gr. rundlich. L. 1,16". D. 1,06". G. 265 Gr. Schmutzig olivengrünlich ochergelb; hat ein ganz fahles Ansehen; Adern lichter, wenig sichtbar, mit gelblich weißen Punkten; an der Sonnenseite rothe Flecken; wenig durchscheinend, dünnschaalig, sehr süß. — C. Jul. — Zw. abw.	P.	122.	
659. Amalgunde. Dogissling (?), Suchson's.	L. 0,81". D. 0,77". G. 100 Gr. Schmutzig grünlich dunkel ochergelb; Adern etwas lichter, mit vielen gelblich weißen Punkten. Rothe Flecken auf der Haut; ziemlich durchscheinend, dünnschaalig, sehr süß. — C. Jul. — Zw. abw.	P.	115 b.	
660. Babille. Bear white.	L. 1,01". D. 0,87". G. 150 Gr. Grünlich ochergelb, an der Blume lichter, fast erbsgelb; Adern erbsgelb, mit wenigen grünen Punkten; rothe Flecken an der Sonnenseite; durchscheinend, dickschaalig, sehr angenehm süß. — C. Jul. — Zw. seitw.	P.	67 b.	Die Farbe der Beere läßt vermuthen, daß der englische Name unrichtig ist.

Allgemeine Kennzeichen: III. Gelb. A. Glatt. 2. Rundlich.

Name der Beere.	Besondere Kennzeichen.	Des Cultivateurs Name.	Nr.	Bemerkungen.
661. Ariadne. Lemon, Rider's.	L. 0,72". D. 0,66". G. 59 Gr. Schmutzig ochergelb; Adern lichter, mit weißlichen und wenigen grünlichen Punkten; ziemlich durchscheinend, sehr dünnschaalig, sehr süß. — A. A. — Zw. abw.	P.	128 a.	Ist verschieden von der unter demselben Namen **eiförmig** Nr. 725.
662. Achazie. Melon, Wrigley's.	L. 0,74". D. 0,76". G. 80 Gr. L. 1,11". D. 1,00". G. 207 Gr. Schmutzig ochergelb; Adern erbsgelb, mit vielen gelblich weißen Punkten; durchscheinend, etwas dickschaalig, sehr angenehm süß. — A. A. — Zw. seitw.	P.	134 a.	
663. Benigne. Smiling Mary.	L. 1,15". D. 0,97". G. 204 Gr. Dunkel goldgelb, an der Blume lichter; Adern lichter, mit schwefelgelben Punkten; über die ganze Beere netzartige hellere Flecken durch die Haut scheinend, so daß die Beere ganz eigenthümlich, wie lichter beduftet aussieht; einzelne rothe Flecken auf der Haut; dünnschaalig, sehr süß. — A. A. — Zw. abw.	P.	113 a.	
664. Apollonie.	L. 0,67". D. 0,67". G. 51 Gr. L. 1,11". D. 1,02". G. 223 Gr. Schmutzig goldgelb; Adern citronengelb, mit weißlich gelben Punkten; viele rothe Flecken an der Sonnenseite; ziemlich durchscheinend, dünnschaalig, sehr süß. — A. A. — Zw. aufw.	P.	124 a.	Der mitgetheilte Name Lovat's Aaron ist falsch; denn diese ist, nach Th., **haarig**, elliptisch und **groß**.
665. Alceste. Bonny Highlander, Rauson's.	L. 0,66". D. 0,66". G. 56 Gr. L. 0,94". D. 0,82". G. 122 Gr. Schmutzig grünlich goldgelb; Adern citronengelb, mit weißlichen Punkten; ziemlich durchscheinend, dickschaalig, sehr süß. — E. Jul. — Zw. seitw.	P.	19 a.	Erhalten unter dem Namen Ranson's Bonghenglander.
666. Charlotte.	L. 1,12". D. 0,92". G. 189 Gr. Meistens rundlich; licht goldgelb; Adern erbsgelb, mit schwefelgelben Punkten; schwefelgelbe netzartige Flecken und Punkte durch die Haut scheinend; durchscheinend, dickschaalig, fleischig, nicht sehr süß. — E. Jul. — Zw. seitw.	P.	204.	
667. Alma. Prince of Hessen.	Sehr groß; goldgelb; Adern hellgelb; etwas dickschaalig, wohlschmeckend. — M. Jul. Der Stock trägt sehr reichlich.			
668. Angelika. Golden Queen, Kay's. **Lay's Golden Queen.** Th.	L. 1,15". D. 0,99". G. 217 Gr. Schmutzig grünlich gelb, an der Blume erbsgelb; Adern erbsgelb, mit wenigen grünen Punkten; wenige rothe Flecken auf der Haut; ziemlich durchscheinend, ziemlich dünnschaalig, süß. — E. Jul. — Zw. abw.	P.	283.	

Allgemeine Kennzeichen: III. Gelb. A. Glatt. 2. Rundlich.

Name der Beere.	Besondere Kennzeichen.	Des Cultivateurs Name.	Nr.	Bemerkungen.
669. Arminie.	L. 0,86". D. 0,76". G. 93 Gr. Schmutzig grünlich gelb, an der Blume weißlich gelb; Adern gelblich weiß; zwar glatt, jedoch mit sehr einzelnen Haaren, stark durchscheinend, dünnschaalig, sehr süß. — C. Jul. — Zw. aufw.	P.	52 b.	Der dieser Sorte beigefügte Name Plentiful Bearer, Whiley's, ist wohl unrichtig, da sie, nach Christ, eine rothe Beere trägt.
670. Bernhardine. Duke of Bedford, Liptrot's.	Sehr groß; schmutzig grünlich gelb; Adern citronengelb, mit weißlichen Punkten; viele kirschrothe Flecken an der Sonnenseite; durchscheinend, sehr dünnschaalig, angenehm süß. — M. u. E. Jul.	Möhring.		
671. Amasie. Delphin, Stanley's.	Sehr groß; bald rund, bald eiförmig; grüngelb; sehr wohlschmeckend. — Jul.			
672. Christine. Radcliff's Seedling.	L. 0,95". G. 152 Gr. rund. L. 1,07". D. 0,93". G. 180 Gr. rundlich. Grünlich wachsgelb, an der Spitze lichter; Adern lichter, mit sehr wenigen gelblich grünen Punkten; rothe Flecken und Punkte auf der Haut; ziemlich durchscheinend, dickschaalig, fleischig, süß. — E. Jul. — Zw. abw.	P.	102.	
673. Albane.	L. 1,11". D. 0,91". G. 167 Gr. Licht erbsgelb; Adern schwefelgelb, mit sehr wenigen lichtern Punkten; durchscheinend, dünnschaalig, süß. — E. Jul. — Zw. seitw.	P.	203.	
674. Armigie. Miscarriage.	Sehr groß; Adern hellgelb und grün; wohlschmeckend. — A. A.			
675. Bella. Belle.	Sehr groß; theils rund, theils länglich; Adern hellgelb, wohlschmeckend. — A. A.			
676. Aloysie. Yellow Lily.	Groß, schön; theils rund, theils länglich; Adern gelb; Geschmack gut. — M. Jul.			
677. Valbine. Ball, Yellow. Th.	Mittelgroß; glatt, jedoch fein behaart; sehr wohlschmeckend. — A. — Zw. aufw.			
678. Charitas. Bunkers Hill, Capper's. Th.	Groß, ziemlich wohlschmeckend. — Zw. seitw.			
679. Aristobuline. Smuggler, Bnardsill's. Th.	Groß, sehr wohlschmeckend. — Zw. aufw.			
680. Bediane. Yellow, Old Dark. Th.	Ziemlich wohlschmeckend. — Zw. aufw. Die Blätter haben feine Härchen.			

Allgemeine Kennzeichen: **III. Gelb. A. Glatt. 3. Elliptisch.**

Name der Beere.	Besondere Kennzeichen.	Des Cultivateurs Name.	Nr.	Bemerkungen.
	III. Gelb. A. Glatt. 3. Elliptisch.			
681. Artemisie.	L. 0,96". D. 0,83". G. 130 Gr. Mehrere sind rundlich. Goldgelb; Adern schön erbsgelb mit weißen Punkten; sehr durchscheinend, dünnschaalig, sehr süß. — E. Jul. — Zw. seitw.	P.	85 a.	Der dieser Sorte beigelegte Name: Rough scarlet, zeigt schon, daß derselbe unrichtig ist.
682. Bathilde. Lord Clive.	Mittelgroß, schön, goldgelb; Adern hellgelb; Geschmack sehr gut. — A. A.			
683. Abundantia.	L. 0,87". D. 0,70". G. 77 Gr. Dunkel goldgelb, an der Blume lichter, mit erbsgelben Flecken. Adern erbsgelb, mit grünen Punkten beim Stiele; einzelne rothe Flecken an der Sonnenseite; glatt, ziemlich durchscheinend, sehr dünnschaalig, sehr angenehm säuerlich süß. — E. Jul. — Zw. seitw. Hat wenig Kerne, trägt sehr reichlich.	P.	255 a.	Unter dem Namen Sparlet Smith's erhalten, von welcher sie aber verschieden ist.
684. Aquilina. Nero, Stafford's.	L. 1,13". D. 0,91". G. 177 Gr. Mehrere rund. Goldgelb; Adern erbsgelb, mit gelblich weißen Punkten; wenige rothe Flecken auf der Haut; sehr durchscheinend, dünnschaalig, sehr gewürzhaft angenehm süß. — M. Jul. — Zw. aufw.	P.	226 a.	Ein schöne Beere.
685. Aspasia.	L. 1,23". D. 1,12". G. 241 Gr. Schmutzig goldgelb; Adern erbsgelb, mit grünlichen und gelblich weißen Punkten; stark durchscheinend, etwas dickschaalig, fleischig, süß. — E. Jul. — Zw. abw.	P.	153.	
686. Bertha. Lemon Kloken's.	L. 1,11". D. 0,83". G. 145 Gr. Grünlich goldgelb, an der Blume lichter; Adern lichter, mit weißlich gelben Punkten; sehr rothe Flecken auf der Haut; sehr durchscheinend, sehr dünnschaalig, gewürzhaft süß. — A. A. — Zw. anfw.	P.	284 a.	Scheint einerlei zu sein mit Rider's Lemon.
687. Anna.	L. 0,94". D. 0,77". G. 111 Gr. L. 1,26". D. 0,99". G. 240 Gr. Schmutzig goldgelb, an der Blume weißlich gelb; Adern lichter, mit weißlich gelben Punkten; glatt, aber doch einzelne wenige kurze, dünne Haare; ziemlich durchscheinend, dünnschaalig, sehr süß. — E. Jul. — Zw. aufw.	P.	266 a.	Der mitgetheilte Name: Melbourne Hero, Thompson's, ist falsch, da die Beere dieser Sorte roth ist.
688. Begga. Beggar Lad.	L. 0,94". D. 0,76". G. 112 Gr. elliptisch. L. 0,83". D. 0,82". G. 106 Gr. rundlich. Schmutzig goldgelb; Adern lichter, mit weißen Punkten; sehr durchscheinend, dünnschaalig, sehr süß. — M. Jul. — Zw. aufw.	P.	245 h.	

Allgemeine Kennzeichen: III. Gelb. A. Glatt. 3. Elliptisch.

Name der Beere.	Besondere Kennzeichen.	Des Cultivateurs Name.	Nr.	Bemerkungen.
689. Antonie. Golden Scepter, Shaw's.	L. 1,22". D. 0,98". G. 224 Gr. Schmutzig grünlich gelb; Adern lichtgelb, Samenstränge grünlich; wenige rothe Flecke an der Sonnenseite einiger Beere; durchscheinend, etwas dickschaalig, wässerig süß. E. Jul. — Zw. aufw.	P.	221 b.	
690. Albertine. Ware's Fly.	L. 0,94". D. 0,77". G. 114 Gr. Grünlich gelb, um die Blume herum gelblich weiß; Adern citronengelb; durchscheinend, etwas dickschaalig, angenehm weinsäuerlich süß. — A. A.	Törnberg.		
691. Asterie. Egyptian.	Sehr groß; grünlich gelb; Adern hellgelb, sehr wohlschmeckend; spätreifend in A. Die Beere hält sich bis zu Michaelis.			
692. Chlorinde. Tim Bobbin, Clegg's. Th.	Mittelgroß, grünlich gelb, wohlschmeckend. — Zw. aufw.			
693. Amarante. Gibraltar. Th.	Mittelgroß, grünlich gelb, nicht sonderlich von Geschmack. — Zw. abw.			
694. Bettina. Conqueror, Fisher's Defiance, Cook's. Th.	Groß, grünlich gelb, Geschmack nicht sonderlich. — Zw. seitw. Der Stock ist schlecht tragend.			
695. Blanke.	L. 1,25". D. 1,02". G. 257 Gr. Ganz fahl dunkel ochergelb; Adern lichter, mit wenigen apfelgrünen Punkten; einzelne hellere gelbe Punkte durch die Haut scheinend; mattglänzend, sehr dünnschaalig, viel Fleisch, sehr süß. — E. Jul. — Zw. abw. — Eine schöne Beere.	P.	264 a.	Ist Jolly Miner genannt, aber der Name ist falsch, da die Beere dieser Sorte **roth** ist.
696. Annunciade.	L. 0,90". D. 0,75". G. 100 Gr. Schmutzig grünlich ochergelb; Adern lichter, mit vielen grünlich weißen Punkten; einzelne rothe Flecken auf der Haut, wenig durchscheinend, dünnschaalig, fleischig, gewürzhaft süß. — E. Jul. — Zw. seitw.	P.	68.	Unter dem Namen: **Huntsman** erhalten, von welcher Sorte aber die Beere **roth** ist.
697. Amöne. Ville de Paris, Gradwell's. Th.	L. 1,11". D. 1,01". G. 210 Gr. rundlich. L. 1,27". D. 0,92". G. 209 Gr. elliptisch. L. 1,03". D. 0,82". G. 140 Gr. birnförm. Schmutzig grünlich ochergelb; Adern weißlich gelb, mit grünlich weißen Punkten; viele rothe Flecken an der Sonnenseite, durchscheinend, sehr dickschaalig, fleischig, nicht sonderlich süß. — E. Jul. — Zw. abw.	P.	292.	

Allgemeine Kennzeichen: **III. Gelb. A. Glatt. 3. Elliptisch.**				
Name der Beere.	Besondere Kennzeichen.	Des Cultivateurs Name.	Nr.	Bemerkungen.
698. Babette. Shuttle, Dudson's.	L. 1,43". D. 1,00". G. 270 Gr. elliptisch. L. 1,54". D. 1,05". G. 321 Gr. birnförm. Grünlich ochergelb, an der Blume goldgelb; Adern lichter mit weißlich grünen Punkten; an der Sonnenseite rothe kleine Flecken und Punkte auf Haut und Adern; ziemlich durchscheinend, ziemlich dünnschaalig, sehr fleischig, gewürzhaft süß. — A. A. — Zw. abw.	P.	91.	
699. Akoste. Long Yellow. Th.	L. 0,86". D. 0,85". G. 119 Gr. Schmutzig grünlich ochergelb, an der Blume erbsgelb; Adern lichter, mit gelblich weißen Punkten; durchscheinend, dünnschaalig, fleischig; Geschmack nicht sonderlich. — E. Jul. — Zw. seitw.	P.	303 a.	
700. Athanasse.	L. 1,07". D. 0,95". G. 181 Gr. rundlich. L. 1,28". D. 1,10". G. 297 Gr. elliptisch. Schmutzig ochergelb; Adern lichter mit gelblichen Punkten; sehr wenige rothe Flecken auf den Samensträngen an der Sonnenseite; ziemlich durchscheinend, dünnschaalig, sehr süß. — E. Jul. — Zw. seitw.	P.	268 a.	Unter dem Namen: Pope's Seedling erhalten. Diese Beere soll aber **grün, haarig** und **runl** sein.
701. Aurea. Golden Yellow, Dixon's. Th.	L. 1,20". D. 0,98". G. 220 Gr. Grünlich ochergelb; Adern citronengelb, mit grünlich weißen Punkten; rothe Flecken auf der Haut; glänzend, durchscheinend, dickschaalig, sehr süß. — M. u. E. Jul. — Zw. seitw.	P.	325.	Nach **Th.** ist die Gestalt dieser Beere Turbinale (kreiselförmig).
702. Aurelie. Golden Chain, Forbes's. Th.	L. 1,28". D. 1,04". G. 253 Gr. Licht ochergelb; Adern citronengelb, mit grünen und weißen Punkten; ziemlich viele rothe Flecken auf der Haut; glänzend, stark durchscheinend, sehr dünnschaalig, sehr fleischig, säuerlich süß. — M. u. E. Jul. — Zw. seitw.	P.	291.	
703. Andromache. Goliath Champion, Costerdine's.	L. 1,50". D. 1,08". G. 320 Gr. Schwefelgelb; Adern citronengelb, mit sehr wenig gelben Punkten; einige rothe Flecken auf der Haut und viele netzartige weiße Flecken durch die Haut scheinend; dünnschaalig, säuerlich süß. — M. u. E. Jul. — Zw. abw.	P.	277.	Unter dem falschen Namen Peacock erhalten.
704. Beatrix. Two to one, Whittaker's.	L. 1,00". D. 0,88". G. 140 Gr. rundlich. L. 1,19". D. 0,97". G. 199 Gr. elliptisch. L. 1,43". D. 1,08". G. 305 Gr. walzenförm. Dunkel citronengelb; Adern lichter, mit wenigen grünlich weißen Punkten; rothe Flecken auf der Haut; zwar glatt, jedoch noch sehr wenige, kurze, gelbe und röthliche Haare; ziemlich durchscheinend, dünnschaalig, säuerlich süß. — M. u. E. Jul — Zw. seitw.	P.	321.	

Allgemeine Kennzeichen: III. Gelb. A. Glatt. 3. Elliptisch. 4. Länglich.

Name der Beere.	Besondere Kennzeichen.	Des Cultivateurs Name.	Nr.	Bemerkungen.
705. Alia.	L. 0,97". G. 140 Gr. rund. L. 1,07". D. 0,89". G. 161 Gr. elliptisch. Wachsgelb; Adern citronengelb, mit gelben Punkten; rothe Flecken und Punkte an der Sonnenseite der Haut; große gelbe Punkte und kleine Flecken durchscheinend; ziemlich dünnschaalig, sehr angenehm süß. — A. A. — Zw. seitw.	P.	6.	Unter dem Namen: Plumper erhalten, von welcher aber die Beere **roth** sein soll.
706. Anemunde. Plantagenet, Edleston's.	L. 1,03". D. 0,77". G. 113 Gr. Schmutzig dunkelgelb; Adern lichter, mit wenigen weißlichen Punkten; einzelne rothe Flecken auf der Sonnenseite; sehr durchscheinend, sehr dünnschaalig, sehr aromatisch süß. — E. Jul. — Zw. seitw.	P.	20 a.	
707. Chloe. Yellow Willow, Bell's	L. 0,83". D. 0,73". G. 79 Gr. rundlich. L. 1,14". D. 0,96". G. 204 Gr. elliptisch. Lichtgelb; Adern citronengelb, mit wenigen gelblich weißen Punkten; wenige rothe Flecken auf der Haut; ziemlich durchscheinend, dünnschaalig, säuerlich süß. — E. Jul. — Zw. aufw.	P.	133 a.	Yellow Willow, Kershaw's (P. 5a.) hat dieselben Kennzeichen, nur ist sie grünlich gelb, Adern grünlich weiß, mit wenigen gelblich weißen Punkten.
708. Amberte. Amber. **Amber Yellow. Smooth Amber.** Th.	Klein, gelb; Adern weiß, wohlschmeckend. A. A. — Zw. seitw.			Yellow Amber, Rawlinson's, hat dieselben Kennzeichen, soll aber groß und durchsichtig sein.
	III. Gelb. A. Glatt. 4. Länglich.			
709. Ambrosie. Cheshire Stag, Shelmardine's.	Sehr groß; länglich, rundlich; weißgelb; Adern gelb; sehr viele ganz dunkelrothe Flecken an der Sonnenseite; dünnschaalig, sehr wohlschmeckend. — M. Jul. — Trägt sehr reichlich.			
710. Afra. Flora.	Ansehnlich groß, lang; weißlich gelb; Adern gelb; durchsichtig, gutschmeckend. — M. A.			
711. Adelberge. Airling (?)	Nicht sehr groß, länglich; weißgelblich; Adern weiß; Geschmack sehr angenehm. — M. Jul.			
712. Berthilde. Pythagoras, Klute's.	Groß, lang, hat ein hartes Fleisch, reift sehr spät.			
713. AmathilD. Tibullus, Klute's.	Länglich, duftgelb, mit rothen Strichen und Punkten. — E. Jul.			

Allgemeine Kennzeichen: **II. Gelb. A. Glatt. 5. Eiförmig.**

Name der Beere.	Besondere Kennzeichen.	Des Cultivateurs Name.	Nr.	Bemerkungen.
	III. Gelb. A. Glatt. 5. Eiförmig.			
714. Aurora. Golden Purse, Bamford's. Th.	L. 1,39". D. 1,06". G. 282 Gr. Grünlich gelb, an der Blume gelblich weiß; Adern lichtgelb, mit wenigen grünlichen und gelblich weißen Punkten; rothe Flecken an einzelnen; ziemlich durchscheinend, dünnschaalig, angenehm süß. — A. A. — Zw. abw.	P.	302 a.	
715. Alane. Lord Sulfield, Haywood's. Th.	Groß, grünlich gelb, nicht sonderlich von Geschmack. — Zw. abw.			
716. Biblane. Large Yellow. Th.	Mittelgroß, grünlich gelb. — Zw. abw.			
717. Atalie. Bullock's Yellow.	L. 1,09". D. 0,97". G. 197 Gr. verf. eif. Schmutzig grünlich ochergelb; Adern weingelb, mit wenigen weißen Punkten; sehr wenige rothe Flecken, glatt, jedoch sehr wenige, einzelne, dünne, weiße Haare; wenig durchscheinend, ziemlich dickschaalig, süß. — M. u. C. Jul. — Zw. seitw.	P.	262.	
718. Chloris. Trop's Top.	L. 1,05". D. 0,79". G. 128 Gr. Schmutzig ochergelb, an der Blume weißlich gelb; Adern lichter, mit weißlich gelben Punkten; einzelne rothe Flecke an der Sonnenseite; ziemlich durchscheinend, säuerlich süß. — A. A. — Zw. seitw.	P.	262 a.	
719. Agathe. Duck Wing, Buerdsill's. Th.	L. 1,46". D. 1,14". G. 319 Gr. eiförmig. L. 1,50". D. 1,13". G. 317 Gr. birnförm. Schwefelgelb, schön wachsgelb; Adern lichter, mit wenigen weißlich grünen und gelben Punkten; bei wenigen einzelne rothe Flecken und Punkte auf der Sonnenseite; glänzend, sehr wenig durchscheinend, wachsartig; etwas dickschaalig, weinsäuerlich süß. — C. Jul. A. A. — Zw. aufw.	P.	272. 409.	
720. Albine.	L. 1,10". D. 0,79". G. 130 Gr. Wachsgelb, bei der Blume goldgelb; Adern goldgelb, mit gelben Punkten; goldgelbe Punkte und Flecken auf der Haut; stark durchscheinend, dünnschaalig, sehr wohlschmeckend süß. — C. Jul. A. A. — Zw. abw.	P.	381.	Eine schöne, gute Beere. Der Stock macht lange Triebe.
721. Basilie. Viper, Gorton's. Th.	L. 0,95". D. 0,87". G. 133 Gr. eiförmig. L. 1,16". D. 0,99". G. 212 Gr. birnförm. Wachsgelb; Adern citronengelb; rothe Flecken auf der Sonnenseite; glatt, jedoch sehr wenige gelbliche Haare, durchscheinend, dünnschaalig, angenehm süß. — A. A. — Zw. seitw.	P.	48.	

Allgemeine Kennzeichen: **III. Gelb. A. Glatt. 5. Eiförmig.**

Name der Beere.	Besondere Kennzeichen.	Des Cultivateurs Name.	Nr.	Bemerkungen.
722. Amande. Cheshire Cheese, Hopley's. Th.	L. 1,38". D. 1,15". G. 336 Gr. Mehrere birnförmig; weingelb; Adern citronengelb, mit wenigen grünen Punkten auf den Samensträngen; netzartige citronengelbe Flecken von den Adern aus; rothe Flecken auf der Sonnenseite; wenig durchscheinend, dickschaalig, sehr süß. — E. Jul. A. A. — Zw. seitw.	P.	285 b.	Eine sehr schöne Beere.
723. Anisia. Bright Farmer, Bell's.	L. 1,11". D. 0,99". G. 202 Gr. Licht goldgelb, an der Blume weißlich gelb; Adern lichter, mit gelblich weißen und wenigen grünlichen Punkten; glatt, aber doch hin und wieder einzelne Härchen; wenig durchscheinend, dünnschaalig, gewürzhaft süß. — E. Jul. A. A. — Zw. seitw.	P.	293 b.	
724. Chlotilde. Witwal.	Theils rund, theils länglich, nicht sehr groß, schön; goldgelb; Adern gelb; durchsichtig, wohlschmeckend.			
725. Beate. Lemon, Rider's.	Länglich, beinahe glockenförmig, groß, schön; hochgelb, Adern heller, etwas dickschaalig; angenehm säuerlich süß. — E. Jul. — hat viele Kerne, das Mark ist etwas steif. Die Stiele sind grün, kurz und dünn. Der Stock trägt reichlich.			
726. Alexandra. Alexander the Great.	Groß, gelb; Adern hellgelb und grün; sehr wohlschmeckend. — M. Jul.			
727. Bertrude. Jolly, Gipsey, Mason's.	Groß, schön, gelb; Adern hellgelb und grün, sehr gut von Geschmack — M. Jul.			
728. Cölirose. Golden Wreen.	Nicht sehr groß, gelb; Adern hellgelb, durchsichtig, gut von Geschmack. — E. Jul.			
729. Anastasie. Ananas.	Sehr groß, gelb; Adern gelb, gut von Geschmack. — A. A.			
730. Aglaja. Bonny Roger, Diggles's. Th.	Groß, wohlschmeckend. — Zw. seitw.			
731. Brasilie. Lord Combermere, Forester's. Th.	Groß, wohlschmeckend. — Zw. seitw.			
732. Benedifte. Victory, Mather's. Th.	Groß, wohlschmeckend. — Zw. seitw.			
733. Arsenie. Napoleon, Saunder's. Th.	Groß, wohlschmeckend. — Zw. abw.			

Allgemeine Kennzeichen: **III. Gelb. A. Glatt. B. Wollig. 1. Rund.**

Name der Beere.	Besondere Kennzeichen.	Des Cultivateurs Name.	Nr.	Bemerkungen.
	III. Gelb. A. Glatt. 6. Birnförmig.			
734. Amata. Broom Girl.	L. 1,79". D. 1,03". G. 348 Gr. Einige Beere oval, andere selbst rundlich. Schwefelgelb, Adern grünlich gelb, mit grünlichen und gelben Punkten; wenige rothe Flecken und Punkte auf der Sonnenseite; durchscheinend; Geruch gewürzhaft, etwas dünnschaalig, angenehm süß. — E. Jul. A. A.	Möhring.		
735. Auguste. Wellington's Glory, Mason's.	Grünlich lichtgelb; Adern gelblich weiß, mit wenigen grünli en Punkten; sehr durchscheinend, glasartig; etwas dickschaalig, sehr angenehm süß. — A. A.	P.	413.	Diese Beere soll nach Th. weiß und dünnschaalig sein.
736. Barbara. Creding's Cereus. Creping's Cereus.	Soll auch elliptisch und kugelrund sein; sehr groß, goldgelb; Adern weiß, Geschmack sehr gut. Frühreifend im Jul.			
737. Adelfriede. Golden Scepter, Withington's.	Groß, goldgelb, Geschmack gut, reift früh im Jul. Wirft die Blumen meistens ab.			
738. Anatolie. Conqueror, Gregory's.	Groß, Adern gelb; etwas durchsichtig, sehr angenehm von Geschmack. — M. Jul.			
739. Cyprianne. Crosier.	Ansehnlich groß; Adern hellgelb, Geschmack gut. — E. Jul.			
740. Basmina. Winnings.	Ansehnlich groß; Adern grünlich, sehr wohlschmeckend. — E. Jul.			
741. Avisie. Green Dragon.	Eine der größten Sorten; grünlich gelb, sehr wohlschmeckend, frühreifend.			
	III. Gelb. B. Wollig. 1. Rund.			
742. Emporie. Imperial.	L. 0,69". D. 0,71". G. 66 Gr. Goldgelb; Adern schön dunkel erbsgelb, mit sehr wenigen lichtern Punkten; wenige rothe Flecken auf der Haut. Viele, feine, weiße Wolle; stark durchscheinend, sehr dünnschaalig, gewürzhaft süß. — A. A.	P.	161.	
743. Dulcibelle. Sämling.	L. 0,97." D. 0,90". G. 152 Gr. Schmutzig goldgelb, an der Blume lichter; Adern erbsgelb, mit wenigen grünlichen Punkten; nicht sehr viele feine, weiße Wolle; nicht durchscheinend, etwas dickschaalig, sehr angenehm süß. — A. A. — Zw. abw.	P.	344.	Der Stock macht lange, dünne Triebe und diese sind so herabhängend wie die Aeste der Trauerweide.
744. Fusciane. Yolk.	Groß, schön; gelb, Adern weißgelb, feine weiße Härchen; sehr angenehm süß. — M. A.			

Name der Beere.	Besondere Kennzeichen.	Des Cultivateurs Name.	Nr.	Bemerkungen.
	III. Gelb. B. Wollig. 2. Rundlich.			
745. Dorothea. Yellow Homet, Bell's.	Grünlich gelb, Adern lichter; sehr wenige grünliche Haare zwischen sehr feiner Wolle; ziemlich durchscheinend, etwas dickschaalig, süß. — A. A. — Zw. aufw.	P.	218 a.	
746. Elise. Regulator, Prophet's. Th.	Groß; ockergelb, an der Blume lichter; erbsgelb, mit wenigen weißlichen Punkten; wollig, mit sehr wenigen, kurzen, weißen Haaren; durchscheinend, dünnschaalig, wohlschmeckend. — E. Jul. — Zw. aufw.	Möhring.		
747. Fatime. Golden Eagle, Nixon's. Th.	Klein, wohlschmeckend.			
748. Emerentie. Rumbullion. Th.	Klein, blaßgelb, wohlschmeckend. — Zw. aufw. Sehr reichlich tragend, sehr brauchbar zu Wein.			Soll nach Th. einerlei sein mit Yellow Globe und Round Yellow.
	III. Gelb. B. Wollig. 3. Elliptisch.			
749. Eleonore. Golden Clock.	L. 0,92''. D. 0,74''. G. 96 Gr. Schön goldgelb; Adern erbsgelb, mit grünen Punkten auf den Samensträngen; erbsgelbe Flecken und Punkte durch die Haut scheinend; glatt und glänzend, hat aber wenig feine Wolle; ziemlich durchscheinend, etwas dickschaalig, sehr fleischig, nicht sonderlich süß. — E. Jul. A. A. — Zw. seitw.	P.	253 a. 254 a.	
750. Fanny.	L. 0,98''. D. 0,84''. G. 133 Gr. Licht goldgelb; Adern erbsgelb mit lichtern Punkten; die Beere sieht fast gestreift aus, indem Samenstränge, Adern und Flecken schön lichtgelb durch schmutzig grünen Grund scheinen; feine gelblich weiße Wolle; etwas durchscheinend, dickschaalig, sehr gewürzhaft süß. — E. Jul. Zw. aufw.	P.	361.	
751. Friederike. Golden Drop, Jackson's. Th.	L. 1,02''. D. 0,81''. G. 129 Gr. Goldgelb; Adern citronengelb, mit gelben und grünlichen Punkten; einzelne rothe Flecken auf der Haut. Wenig wollig, beinahe glatt; stark durchscheinend, dünnschaalig, ziemlich wohlschmeckend. — M. Jul. — Zw. abw.	P.	280.	Soll nach Th. mit Golden Lemon einerlei sein.

Allgemeine Kennzeichen: III. **Gelb. B. Wollig. 3. Elliptisch.**

Name der Beere.	Besondere Kennzeichen.	Des Cultivateurs Name.	Nr.	Bemerkungen.
752. Elmire.	L. 0,84". D. 0,67". G. 69 Gr. Schmutzig goldgelb; Adern citronengelb, mit grünlichen Punkten; viele sehr feine weiße Wolle; ziemlich durchscheinend, dünnschaalig, sehr angenehm süß. — E. Jul. — 3w. abw.	P.	200.	Unter dem Namen Green Goosberry erhalten, welcher aber wohl falsch ist.
753. Domini ka. Pope's Yellow.	L. 1,18". D. 0,76". G. 137 Gr. Dunkel ochergelb; Adern citronengelb, mit einzelnen grünen und grünlich weißen Punkten; einzelne rothe Flecken; nur wenig Wolle, beinahe glatt; etwas durchscheinend, etwas dickschaalig, sehr süß. — M. u. E. Jul. — 3w. aufw.	P.	310.	
754. Damia ne. James Dawson, Yellow.	L. 0,99". D. 0,84". G. 132 Gr. Ochergelb; Adern erbsgelb, mit einzelnen grünen und gelblich weißen Punkten. Ganz feine weiße Wolle; stark durchscheinend, etwas dickschaalig, süß. — M. u. E. Jul. — 3w. aufw.	P.	304.	
755. Epipha nie. Smooth Yellow, Ransleben's. Th.	L. 0,97". D. 0,72". G. 102 Gr. elliptisch. L. 0,91". D. 0,78". G. 92 Gr. birnförm. Grünlich ochergelb; Adern gelblich weiß, mit grünlich weißen und gelblich weißen Punkten; die Haut ist mit feinen weißen Aederchen durchzogen; wenige feine Wolle, beinahe glatt; ziemlich stark durchscheinend, sehr dünnschaalig, sehr angenehm süß. — M. u. E. Jul. — 3w. aufw.	P.	374. 62.	
756. Felicia ne.	L. 1,03". D. 0,80". G. 122 Gr. Grünlich dunkelgelb; Adern citronengelb, mit grünlichen Punkten; viele sehr schöne weiße Wolle und einzelne Haare; ziemlich durchscheinend, dünnschaalig, fleischig, sehr süß. — E. Jul. — 3w. aufw.	P.	136 a.	Der mitgetheilte Name Mastor Wolfe, Thorpe's, ist falsch, da die Beere von dieser Sorte **roth** sein soll.
757. Emilie. Sampson.	L. 0,84". D. 0,70". G. 80 Gr. Wachsgelb; Adern citronengelb, mit gelben Punkten; sehr feine, weiße Wolle, stark durchscheinend, dünnschaalig, sehr angenehm süß. — A. A. — 3w. aufw.	P.	35.	
758. Eulalie. White's Prize.	L. 1,13". D. 0,97". G. 203 Gr. Schwefelgelb; Adern citronengelb, mit vielen grünlichen und gelblich weißen Punkten; feine Wolle, dazwischen aber wenige, lange, breitgedrückte, gelblich weiße Haare; stark durchscheinend, dünnschaalig, sehr angenehm süß. — M. u. E. Jul. — 3w. abw.	P.	103.	
759. Elwine. Princess Coronet.	Groß, schmutziggelb, weiße Wolle, trefflicher Geschmack. — E. Jul.			

Allgemeine Kennzeichen: **III. Gelb. B. Wollig. 3. Elliptisch. 4. Eiförmig.**

Name der Beere.	Besondere Kennzeichen.	Des Cultivateurs Name.	Nr.	Bemerkungen.
760. Doris. Beauty Millers Wife.	Nicht sehr groß, hellgelb; Adern weiß; sehr angenehm süß. — E. Jul.			
761. Flavie. Prince of Orange, Bell's. Th.	Groß; Geschmack ziemlich gut. — Zw. abw.			
762. Fatme. Highlander, Horsfield's. Th.	Groß; Geschmack nicht sonderlich. — Zw. aufw.			
763. Ernestine. Yellow, Kelk's. Th.	Mittelgroß; Geschmack ziemlich gut. — Zw. aufw.			
764. Esther. Golden Bees. Th.	Klein; ziemlich wohlschmeckend. — Zw. abw.			
	III. Gelb. B. Wollig. 4. Eiförmig.			
765. Flore. Sparklet, Smith's. Th.	Klein; grünlich gelb, ziemlich wohlschmeckend. — Zw. abw.			
766. Danae.	L. 0,93''. D. 0,74''. G. 95 Gr. eiförmig. L. 1,12''. D. 0,64''. G. 81 Gr. birnförm. Grünlich gelb, an der Blume gelblich weiß; Adern citronengelb, mit sehr wenigen grünlich gelben Punkten; wenige rothe Flecken auf der Haut; wenige feine Wolle, durchscheinend, etwas dickschaalig, süß. — E. Jul. — Zw. aufw.	P.	410.	Der dieser Sorte beigelegte Name: Golden Sovereign, Bratherthon's, ist falsch, da die Kennzeichen der Beere nach Th. von der dieses Namens sehr verschieden sind.
767. Eva. Goliath, Rider's. Th.	L. 0,97''. D. 0,80''. G. 117 Gr. Licht ochergelb; Adern schön weißlich gelb, mit grünlich weißen Punkten. Einzelne rothe Flecken auf der Haut; viele feine weiße Wolle; sehr hell durchscheinend; dünnschaalig, sehr angenehm süß. — M. u. E. Jul. — Zw. aufw.	P.	292 a.	
768. Daphne. Primel.	L. 0,97''. D. 0,89''. G. 144 Gr. rundlich. L. 1,17''. D. 0,99''. G. 207 Gr. eiförmig. Weingelb; Adern citronengelb, mit wenigen grünen und gelben Punkten; citronengelb fein geaderte Haut; zwischen der Wolle sehr wenige gelbe Haare; stark durchscheinend, dünnschaalig, sehr angenehm süß. — E. Jul. A. A.	P.	41.	
769. Fortunate. John Bull, Blomerley's. Th.	Groß, wohlschmeckend. — Zw. abw.			

Allgemeine Kennzeichen : III. **Gelb.** B. **Wollig.** 4. **Eiförmig.**

Name der Beere.	Besondere Kennzeichen.	Des Cultivateurs Name.	Nr.	Bemerkungen.
770. Emma. Bottom Sawyer. Capper's. Th.	Groß, wohlschmeckend. — Zw. seitw. Die Blätter sind oben wollig.			
771. Elfrede. Britannia, Lister's. Th.	Groß, ziemlich wohlschmeckend. — Zw. seitw.			
772. Eugenie. Glory of England. Th.	Groß, ziemlich wohlschmeckend. — Zw. abw.			
773. Franziska. Yellow, Waverham's. Th.	Mittelgroß, wohlschmeckend. — Zw. abw.			
774. Friddoline. Yellow Hornet, Williamson's. **Williams's - Yellow Hornet.** Th.	Klein, wohlschmeckend. — Zw. aufw.			
	III. **Gelb.** B. **Wollig.** 5. **Birnförmig.**			
775. Darie.	L. 1,27". D. 0,99". G. 226 Gr. birnförm. L. 0,99". D. 0,93". G. 148 Gr. rundlich, viele. Schwefelgelb, Adern citronengelb, mit wenigen gelben Punkten; rothe Flecken und Punkte auf der Sonnenseite; ziemlich durchscheinend, etwas dickschaalig, süß. — E. Jul. A. A. — Zw. seitw.	P.	16.	Mit dem Namen Yaxley Hero erhalten, welcher aber falsch ist, da die Varietät dieses Namens eine **rothe** und **haarige** Beere trägt.
776. Eveline. Invincible. Th.	Groß; ochergelb; Adern lichter, mit vielen weißen Punkten bei der Blume; feinwollig; nicht durchscheinend, dickschaalig, sehr süß. — E. Jul. — Zw. aufw.	Möhring.		
	III. **Gelb.** C. **Haarig.** 1. **Rund.**			
777. Gabriele. Beauty - spot.	Schön, nicht sehr groß; goldgelb; Adern gelblich, wenige Härchen, trefflich von Geschmack, frühreifend.			
778. Gaudenzie. Victory, Till's.	Groß; hoch goldgelb; sehr haarig; vorzüglich von Geschmack, frühreifend im Jul. — Zw. aufw.			
779. Julie.	Sehr groß; weißlich gelb; nicht sehr viele, starke, stachelähnliche Haare; durchsichtig, wohlschmeckend; reift früh im Jul.			Coe's Diogenes genannt, soll aber falsch und die Beere **grün** sein.

Allgemeine Kennzeichen: III. Gelb. C. Haarig. 1. Rund. 2. Rundlich.				
Name der Beere.	Besondere Kennzeichen.	Des Cultivateurs Name.	Nr.	Bemerkungen.
780. Ida. Eclipse, Wrigley's.	L. 0,75". G. 78 Gr. Grün weißlich gelb; Adern weißlich gelb mit wenigen grünlichen Punkten; bei wenigen rothe Flecken auf der Haut; viele, lange, feine, weiße Haare mit Drüsen an der Spitze; durchscheinend, dickschaalig, süß. — A. A. — Zw. aufw.	P.	222 a.	
781. Genoveva. Mulato.	Sehr groß; grüngelb; Adern hellgrün; weißliche Haare; wohlschmeckend. — A. A.			
782. Gordiane. Aston, Hebbum yellow. Th.	L. 0,67". G. 47 Gr. Schwefelgelb; Adern citronengelb; viele, kurze, weiße Haare, sehr durchscheinend, dünnschaalig, sehr feiner Geschmack. — A. A. — Zw. aufw.	Lange.		
783. Henriette. Lord Swenford Favorite.	L. 0,73". G. 58 Gr. Wachsgelb; Adern schwefelgelb; wenige, kurze, gelbe Haare, stark durchscheinend, sehr dünnschaalig, sehr angenehm süß. — A. A.	Koch.		
784. Güntherine.	L. 1,13". D. 1,10". G. 245 Gr. Wachsgelb, bei der Blume fast gelblich weiß; Adern citronengelb, mit gelben Punkten; ziemlich viele, kurze, gelblich weiße Haare; durchscheinend, ziemlich dünnschaalig, angenehm weinsäuerlich süß. — E. Jul. A. A. — Zw. seitw.	P.	23.	Ist als Golden Chain bezeichnet, hat aber ganz andere Kennzeichen als diese Sorte.
785. Hermine. Yellow Top, Bradshaw's.	L. 0,80". G. 108 Gr. Schmutzig ochergelb, an der Blume erbsgelb; Adern lichter, mit grünlich weißen und einzelnen aufelgrünen Punkten; wenige rothe Flecken an der Sonnenseite; wenige Härchen, fast glatt; etwas durchscheineud, dünnschaalig, sehr angenehm süß. — M. u. E. Jul. — Zw. seitw.			
786. Judith. Globe, Hopley's. Th.	Groß, ziemlich wohlschmeckend. — Zw. abw.			
III. Gelb. C. Haarig. 2. Rundlich.				
787. Isidore. Golden Sovereign, Bratherton's. Th.	Groß, wohlschmeckend. — Zw. seitw.			
788. Hedwig. Champaign Yellow.	L. 1,06". D. 0,90". G. 163 Gr. Goldgelb; Adern lichter; ziemlich viele und ziemlich lange, durchsichtige, weiße Haare mit Drüsen an der Spitze, stark durchscheinend, dünnschaalig, aromatisch sehr wohlschmeckend. — M. u. E. Jul. — Zw. aufw.	P.	251.	Eine vorzügliche Beere. Hairy Amber soll nach Th. derselben gleich sein, so wie auch Yellow-smith.

Allgemeine Kennzeichen: **III. Gelb. C. Haarig. 2. Rundlich.**

Name der Beere.	Besondere Kennzeichen.	Des Cultivateurs Name.	Nr.	Bemerkungen.
789. Hono=rate. Liberator.	Goldgelb; Adern lichter, mit weißlich= grünen Punkten; viele, lange, weiße Haare; wenig durchscheinend, dickschaalig, sehr wohlschmeckend süß. — E. Jul.	Möh= ring.		
790. Jacobi=ne.	L. 1,00". D. 0,93". G. 166 Gr. rundlich. L. 1,18". D. 0,99". G. 223 Gr. elliptisch. Schön dunkelgelb; Adern citronengelb, mit weißlich gelben Punkten; wenige, sehr lange, weiße Haare mit Drüsen; ziemlich durchscheinend, dünnschaalig, sehr angenehm süß. — E. Jul. — Zw. aufw. Eine schöne Beere.	P.	286.	Der Name Cheshir Cheese, Hopley' ist falsch, da diese Beere, nach Th. glatt ꝛc. sein soll. S. oben sub Nr. 724 **gelb, glatt, eiför= mig.**
791. Isabelle.	L. 1,05". D. 0,96". G. 176 Gr. Schwefelgelb; Adern citronengelb. We= nige rothe Flecken und Punkte auf der Haut; wenig grünliche Haare, stark durch= scheinend, dünnschaalig, angenehm süß.— A. A.	Törn= berg.		Der beigelegte Na= me Crown Bob ist falsch, da diese Beere nach Th. **roth** ist.
792. Horten=sie. Lord Douglas.	L. 1,19". D. 1,09". G. 256 Gr. rundlich L. 0,90". D. 0,79". G. 112 Gr. birnförm. Licht wachsgelb; Adern weißlich gelb, mit lichtern Punkten; gelblich weiße Punkte durch die Haut scheinend; sehr wenige rothe Flecken auf der Haut; ziemlich viele, lange, starke, weißlich gelbe Haare; ziem= lich durchscheinend, etwas dickschaalig, sehr süß. — E. Jul. A. A. — Zw. aufw.	P.	89 a.	
793. Goldine Goldsmith.	L. 0,92". D. 0,90". G. 142 Gr. rundlich. L. 1,04". D. 0,81". G. 134 Gr. elliptisch. Durch eine Furche beim Stiele über den Samensträngen ist die Blume in 2 un= gleich große Hälften getheilt. Licht ocher= gelb, an der Blume weiß, mit grünen Punkten; wenige rothe Flecken an der Sonnenseite; sehr wenige, kurze, dünne, gelbe Haare mit Drüsen; durchscheinend, dünnschaalig, sehr süß. — E. Jul. — Zw. seitw.	P.	82.	
794. Irene. Ranger. Th.	Klein, Geschmack nicht sonderlich. — Zw. abw.			
795. Herlinde. Sulphur, Early. Th.	Mittelgroß, wohlschmeckend, frühtragend. — Zw. aufw. Die Blätter haben **feine** Haare. Der Stock trägt reichlich.			Nach Th. sollen die Sorten Golden Bull, Golden Ball und Moss's Seed= ling einerlei sein.

Allgemeine Kennzeichen: III. **Gelb. C. Haarig. 2. Rundlich. 3. Elliptisch.**

Name der Beere.	Besondere Kennzeichen.	Des Cultivateurs Name.	Nr.	Bemerkungen.
796. Gratiane. Yellow Lion, Ward's.	L. 0,89". D. 0,82". G. 114 Gr. L. 0,85". D. 0,78". G. 108 Gr. Einige rund, andere wenige elliptisch. Erbsgelb, bei der Blume goldgelb; Adern goldgelb; goldgelbe Punkte und sehr feine goldgelbe Adern; ziemlich viele, lange, starke, durchsichtige, weiße Haare mit Drüsen an der Spitze, stark durchscheinend, sehr dünnschaalig, sehr wohlschmeckend. — M. u. E. Jul. — Zw. aufw.	P.	5.	Ist vielleicht auch mit Sulphur early einerlei.
797. Hersilie. Sulphur. Th.	L. 0,79". D. 0,74". G. 82 Gr. rundlich. L. 0,91". D. 0,64". G. 83 Gr. elliptisch. Erbsgelb; Adern citronengelb mit grünen Punkten; weiße Haare mit Drüsen; durchscheinend, dünnschaalig, sehr wohlschmeckend. — M. u. E. Jul. — Zw. aufw. Die Blätter sind unbehaart.	P.	245.	Ist mit Rough Yellow (P. 242) und Sulphur Apollon (P. 252) einerlei.
798. Hildegarde. Poper Kumpellet??	L. 0,64". D. 0,59". G. 43 Gr. Schön erbsgelb; Adern weißlich gelb, mit mit wenigen grünen und weißen Punkten; netzartige weißlich gelbe Flecken durch die Haut scheinend; wenige, kurze, feine, weiße Haare; ziemlich dünnschaalig, süß. — A. A. — Zw. aufw.	P.	384.	
799. Isaure. Citron, Kershaw's.	Sehr groß; hellgelb; Adern gelb, viele gelbe Härchen. Reift früh.			
800. Iris. Yellow Ball.	Mittelgroß, fein behaart, sehr wohlschmeckend. — A.			
	III. **Gelb. C. Haarig. 3. Elliptisch.**			
801. Zukunde. Trafalgar, Hallow's. Th.	Groß, grünlich gelb, ziemlich wohlschmeckend. — Zw. abw.			Ist einerlei mit Warwickshire Hero.
802. Henrike. Kilton, Hamlet's. Th.	Groß, grünlich gelb, wohlschmeckend. — Zw. abw.			Auch Kilton Hero genannt.
803. Heloise. Golden Gourd, Hill's.	Groß, grünlich gelb, wohlschmeckend. — Zw. abw.			
804. Gertrude. Lord Nelson, Boardman's.	L. 1,13". D. 0,94". G. 188 Gr. elliptisch. L. 1,29". D. 0,82". G. 154 Gr. birnförm. Die elliptische ist an den Samensträngen eingedrückt. Schmutzig grünlich gelb, an der Blume weißlich, auch licht goldgelb; Adern gelblich weiß, mit lichtern Punkten; viele weißliche, netzartige Flecken durch die Haut scheinend; einzelne rothe Flecken. Vom Stiele bis zur Mitte der Beere	P.	91 b. 99 b.	

Allgemeine Kennzeichen: III. Gelb. C. Haarig. 3. Elliptisch.

Name der Beere.	Besondere Kennzeichen.	Des Cultivateurs Name.	Nr.	Bemerkungen.
	einzelne lange, breitgedrückte weiße Haare, nach der Spitze zu aber glatt und glänzend; ziemlich durchscheinend; dünnschaalig, sehr angenehm süß. — A. A. — Zw. aufw. Eine schöne Beere.			
805. Johanne. Ferret (?) Yellow, Johnson's.	L. 1,05". D. 0,90". G. 109 Gr. Ist auch eiförmig; die Beere ist durch die Samenstränge in 2 ungleiche Hälften getheilt, zwischen welchen der Stiel vertieft steht. Schmutzig grünlich gelb; Adern lichter, mit gelblich weißen Punkten; einzelne kurze, gelblich weiße Haare; etwas durchscheinend, dünnschaalig, sehr süß. — E. Jul. — Zw. aufw.	P.	305.	
806. Gustavine. Cottage Girl, Heap's. Th.	L. 1,12". D. 1,12". G. 324 Gr. Grünlichgelb; Adern lichter, mit grünlich weißen Punkten; sehr wenige, einzeln stehende, nicht lange, grünlich weiße Haare; etwas durchscheinend, ziemlich dünnschaalig, säuerlich süß. — A. A. — Zw. aufw.	P.	133.	
807. Juliane. Chisel, Blackley's.	L. 1,09". D. 0,88". G. 153 Gr. Grünlich ochergelb; Adern erbsgelb, an der Blume lichter, mit weißlichen Punkten; sehr wenige, lange, breite, weiße Haare; durchscheinend, dickschaalig, sehr angenehm süß. — E. Jul. — Zw. aufw.	P.	52.	
808. Hulda. Rockwood, Prophet's. Th.	L. 1,27". D. 0,93". G. 223 Gr. Wachsgelb; Adern schwefelgelb und citronengelb, mit grünlich weißen und gelblich weißen Punkten. Ziemlich viele rothe Flecken auf der Haut; wenige, kurze, schwache, durchsichtige, gelbe Haare; stark durchscheinend, dünnschaalig, weinsäuerlich süß. — E. Jul. A. A. — Zw. aufw.	P.	42.	Unter dem falschen Namen Atlas empfangen.
809. Josephine.	L. 1,18". D. 0,99". G. 223 Gr. Schön dunkel goldgelb; Adern citronengelb, mit gelblich weißen Punkten; wenige, sehr lange, weiße Haare mit Drüsen; ziemlich durchscheinend, dünnschaalig, sehr angenehm süß. — E. Jul. — Zw. seitw. Ist eine sehr schöne Beere.	P.	286.	Unter dem Namen Cheshire Cheese, Hopley's, erhalten, ist aber wohl von dieser Sorte verschieden.
810. Gundhild. Jolly Gunner, Hardcastle's. Th.	L. 1,08". D. 0,78". G. 122 Gr. Licht goldgelb; Adern lichter, mit sehr wenigen, gelblich weißen Punkten. Viele, kurze, feine, weiße Haare mit Drüsen; sehr durchscheinend, sehr dünnschaalig, nicht sonderlich süß. — E. Jul. — Zw. aufw.	Möhring.		Auch Royal Gunner genannt.

Allgemeine Kennzeichen: III. Gelb. C. Haarig. 3. Elliptisch. 4. Länglich.				
Name der Beere.	Besondere Kennzeichen.	Des Cultivateurs Name.	Nr.	Bemerkungen.
811. Justine.	L. 1,20". D. 1,00". G. 214 Gr. Licht erbsgelb; Adern gelblich weiß, mit grünen Punkten beim Stiele; viele, lange, weiße Haare mit Drüsen; durchscheinend, sehr dünnschaalig, fleischig, süß. — M. u. E. Jul. — Zw. aufw.	P.	306.	Der mitgetheilte Name Bonny Lass ist falsch.
812. Hilarie.	L. 1,02". D. 0,92". G. 157 Gr. Erbsgelb; Adern citronengelb, mit wenigen grünlich weißen Punkten; viele, lange, weiße Haare mit Drüsen; etwas durchscheinend, dickschaalig, nicht sonderlich süß. — E. Jul. — Zw. aufw.	P.	145.	Der mitgetheilte Name Royal George ist falsch, welche Sorte, nach Th., eine **grüne** Beere trägt.
813. Honorie. Ambrosia.	Groß, weißgelb, durchsichtig, angenehm von Geschmack. — E. Jul.			
814. Janua- ria. Golden Orange, Jackson's. Th.	Groß, ziemlich wohlschmeckend. — Zw. abw.			
815. Gorgo- nie. Green Plover.	Mittelgroß, viele, weiße Härchen, gut schmeckend. — E. Jul.			
816. Helio- dore. Fallowbuck.	Mittelgroß; Adern hellgelb, wenig Härchen, wohlschmeckend. — E. Jul.			
817. Hagar. Golden Lion.	Mittelgroß, bernsteinfarbig, sehr viele weiße Härchen, sehr gut von Geschmack, frühreifend. — A. Jul.			
	III. Gelb. C. Haarig. 4. Länglich.			
818. Inno- cenzie. Vestal.	Grünlich gelb; Adern weiß; sehr einzelne weiße Härchen, fast glatt, durchsichtig. — A. A.			
819. Irmen- gard. Master Piece.	Sehr groß; Adern weiß; sehr einzelne feine Härchen, außerordentlich gut von Geschmack. — M. Jul.			
820. Ibune. Golden Lined.	Ansehnlich groß; Adern hellgelb; einzelne Härchen; angenehm von Geschmack. — A. A.			
	III. Gelb. C. Haarig. 5. Eiförmig.			
821. Horatie. Golden Fleece, Part's. Th.	Groß, goldgelb, fein behaart, sehr gutschmeckend. — A. Eine **überaus schöne** Beere; ähnelt dem Golden Drop.			

Allgemeine Kennzeichen: II. Gelb. C. Haarig. 5. Eiförm. 6. Birnförm.

Name der Beere.	Besondere Kennzeichen.	Des Cultivateurs Name.	Nr.	Bemerkungen.
822. Jenny. Bumper.	L. 1,31". D. 1,07". G. 282 Gr. Mehrere rundlich; schmutzig grünlich ocher=gelb; Adern erbsgelb, mit weißlichen Punkten; einzelne gelblich weiße Flecken und Punkte durch die Haut scheinend; viele, sehr lange, starke, stachelähnliche, weiße Haare; dickschaalig, fleischig, ge=würzhaft süß.— A. A. — Zw. aufw.	P.	281.	
823. Herme-linde. Catlow's Conquering Hero. Th.	L. 1,60". D. 1,04". G. 329 Gr. Einige birnförmig; schmutzig grünlich gelb; Adern grünlich gelb, mit vielen grünlich weißen Punkten; an der Blume ocher=gelb; wenige, weiße Haare; nicht durch=scheinend; etwas dickschaalig, fleischig, nicht sonderlich süß. — E. Jul. — Zw. aufw.	P.	69.	
	III. Gelb. C. Haarig. 6. Birnförmig.			
824. Ilse. William's Sur-price.	L. 1,29". D. 0,93". G. 200 Gr. birnförm. L. 0,93". D. 0,78". G. 104 Gr. eiförmig. Weißlich gelb, an der Blume fast weiß; Adern lichter, mit grünlich weißen Punk=ten; einzelne, wenige, rothe Flecken und Punkte auf der Sonnenseite; einzelne, wenige, lange, weiße Haare; wenig durchscheinend, etwas dickschaalig, sehr fleischig, nicht sonderlich süß. — A. A. — Zw. seitw.	P.	105.	
825. Helene. Weedham's Delight. Th.	L. 1,23". D. 0,92". G. 180 Gr. Einige eiförmig. Schmutzig ochergelb; Adern lichter, mit grünlich weißen Punkten; nach dem Stiele zu viele, lange, weiße Haare; wenig durchscheinend, dünnschaalig, ziemlich süß. — E. Jul. A. A. — Zw. seitw. Der Stock soll nach Th. schlecht tragend sein.	P.	140.	

Weiße Stachelbeeren,

haben weibliche Namen mit den Anfangsbuchstaben von **K** bis **Z**.

1. Glatte   K—N.
2. Wollige   O—R.
3. Haarige   S—Z.

Allgemeine Kennzeichen: IV. **Weiß. A. Glatt. 1. Rund. 2. Rundlich.**

Name der Beere.	Besondere Kennzeichen.	Des Cultivateurs Name.	Nr.	Bemerkungen.
	IV. **Weiß. A. Glatt. 1. Rund.**			
826. Ludovike. Jakson's white.	Grünlich weiß, sehr wohlschmeckend. — A.			
827. Katharine.	Gelblich weiß, mit vielen weißen Stellen; Adern lichter; auf der Haut roth punktirt; durchscheinend, sehr dünnschaalig, sehr süß und wohlschmeckend. — E. Jul.			Hat Herr Möhring unter dem Namen Ironmonger erhalten, welcher aber, nach Th. eine rothe Beere trägt.
828. Ludmille. White Rasp. Th.	Klein, Geschmack mittelmäßig. — Zw. seitw.			
829. Leontine. Saphir.	Adern weiß; fast kugelrund; durchsichtig, hat eine feine Haut; angenehm süß. — M. Jul.			
830. Maja. Mermaid.	Adern weiß; groß, außerordentlich guter Geschmack, sehr schätzbar, reift früh. — M. Jun (?)			
831. Napoleone. Jenny.	Schön groß, Geschmack sehr angenehm. — M. Jul.			
832. Kamille. Lee's Seedling	Klein; ist wohlschmeckend.			
833. Molly. Mather white Mogul.	Ist groß und sehr durchscheinend.	●		
834. Michaele. Grawood's white.				
	IV. **Weiß. A. Glatt. 2. Rundlich.**			
835. Littegarde. Little Johann.	L. 1,06''. D. 0,93''. G. 171 Gr. Grünlich weiß, an der Blume lichter; Adern gelblich weiß mit grünen Punkten auf den Samensträngen; sehr durchscheinend, etwas dickschaalig, säuerlich süß. — E. Jul. — Zw. aufw.	P.	308 a.	

Allgemeine Kennzeichen: IV. **Weiß. A. Glatt. 2. Rundlich. 3. Elliptisch**

Name der Beere.	Besondere Kennzeichen.	Des Cultivateurs Name.	Nr.	Bemerkungen.
836. Kunigunde.	L. 1,09". D. 0,93". G. 182 Gr. Viele Beere auch rund. Grünlich weiß; Adern licht gelblich weiß mit grünen Punkten auf den Samensträngen. Weiße Flecken durch die Haut scheinend; stark durchscheinend, etwas dickschaalig, sehr süß. — A. A. — Zw. abw.	P.	196.	
837. Mechtilde. Fair Rosamond.	L. 0,84". D. 0,78". G. 101 Gr. Rundlich, auch viele elliptisch. Grünlich weiß; Adern lichter, mit wenigen grünen Punkten; sehr durchscheinend, dünnschaalig, angenehm süß. -- E. Jul.	Mönring.		
838. Lälie. Wanton, Diggles's. Th.	Grünlich weiß, mittelgroß, wohlschmeckend. — Zw. seitw.			
839. Krispine. Christal. Th.	Hellweiß, klein, sehr wohlschmeckend, reift spät. — A. — Zw. seitw. Macht einen großen Strauch und trägt reichlich.			
840. Lucinde. White Rose, Neill's.	Rundlich, auch viele fast kugelrund; Adern weiß; durchsichtig, trefflicher Geschmack. — A. Jul.			
841. Martha. Damson's white. Th.	Rundlich, auch rund; klein, dünnschaalig, sehr wohlschmeckend. — A. — Zw. aufw.			
842. Lotte. Smiling Girl, Haslam's. Th.	Groß, wohlschmeckend. — Zw. aufw.			
843. Kleopatra. Cleopatra.	Bald rund, bald länglich; sehr schöne Beere, durchsichtig, sehr wohlschmeckend; reift etwas spät im A			
844. Malwine. Nayden's Rule alv.	Theils rund, theils läuglich, sehr groß, sehr wohlschmeckend, frühreifend im Jul			
845. Lisette. Honey, White. Th.	Mittelgroß, sehr wohlschmeckend, ist ausgezeichnet. — Zw. aufw.			
IV. **Weiß. A. Glatt. 3. Elliptisch.**				
846. Marie. Thrasher, Yates's. Th.	L. 1,50". D. 1,11". G. 317 Gr. Mehrere rundlich; grünlich weiß, an der Blume lichter; Adern lichter, mit wenigen grünen und gelblich weißen Punkten; rothe Flecken auf der Haut; sehr durchscheinend, etwas dickschaalig, nicht sonderlich süß, sehr fleischig. — M. Jul. — Zw. seitw.	P.	36.	

Allgemeine Kennzeichen: **IV. Weiß.** **A. Glatt.** **3. Elliptisch.**

Name der Beere.	Besondere Kennzeichen.	Des Cultivateurs Name.	Nr.	Bemerkungen.
847. Louise. Freedom, white	L. 1,72". D. 0,92". G. 286 Gr. L. 1,43". D. 1,02". G. 275 Gr. Einige oval, andere beinahe walzenförmig; gelblich und grünlich weiß; bei der Blume wie Elfenbein; Adern grünlich weiß, mit grünen Punkten. Auf der Haut rothe Flecken und Punkte an der Sonnenseite; ziemlich stark durchscheinend, dünnschaalig, süß. E. Jul.	Möhring.		
848. Klarisse. Great Britain. Th.	Grünlich weiß, groß, wohlschmeckend. — Zw. abw.			
849. Maura. Large Hairy.	L. 1,05". D. 0,85". G. 145 Gr. Grünlich weiß, an der Blume weiß; Adern gelblich weiß, mit apfelgrünen Punkten auf den Samensträngen, sehr durchscheinend, dünnschaalig, sehr süß. — E. Jul. — Zw. aufw.	P.	300 a.	
850. Klothilde. Rock Getter, white.	L. 1,11". D. 0,96". G. 195 Gr. Grünlich gelblich weiß; Adern weißlich, gelb, mit grünen und weißen Punkten. Viele rothe Flecken auf der Sonnenseite, sehr durchscheinend, dickschaalig, sehr süß. E. Jul A. A. — Zw. aufw.	P.	293.	Scheint verschieden zu sein von Royal Rock Getter Saunder's. Th.
851. Laura. Sir Sydney Smith.	L. 1,32". D. 1,00". G. 204 Gr. L. 1,16". D. 1,06". G. 249 Gr. Einige rundlich, andere zum Birnförmigen sich neigend. Gelblich weiß; Adern fast weiß, sehr wenige gelbe Punkte, schwach durchscheinend, etwas dickschaalig, angenehm süß; viel Fleisch, wenig Kerne. — E. Jul. — Zw. feine.	P.	53.	
852. Lolla. Ward's Lovely white.	L. 1,16". D. 0,81". G. 115 Gr. Gelblich weiß; Adern lichter mit weißen und wenigen apfelgrünen Punkten. Bei vielen rothe Flecken auf der Haut; glatt, jedoch nur wenige einzelne, kurze, weiße Haare; sehr durchscheinend, sehr dünnschaalig, süß. — E. Jul. — Zw. aufw.	P.	313.	
853. Kornelie. Lady Delamare, Wild's. Th.	Gelblich weiß, groß, nicht sonderlich von Geschmack. — Zw. feine.			
854. Maximiliane. Barlaysugar.	Adern hellgrün, schön, groß, durchsichtig, wohlschmeckend. — M. Jul.			
855. Lydie. Fadler, Leigh's. Th.	Mittelgroß, wohlschmeckend, reift spät. — Zw. abw.			
856. Katharine. Lord Valentia. Th.	Groß, Geschmack ziemlich. — Zw. abw.			

Allgemeine Kennzeichen: IV. Weiß. A. Glatt. 4. Länglich. 5. Eiförmig

Name der Beere.	Besondere Kennzeichen.	Des Cultivateurs		Bemerkungen.
		Nam.	Nr.	
	IV. Weiß. A. Glatt. 4. Länglich.			
857. Klementine. Jakson's Green John.	Lang und konisch, grün weißlich, Adern weiß, groß und schön, ganz glatt, durchsichtig, trefflich süß. — Jul.			
858. Lukrezie. White Triumph.	Etwas länglich, sehr groß, gutschmeckend. — A.			
859. Melanie. Red Harmy.	Etwas länglich, sehr groß, durchsichtig, Geschmack gut. E. Jul.			
860. Kordula. Hamadryade.	Länglich, sehr groß, durchsichtig, Geschmack sehr gut. — E Jul.			
861. Nannette. Loug Ambra.				
	IV. Weiß. A. Glatt. 5. Eiförmig.			
862. Marianne. Eagle White, Cook's. Th.	L. 1,35". D. 101". G. 252 Gr. L. 1,44". D. 1,11". G. 324 Gr. Einige rundlich. Grünlich weiß; Adern grünlich mit grünen Punkten, durchscheinend, dünnschaalig, sehr angenehm süß. — E. Jul. A. A. Zw. aufw.	P.	12.	
863. Karoline. Queen Caroline, Lovart's. Th.	L. 1,27". D. 1,17". G. 317 Gr. Einige rundlich. Grünlich weiß; Adern grünlich gelb, mit gelblich weißen Punkten. Mehrere gelblich weiße Flecken durch die Haut scheinend; etwas dickschaalig, sehr süß. E. Jul. — Zw. aufw.	P.	80.	
864. Nikole. Vittoria Denny's. Th.	Grünlich weiß, groß, wohlschmeckend. — Zw. seitw.			
865. Mildine. Dusty Miller, Stringer's. Th.	Grünlich weiß, mittelgroß, wohlschmeckend. Zw. abw.			
866. Magdalene. Hercul Club, Kloken's.	L. 1,27". D. 0,87". G. 178 Gr. Einige dem Elliptischen, andere dem Walzenförmigen sich nähernd. Grünlich weiß; Adern lichter; mit sehr feinen apfelgrünen und weißen Punkten; bei einigen sehr feine, rothe Flecken; ziemlich durchscheinend, etwas dickschaalig, süß, jedoch etwas wässrig. — E. Jul. — Zw. seitw.	P.	285 a.	
867. Konstanze. Wyat's Winter White.	L. 1,33". D. 0,86". G. 186 Gr. L. 1,28". D. 0,96". G. 216 Gr. Einige birnförmig, andere walzenförmig. Gelblich weiß; Adern lichter, mit vielen weißlich grünen Punkten; sehr durchscheinend, dünnschaalig, sehr süß. — E. Jul. — Zw. aufw.	P.	137.	

Allgemeine Kennzeichen: IV. Weiß. A. Glatt. 5. Eiförm. 6. Birnförm.				
Name der Beere.	Besondere Kennzeichen.	Des Cultivateurs Name.	Nr.	Bemerkungen.
868. Leopoldine. Eigener Sämling.	L. 1,35''. D. 1,00''. G. 264 Gr. eiförmig. L. 1,17''. D. 1,15''. G. 272 Gr. rundlich. Die rundlichen sind bei den Samensträngen eingedrückt. Gelblich weiß, an der Blume wie Elfenbein. Adern licht grasgrün, mit gelblich grünen und weißen Punkten. Unter der Haut sehr feine, weiße, durcheinander laufende Adern, auf der Haut rothe Flecken; glatt, jedoch sehr wenige lange, schwache, weiße Haare, durchscheinend, sehr dünnschaalig, angenehm süß. — E. Jul. — Zw. aufw.	P.	159.	Eine schöne Beere.
869. Mathilde. Walnut, White. Th.	Gelblich weiß, groß, sehr wohlschmeckend. Zw. aufw.			
870. Konkordie. White Stag, Nield's.	Glockenförmig, sehr schön, ansehnlich groß; hellweiß, sehr durchsichtig, angenehm süß, das Mark ist zart und saftig. — M. Jul. — Der Stiel ist kurz und ziemlich stark; der Stock sehr fruchtbar.			
871. Margarete. Begging Boy.	Mittelmäßig groß; weißlich, Adern weiß, angenehm süß. — A. A.			
872. Klara. Ambush, Cranshaw's. Th.	Groß, Geschmack gut, spätreifend. — Zw. aufw.			
873. Natalie. Fig, White. Th.	Klein, sehr wohlschmeckend. — A. — Zw. feitw. Ist köstlich, aber eine zarte Pflanze; trägt sehr reichlich.			
874. Leone. Lioness, Fennhang's. Th.	Groß, wohlschmeckend. — Zw. abw.			
875. Meta. First Rate, Parkinson's. Th.	Groß, wohlschmeckend. — Zw. abw.			
876. Nymphe. White Rock, Brundrett's. Brundit's White Rock. Th.	Groß, ziemlich von Geschmack. — Zw. abw.			
IV. Weiß. A. Glatt. 6. Birnförmig.				
877. Lätitia.	L. 1,37''. D. 1,02''. G. 344 Gr. L. 1,47''. D. 0,99''. G. 275 Gr. Grünlich weiß, an der Blume weiß; Adern lichter, mit sehr wenigen grünlichen Punkten beim Stiele. Ueber die ganze Beere feine netzartige Flecken durch die Haut scheinend; nicht durchscheinend, dünnschaalig, sehr fleischig, wenig Kerne, säuerlich süß. — A. A. — Zw. feitw.	P.	367.	

Allgemeine Kennzeichen: IV. **Weiß. B. Wollig. 1. Rund. 2. Rundlich.**			
Name der Beere.	**Besondere Kennzeichen.**	**Des Cultivateurs Name. | Nr.**	**Bemerkungen.**
878. Klaudi= ne. White Champion, Mill's.	Sehr groß, durchsichtig, trefflich von Geschmack. — A.		
879. Nanny. White Globe, Johnson's.	Adern sehr weiß; durchsichtig, dünnhäutig, sehr süß, das Mark zart. — M. Jul. Trägt sehr reichlich.		
IV. **Weiß. B. Wollig. 1. Rund.**			
880. Olga. Christal White. Th.	L. 0,72". G. 66 Gr. Einige rundlich. Grünlich weiß; Adern lichter, mit grünlich gelben Punkten. Zwar wollig, aber doch mit wenigen wei= ßen Haaren mit Drüsen an den Spitzen. Sehr durchscheinend, sehr dünnschaalig, recht angenehm süß. — E. Jul. — Zw. seitw.	P. 257.	Der Stock trägt sehr reichlich.
881. Pauline. Maid of the Mill, Stringer's. Th.	L. 0,89". D. 0,87". G. 122 Gr. Auch rundlich, bei den Samensträngen am Stiele eingedrückt. Grüngelblich weiß; Adern gelblich weiß, mit vielen grünlichen Punkten. Wenig rothe Flecken an der Sonnenseite. Viele feine, weiße Wolle und sehr wenige steife, feine Haare. Stark durchscheinend, dünnschaalig, flei= schig, wenig Kerne, nicht sehr süß. — E. Jul. — Zw. aufw.	P. 405.	
IV. **Weiß. B. Wollig. 2. Rundlich.**			
882. Rudol= phine. Cham- paign white. Th.	L. 0,95". D. 0,83". G. 119 Gr. Grünlich weiß; Adern gelblich weiß, mit weißlich grünen Punkten. Viele feine, weiße Wolle, jedoch zwischen derselben noch lange, feine, weiße Haare mit Drü= sen auf der Spitze; sehr durchscheinend, sehr dünnschaalig, angenehm süß. — E. Jul. — Zw. aufw.	P. 259.	Die Blätter haben feine Härchen.
883. Rosine. Early white.	Mittelgroß. Sehr wohlschmeckend, reift früh im Jul. — Zw. seitw.		
IV. **Weiß. B. Wollig. 3. Elliptisch.**			
884. Olympia.	L. 1,24". D. 1,06". G. 265 Gr. elliptisch. L. 0,86". D. 0,78". G. 102 Gr. rundlich. Grünlich weiß; Adern weißlich, mit sehr wenigen grünen Punkten. Weiße Flecken durch die Haut scheinend; in der Gegend der Samenstränge viele rothe Flecken; viele weiße Wolle, sehr durchscheinend, sehr dünnschaalig, süß. — E. Jul. — Zw. aufw.	P. 105 a.	Mit dem Namen Ironmonger erhal= ten, welche aber nach Th. **roth** ist.

Allgemeine Kennzeichen: IV. **Weiß. B. Wollig. 3. Elliptisch. 4. Eiförm.**

Name der Beere.	Besondere Kennzeichen.	Des Cultivateurs Name.	Nr.	Bemerkungen.
885. Philippine. Neclons chromatelle Gooseberry (??)	L. 1,22". D. 0,95". G. 208 Gr. elliptisch. L. 1,02". D. 0,85". G. 135 Gr. rundlich. Grüngelblich weiß; Adern lichter, mit grünen und weißen Punkten. Einzelne rothe Flecken auf der Haut. Viele, ganz feine, weiße Wolle; sehr durchscheinend, sehr dünnschaalig, angenehm süß. — C. Jul. — Zw. aufw.	P.	360.	
886. Rosamunde. Counseller Brougham. Th.	Grünlich weiß, groß, süß. — Zw. seitw.			Der Stock ist gut tragend.
887. Rosalie. Toper, Leigh's. **Fox's Toper.** Th.	Grünlich weiß, groß, ziemlich süß. — Zw. aufw.			.
888. Optate. Wellington's Glory, Mason's. Th.	L. 1,06". D. 0,89". G. 166 Gr. Gelblich weiß; Adern lichter; wenige rothe Flecken an der Sonnenseite; sehr feine Wolle; durchscheinend, ausgezeichneter Geruch, dickschaalig, gewürzhaft süß. — C. Jul. — Zw. aufw.	Möhring.		
889. Pelagie. Whitesmith, Woodward's. Th.	L. 1,16". D. 1,06". G. 249 Gr. L. 1,27". D. 1,08". G. 274 Gr. L. 1,32". D. 1,09". G. 294 Gr. Gelblich weiß; Adern citronengelb, mit sehr wenigen gelblich weißen Punkten; an einigen wenige rothe Flecken auf der Haut, feinwollig, schwach durchscheinend, angenehmer Geruch, etwas dickschaalig, gewürzhaft süß, viel Fleisch, wenig Kerne. — A. A. — Zw. seitw.	P.	53.	Soll nach Th. einerlei sein mit Sir Sidney Smith, LancashireLass, Hall's Seedling u. Grundy's Lady Lilford. Der Strauch ist sehr tragbar.
890. Rahel. Cheshire Lass, Saunder's.	L. 1,20". D. 0,95". G. 200 Gr. Gelblich weiß; Adern lichter, mit grünen Punkten; wenige rothe Flecken auf der Haut; feinwollig, mit sehr wenigen, steifen, weißen Haaren; sehr durchscheinend, sehr dünnschaalig, sehr süß. — M. u. C. Jul. — Zw. aufw.	P.	256.	
	IV. **Weiß. B. Wollig. 4. Eiförmig.**			
891. Renate. Large Early White. Th.	Grünlich weiß, groß, sehr wohlschmeckend, sehr frühreifend. — Zw. aufw.			
892. Pomposa. White Lion, Cleworth's. Th.	Grünlich weiß; Adern weiß, groß, sehr wohlschmeckend, eine gute späte Sorte. — A. — Zw. abw.			

Allgemeine Kennzeichen: IV. Weiß. B. Wollig. C. Haarig.

Name der Beere.	Besondere Kennzeichen.	Des Cultivateurs		Bemerkungen.
		Name.	Nr.	
893. Pretiose. Royal Rock Getter, Saunder's. Th.	Groß, wohlschmeckend. — Zw. aufw.			Nach Th. auch Andrew's Royal Rock Getter.
894. Olivie. Crompton's Sheba Queen. Th.	Sehr groß, zwischen der Wolle einige Haare, dünnhäutig, vorzüglich im Geschmack. — A. — Zw. aufw. Der Strauch wächst gerade in die Höhe und trägt sehr reichlich.			Ist unter den Lancashire Stachelbeeren die vorzüglichste wegen ihres ausgezeichneten Wohlgeschmacks.
895. Rogate. White Lily. Th.	Mittelgroß, auch groß, zuweilen glatt, durchscheinend, ganz trefflich von Geschmack. — A. — Zw. aufw.			
896. Polyxene. Fowler. Grundy's. Th.	Mittelgroß, ziemlich gut von Geschmack. Zw. seitw.			
897. Oktavie. Royal, Pearson's. Th.	Mittelgroß, wohlschmeckend. — Zw. seitw.			
898. Quirine. Large White. Th.	Mittelgroß, wohlschmeckend, frühreifend. — Zw. abw.			
899. Ottilie. Queen Ann, white, Sampson's. Th.	L. 1,17". D. 0,93". G. 199 Gr. L. 1,11". L. 0,88". G. 160 Gr. Grünlich weiß; Adern gelblich weiß mit wenigen grünlichen Punkten; einige mit wenigen rothen Flecken. Zwischen der Wolle wenige, lange, weiße Haare; sehr durchscheinend, dünnschaalig, sehr süß. — E. Jul. — Zw. aufw.	P.	143.	
900. Regina. Queen Mary, Morris's. Th.	L. 1,52". D. 1,07". G. 326 Gr. L. 1,40". D. 1,06". G. 290 Gr. Grünlich weiß; Adern lichter mit grünen und weißen Punkten; auf der Sonnenseite wenige blutrothe Flecken und Punkte; einige glatt; stark durchscheinend, dünnschaalig, angenehm süß. — E. Jul. — Zw. seitw.	P.	45.	

IV. Weiß. C. Haarig. 1. Rund.

Name der Beere.	Besondere Kennzeichen.	Des Cultivateurs		Bemerkungen.
		Name.	Nr.	
901. Stella. Eigener Sämling.	L. 0,94". G. 142 Gr. Grünlich weiß, bei der Blume hellweiß; Adern lichter mit grünen Punkten; viele, lange, durchsichtige, stachelähnliche, grünlich weiße Haare; sehr wenig durchscheinend, dünnschaalig, süß. — E. Jul. A. A. — Zw. seitw.	P.	242. 341.	Diese Sorte habe ich früher die **Veränderliche** genannt, weil bei der Blüthe der Fruchtknoten mit vielen, feinen, scharlachrothen Haaren, wie mit einem rothen Sammet überzogen ist. Die schöne rothe

Allgemeine Kennzeichen: **IV. Weiß. C. Haarig. 1. Rund.**

Name der Beere.	Besondere Kennzeichen.	Des Cultivateurs Name.	Nr.	Bemerkungen.
				Farbe der Haare verschwindet aber allmählig beim ferneren Wachsen der Beere.
902. Zaire. Apollo, Gibston's.	L. 1,07". G. 185 Gr. Gelblich weiß; Adern citronengelb mit gelben Punkten; viele, etwas lange, gelbliche Haare, stark durchscheinend, sehr dünnschaalig, sehr angenehm süß. — E. Jul. — Zw. aufw.	P.	7. 271.	
903. Theone.	L. 0,70". D. 0,70". G. 67 Gr. rund. L. 0,95". D. 0,86". G. 123 Gr. rundlich. Grünlich weiß; Adern lichter mit sehr wenigen apfelgrünen Punkten; viele rothe Flecken auf der Haut. Sehr wenige, kurze, steife, weiße Haare; schön durchscheinend; etwas dickschaalig, süß. — A. A. — Zw. aufw.	P.	39 a.	
904. Urſine. Porcupine, Henderson's. Th.	L. 1,14." D. 1,11". G 273 Gr. Grüngelblich weiß; Adern grün mit weißen Punkten; viele rothe Flecken auf der Haut; viele, lange, weiße Haare mit Drüsen an der Spitze, sehr durchscheinend, sehr dünnschaalig, sehr süß. — E. Jul. — Zw. seitw.	P.	104 a.	Ist nach Th. mit Hedge Hog und Raspberry, Irish White einerlei.
905. Simplicie. Christal Thinscind.	L. 0,79". D. 0,78". G. 97 Gr. Schmutzig weiß; Adern gelblich weiß mit wenigen grünlich weißen Punkten; bei einigen rothe Flecken an der Sonnenseite; wenige lange, dünne, weißliche Haare mit Drüsen auf der Spitze; sehr stark durchscheinend, glasartig, dünnschaalig, süß. — A. A. — Zw. aufw.	P.	74 a.	
906. Thetia. Long rouge yellow.	L. 0,86". D. 0,86". G. 107 Gr. Grünlich weiß; Adern gelblich weiß, mit wenigen weißen Punkten; weiße Flecken auf der Haut; sehr einzelne weiße Haare; sehr durchscheinend, dünnschaalig, sehr viel Fleisch, wenig Kerne, süß. — E. Jul. — Zw. seitw.	P.	120 a.	Der mitgetheilte Name scheint falsch zu sein.
907. Thorilde. Musk-ball.	Grünlich gelblich weiß; Adern weiß; weiße Härchen, durchsichtig, Geschmack sehr angenehm. — E. Jul.			
908. Vanine. Buffalo.	Mittelgroß; Adern weiß, starke Härchen, gutschmeckend. — M. Jul.			
909. Sione. Agasse.	Groß, Adern weiß; sehr kurze, weiße Härchen, von trefflichem Geschmack. — M. A.			

Allgemeine Kennzeichen: IV. Weiß. C. Haarig. 1. Rund. 2. Rundlich.

Name der Beere.	Besondere Kennzeichen.	Des Cultivateurs Name.	Nr.	Bemerkungen.
910. Thalie. Jenny-wreen.	Ansehnlich groß; sehr wenig Härchen, durchsichtig, trefflich von Geschmack. — E. Jul.			
911. Urbane. Royal white. Th.	Klein, sehr wohlschmeckend. — Zw. aufw.			
912. Theophanie. Sweet Amber.				
	IV. Weiß. C. Haarig. 2. Rundlich.			
913. Sigmunde. White Ball, Johnson's.	L. 1,00". D. 0,85". G. 138 Gr. Röthlich weiß; Adern röthlich weiß mit gelben Punkten; viele aufgesprengelte purpurrothe Punkte und Flecken; viele, lange, dünne, rothe Haare; stark durchscheinend; sehr dünnschaalig, sehr süß. — E. Jul. — Zw. seitw.	P.	36 b.	
914. Virginie. Cheshire Sheriff, Fox's.	L. 0,72". D. 0,67". G. 64 Gr. Grünlich weiß; Adern weiß, mit grünen Punkten; ziemlich viele, lange, weiße Haare; sehr durchscheinend, glasartig; sehr dünnschaalig, wässerig süß. — E. Jul — Zw. aufw.	P.	90 a.	.
915. Theodore. Highland White, Chapman's.	L. 0,83". D. 0,66". G. 66 Gr. Grünlich weiß; Adern apfelgrün, mit weißlichen Punkten, rothe Flecken auf der Haut, und einzelne wie mit Weiß belegte Stellen; viele lange, dünne, weiße Haare mit Drüsen an der Spitze; ziemlich durchscheinend, sehr dünnschaalig, sehr süß. — A. A. — Zw. aufw.	P.	7 a.	.
916. Sophie. Sophie, Dickenson's.	L 0,85". D. 0,75". G. 93 Gr. Grünlich weiß; Adern blaß apfelgrün; einzelne lichtere Punkte durch die Haut scheinend; sehr viele, lange, weiße Haare mit Drüsen; ziemlich durchscheinend; sehr dünnschaalig, sehr süß. — E. Jul. — Zw. aufw.	P.	256 a.	.
917. Venerande. Goverñess, Bratherton's Th.	Grünlich weiß, groß, wohlschmeckend. — Zw. seitw.			
918. Sebastianine. Platt's White. Th.	Grünlich weiß, klein, sehr wohlschmeckend. Zw. aufw.			.
919. Theodosia. Jolly Nailer, Bromley's. Th.	Grünlich weiß, groß, ziemlich wohlschmeckend. — Zw. aufw.			

14

Allgemeine Kennzeichen: IV. Weiß. C. Haarig. 2. Rundlich.

Name der Beere.	Besondere Kennzeichen.	Des Cultivateurs Name.	Nr.	Bemerkungen.
920. Sempronie. Joye's White Greate.	Grünlich weiß, Adern weiß; sehr groß; wenig Haare; fast durchsichtig, dünnhäutig; säuerlich süß. Das Mark ist zart und saftig, hat viele Kerne. — M. Jul.			Der Stock trägt sehr reichlich. Scheint mit Unsworth's Primrose einerlei zu sein.
921. Wilfriede. Primrose, Unsworth's.	L. 1,26". D. 1,14". G. 303 Gr. Grüngelblich weiß, an der Blume weißer; Adern weißlich gelb, mit grünen und wenigen gelben Punkten; blutrothe Flecken und Punkte an der Sonnenseite; nach dem Stiele zu wenige gelblich weiße Haare, aber nach der Blume zu glatt; stark durchscheinend, dünnschaalig, gewürzhaft säuerlich süß. — E. Jul. — Zw. abw.	P.	117.	
922. Zenobie.	L. 1,17". D. 1,15". G. 272 Gr. rundlich. L. 1,33". D. 1,03". G. 264 Gr. oval. Die ovale Beere ist bei dem Stiele an den Samensträngen eingedrückt. Gelblich weiß, an der Blume fast weiß; Adern lichter, mit grünen und weißen Punkten; rothe Flecken auf der Haut; nicht viele, lange, weiße Haare, durchscheinend, sehr dünnschaalig, sehr süß. — E. Jul. — Zw. aufw.	P.	159.	
923. Sidonie. Plantagenet, Taylor's.	L. 1,06". D. 0,94". G. 177 Gr. Gelblich weiß, an der Blume lichter; Adern lichter, mit gelblichen Punkten; wenige rothe Flecken auf der Haut; viele, lange, dünne, gelblich weiße Haare; ziemlich durchscheinend, dickschaalig, sehr angenehm süß. — A. A. — Zw. aufw.	P.	28 a.	
924. Viktoria. Old Jubilee.	L. 1,09". D. 1,00". G. 209 Gr. Gelblich weiß; Adern lichter, mit lichtgelben Punkten; sehr wenige rothe Flecken auf der Haut; nicht sehr viele, lange, weiße Haare mit Drüsen; stark durchscheinend, dickschaalig, säuerlich süß — E. Jul. — Zw. seitw.	P.	309 a.	
925. Thomasine. Tom of Lincoln.	L. 0,76". D. 0,72". G. 77 Gr. Gelblich weiß; Adern citronengelb, mit gelblich weißen Punkten; wenige, kurze, weiße Haare, stark durchscheinend, angenehm süß. — A. A. — Zw. seitw.	P.	220.	
926. Wulfhild. Jubilee, Allan's.	L. 0,91". D. 0,83". G. 125 Gr. Gelblich weiß, fast elfenbeinfarbig; Adern lichter, mit wenigen grünen und gelblich weißen Punkten; milchweiße Flecken durch die Haut scheinend, und rothe Flecken auf der Sonnenseite; ziemlich viele, lange, dünne, gelblich weiße Haare; etwas durchscheinend, dickschaalig, fleischig süß. — A. A. — Zw. aufw.	P.	167.	

Allgemeine Kennzeichen: IV. **Weiß. C. Haarig. 2. Rundlich. 3. Elliptisch.**

Name der Beere.	Besondere Kennzeichen.	Des Cultivateurs Name.	Nr.	Bemerkungen.
927. Swanhilde. Evander, Atkinson's.	L. 1,13". D. 0,90". G. 170 Gr. Schön elfenbeinfarbig weiß; Adern lichter, mit weißen Punkten; einzelne weiße Haare, sehr durchscheinend, etwas dickschaalig, sehr süß. — E. Jul. — Zw. seitw.	P.	27 a.	
928. Wandula. Highland's Queen, Boardman's? Chapman's?	Sehr groß, oft roth getüpfelt, feine Haare, durchscheinend; sehr wohlschmeckend; frühreifend im Jul.			
929. Tatiana. Betty.	Mittelgroß, feine Härchen, durchsichtig, sehr wohlschmeckend. E. Jul.			
930. Serene. White Olive.	Mittelgroß, feine Härchen, durchsichtig, sehr wohlschmeckend. — A. A.			
931. Veronika. Lady of the Manor, Hopley's. Th.	Groß, wohlschmeckend. — Zw. aufw.			
932. Sixtine. Radical, Smith's. Th.	Groß, wohlschmeckend. — Zw. abw.			
933. Zamire. Snow-ball, Adam's. Th.	Mittelgroß, sehr wohlschmeckend. — Zw. abw.			

IV. **Weiß. C. Haarig. 3. Elliptisch.**

Name der Beere.	Besondere Kennzeichen.	Des Cultivateurs Name.	Nr.	Bemerkungen.
934. Silvie. Bonny Lass, Capper's. Th.	L. 1,13". D. 1,01". G. 216 Gr. Grünlich weiß; Adern lichter, mit grünen und grünlich weißen Punkten; weiße Flecken durch die Haut scheinend; wenige lange, dünne, weiße Haare; sehr durchscheinend, dünnschaalig, süß. — E. Jul. Zw. aufw.	P.	138.	
935. Therese.	L. 0,96". D. 0,73". G. 103 Gr. Grünlich weiß; Adern lichter, mit gelblich weißen Punkten; durch die Haut scheinend; viele, sehr lange, nicht sehr starke, weiße Haare mit Drüsen; undurchsichtig (milchig), sehr dünnschaalig, nicht sonderlich süß. — A. A. — Zw. seitw.	P.	150.	
936. Vigilie. Long Rouge white.	L. 1,36". D. 1,18". G. 352 Gr. Schön grünlich weiß, an der Blume weiß; Adern gelblich weiß, grüne Punkte auf den Samensträngen, sowie auch einzelne rothe Flecken; wenige, sehr lange, weiße Haare nach dem Stiele zu; milchig durchscheinend, dickschaalig, angenehm süß. — E. Jul. — Zw. seitw.	P.	261 a.	Eine sehr schöne Beere.

Allgemeine Kennzeichen: VI. **Weiß.** C. **Haarig.** 3. **Elliptisch.**

Name der Beere.	Besondere Kennzeichen.	Des Cultivateurs		Bemerkungen.
		Name.	Nr.	
937. Sibylle. Queen Charlotte, Peers's. Th.	Mittelgroß, grünlich weiß, stark behaart; sehr wohlschmeckend. — A. — Zw. aufw.			
938. Fanie. Speedwell, Taylor's. Th.	Groß, grünlich weiß, wohlschmeckend. — Zw. abw.			
939. Jullie. Monkey.	Nicht sehr groß, gelblich weiß; Adern weiß; viele weiße Härchen, wohlschmeckend. — M. Jul. Der Stiel ist im Verhältniß der Beere außerordentlich dick.			
940. Sophronie.	L. 1,25". D. 0,98". G. 227 Gr. Gelblich weiß; Adern citronengelb, mit grünen Punkten; rothe Flecken; wenige lange, weiße Haare; sehr durchscheinend, sehr dünnschaalig, süß. — E. Jul. — Zw. aufw.	P.	315.	Der mitgetheilte Name: Northern Hero ist falsch.
941. Salome. Fleur de Lys, Hague's.	L. 1,36". D. 1,13". G. 331 Gr. L. 1,46". D. 0,95". G. 213 Gr. Gelblich weiß, an der Blume mehr weiß; Adern licht gelblich weiß, mit grünen und gelblich weißen Punkten. Blutrothe Flecken und Punkte auf der Haut; lange Haare, die an der Basis gelb, an der Spitze roth sind; stark durchscheinend, dickschaalig, fleischig, süß. — E. Jul. — Zw. abw.	P.	95.	
942. Valerie. Date, Kloken's.	L. 1,26". D. 0,95". G. 200 Gr. Grüngelblich weiß; Adern gelblich weiß, mit lichtern Punkten; rothe Flecken auf der Haut; einzelne weiße, feine Haare; sehr durchscheinend, dünnschaalig, weinsäuerlich süß. — A. A. — Zw. seitw.	P.	287 a.	
943. Ulrike. Oliver Cromwells Seedling.	L. 1,11". D. 0,88". G. 151 Gr. Elfenbeinfarbig weiß; Adern lichter, mit grünlich weißen Punkten; rothe Flecken an der Sonnenseite; sehr wenige, einzelne, weiße Haare; milchig durchscheinend, sehr dünnschaalig, fleischig, süß. — E. Jul. — Zw. aufw.	P.	282 a.	
944. Theodolinde. White Lamb.	Groß, Adern hellgelb; sehr feine Härchen, fast wollig, durchsichtig, sehr wohlschmeckend. — E. Jul.			
945. Sara. Lady.	Schön; Adern weiß; einzelne kleine Härchen, durchsichtig; Geschmack sehr gut. — E. Jul.			
946. Wilhelmine. Belly bonne.	Sehr groß; Adern weiß; kleine weiße Härchen; etwas durchsichtig; trefflich von Geschmack. — M. Jul. Eine schätzbare Sorte.			

Allgemeine Kennzeichen: IV. Weiß. C. Haarig. 4. Länglich. 5. Eiförmig.				
Name der Beere.	Besondere Kennzeichen.	Des Cultivateurs Name.	Nr.	Bemerkungen.
947. Ursula. Abbatess.	Groß; Adern weiß; wenige Härchen; durchsichtig, von gutem Geschmack. — E. Jul.			
948. Terenzie. Abraham New-land, Jackson's. Th.	Groß, ausgezeichneter Geschmack. — Zw. abw.			
949. Vesta. Bonny Land-lady, auch No-ble Landlady. Th.	Groß, wohlschmeckend. — Zw. aufw.			
950. Sperate. Marchioness of Dewonshire. Th.	Mittelgroß, ziemlich wohlschmeckend. — Zw. aufw.			
	IV. Weiß. C. Haarig. 4. Länglich.			
951. Viola. Button's Silver-heels.	Länglich, an beiden Seiten etwas spitzig (spulenförmig), dünnhaarig, sehr süß; reift früh im Jul.			
952. Celinde. White Bel-mont's.				
953. Wera. Great Mogul.				
	IV. Weiß. C. Haarig. 5. Eiförmig.			
954. Sera-phine. Tally-Ho.	L. 1,67". D. 1,12". G. 388 Gr. Grünlich weiß, an der Sonnenseite gelb-lich weiß, an einigen Stellen wie Elfen-bein; Adern citronengelb, mit gelben und grünen Punkten; rothe Flecken und Punkte an der Sonnenseite; ziemlich viele, lange, durchsichtige, weiße Haare; durchscheinend, etwas dickschaalig, fleischig, gewürzhaft angenehm süß. — E. Jul. — Zw. seitw.	Möh-ring.		
955. Selma. Princesse Ro-yale, Brater-ton's. Th.	L. 0,91". D. 0,81". G. 107 Gr. Grünlich weiß; Adern grünlich weiß, mit wenigen lichtern Punkten. Sehr viele, kurze, feine, wollenähnliche weiße Här-chen; sehr durchscheinend, dünnschaalig, weinsäuerlich sehr süß. — E. Jul. — Zw. aufw.	P.	126.	Der Strauch ist groß und trägt reich-lich.
956. Urania. Moore's white Bear. Th.	Groß, stark behaart, sehr wohlschmeckend. A. — Zw. abw.			
957. Trude. Trueman. Th.	Groß, grünlich weiß, angenehm süß. — Zw. aufw.			

Allgemeine Kennzeichen: IV. **Weiß.** C. **Haarig.** 5. **Eiförm.** 6. **Birnförm.**				
Name der Beere.	Besondere Kennzeichen.	Des Cultivateurs Name.	Nr.	Bemerkungen.
958. Susanne. Lion, white. Th.	Groß, Geschmack ziemlich. — Zw. aufw.			
959. Venus. Bright Venus, Taylor's. Th.	Mittelgroß, stark behaart, ganz vorzüglich wohlschmeckend. — A. — Zw. aufw.			Die Beere bleibt am Stocke bis sie zusammenschrumpft.
960. Zilla. Pigeon's Egg. Th.	Mittelgroß.			
961. Stephanie. White Imperial, Stafford's.	Ist auch rund und rundlich; sehr groß; sehr haarig, die Haare mit rothen Spitzen, von zarter Haut, der Geschmack vorzüglich. — M. Jul.			
962. Walpurge. White Hellebore, Rider's.	Ansehnlich groß, Geschmack sehr gut. Reift spät im A.			
963. Thusnelde. Rough White, Early. Th.	Groß, wohlschmeckend. — Zw. aufw.			
964. Xaverie. White Heart, Nixon's. Th.	Herzförmig, mittelgroß, ziemlich wohlschmeckend. — Zw. aufw.			
	IV. **Weiß.** C. **Haarig.** 6. **Birnförm.**			
965. Sabine. Large Seedling.	L. 1,88". D. 1,02". G. 362 Gr. birnförm. L. 1,57". D. 1,11". G. 360 Gr. eiförmig. Gelbgrünlich weiß, an der Blume weißlich gelb; Adern gelblich weiß, mit weißlich gelben Punkten; wenige lange, weiße Haare, wenig durchscheinend, dickschaalig, nicht sehr süß. — E. Jul. — Zw. seitw.	P.	83.	
966. Zephyrine. Ostrich White, Billington's.	L. 1,59". D. 0,82". G. 198 Gr. birnförm. L. 1,34". D. 0,96". G. 247 Gr. walzenförm. Gelblich weiß; Adern lichter, mit weißen und sehr wenigen apfelgrünen Punkten; bei einzelnen rothe Flecken auf der Haut; sehr wenige, kurze, feine, weiße Haare mit Drüsen an der Spitze, ziemlich durchscheinend, sehr dünnschaalig, sehr süß. — E. Jul. — Zw. seitw	P.	287.	

Alphabetisches Verzeichniß

von

englischen Stachelbeersorten.

———— ————

Benutzte Hülfsmittel.

Zu diesem Verzeichniß sind folgende Hülfsmittel benutzt worden:

1) Handbuch über die Obstbaumzucht und Obstlehre von J. L. Christ. 4te Aufl. Frankfurt a. M., 1817. Hermannsche Buchhandlung. S. 799—815.

2) Verzeichniß von Gehölzen u. s. w. für 1839 von Gottlob Friedrich Seidel in Dresden.

3) Etablissement horticole de John Salter à Versailles et Paris, 1843.

4) List of Gooseberrie by F. et A. Smith et C. zu London. (Handschriftlich mitgetheilt von H. Schmidt in Erfurt.)

5) Hortus Reichertianus, oder ein vollständiger Katalog für Handelsgärtner und Liebhaber der Gärtnerei von Joh. Friedr. Reichert. 2te Aufl. Weimar, 1807. S. 39.

6) Englische Stachelbeersorten, die in der Corthumschen Baumschule in Zerbst zu haben sind. (Ein gedrucktes Verzeichniß von 100 Stachelbeersorten.)

7) Systematisches Handbuch der Obstkunde nebst Anleitung zur Obstbaumzucht und zweckmäßigen Benutzung des Obstes. Von Johann Georg Dittrich. 3r Band. Jena, bei Mauke, 1841. S. 601—621.

8) Unsere Stachelbeersorten. Ein Aufsatz in der Allgem. deutschen Gartenzeitung. Herausgegeben von der praktischen Gartenbau-Gesellschaft in Bayern zu Frauendorf. 5r Jahrgang. 1827. Nr. 28. S. 217—523.

9) Vollständige Anleitung zur Obstbaumzucht. Ein Handbuch u. s. w. von Ferdinand Rubens. 2r Band. Essen, Bädecker, 1844. S. 389—402.

10) A descriptive Catalogue of Roses etc. von Dennis et C. in London 1844.

11) A choise Sortiment of Gooseberries etc. von Browns in Glasgow.

Bei jeder Sorte ist die Farbe der Frucht angegeben, wenn ich solche irgend-wo angezeigt gefunden oder selbst beobachtet habe. Die Bezeichnungen derselben sind folgende: roth, weiß, grün, gelb.

Aaron, Lovart's (Lovat's?), gelb, haarig, elliptisch.
Abraham Newland, Jackson's, weiß, haarig, elliptisch.
Abbatess, Kloken's, weiß, haarig, elliptisch.
Achilles, Gerriot's, roth.
— Jared's, roth, glatt, länglich.
— Kloken's.
Admirable, Grange's.
Admiral, roth, rund, groß, wohlschmeckend.
— Kloken's, grün, haarig, rundlich.
— Mather's, roth.
— Collingwood.
— Keppel (Kepple?), Jared's, roth.
— Rodney, grün, glatt, elliptisch.
Adonis.
Adulater, Kloken's, roth, glatt, elliptisch.
Advance, Moore's, weiß.
Adventive, roth, glatt, elliptisch.
Agasse, Kloken's, weiß, haarig, rund.
Agate, roth, haarig, elliptisch.
Airling, weiß, glatt, länglich.
Ajax, Gerrad's, roth, glatt, rundlich.
Alchimist, Kloken's, roth, haarig, länglich.
Alass, Burgoyne's.
Albion, Boote's, roth.
Albions pride.
Alexander, roth, haarig, oval.
— — Mather's, roth, glatt, rund.
— — Rowlinson's.
— — the Great, gelb, glatt, oval.
Alicant.
Amazon, Kloken's, grün, glatt, rundlich.
Amber, gelb, glatt, elliptisch.
— common, weiß und roth gestreift.
— hairy. Siehe Champagne yellow.
— large.
— long.
— round.
— smooth. S. Amber.
— sweet.
— yellow. S. Amber.
Ambrosia, gelb, haarig, elliptisch.
Ambush, Cranshaw's, weiß, glatt, oval.
American, grün, haarig, rundlich.
Ananas, Kloken's, gelb, glatt, oval.
Anchor, grün.
Angler.

Annibal, Coe's, roth, glatt, birnenförmig.
— Knight's, grün, haarig, rund.
Apollo, Gibston's, gelb, haarig, rund.
Argus.
Aston. S. Red Warrington.
— Hebburn yellow, gelb, haarig, rundl.
— Red. S. Red Warrington.
— Seedling. S. Red Warrington.
Atlas, Brundrett's (Brundlit's), roth, haarig, rundlich.
Attractor, Hippart's, roth, haarig, rund.
Audley Lass, William's, grün, haarig, oval.
Bald Heat, grün, glatt, rund.
Ball yellow, gelb, glatt, rundlich.
Balli, roth, haarig, rund.
Balloon, grün, glatt, rund.
Balmure.
Bangdown, Billington's, grün.
Banger, gelb.
Bang Europe, Leicester's, grün.
Bang of green.
Bang-up, Tyrer's, roth, haarig, oval.
Bank of England, Walker's, roth, glatt, oval.
Banksman, grün.
Barley sugar, Kloken's, weiß, glatt, ellipt.
Bassa, Kloken's, grün, glatt, elliptisch.
Bear, Moore's.
Bear white.
Beau fremont, roth.
Beau Sarmont?, Jackson's, roth, haarig, elliptisch.
Beautiful Betty, Trop's, grün, glatt, längl.
Beauty, Holt's, grün, haarig, elliptisch.
— Rotfold's, roth.
— Lauking, Hague's.
— millers wife, Kloken's, gelb, haarig, länglich.
— -spot, Kloken's, gelb, haarig, rund.
— of England, Hamlet's, roth, haarig, elliptisch.
— of Euler.
— of Orkney, roth, haarig, rundlich.
Beggar lad, gelb, glatt, elliptisch.
Begging boy, weiß, glatt, oval.
Bell, Kloken's, gelb, glatt, rundlich.
Belle forme, roth.
Bellerophon, Taylor's, roth.
Bellyhonne, Kloken's, weiß, haarig, ellipt.

Bellona, Kloken's, grün, haarig, rund.
Belmont's Green. S. Green Walnut.
Bery known, roth.
Bery Shepherd, Atkinson's, roth, haarig, rundlich.
Bess of Acton, rund, groß, wohlschmeckend.
Betty, Kloken's, weiß, haarig, rund.
Bully Dean, Shaw's, roth, glatt, oval.
Bird-lime, gelb, glatt, rund.
Black, Astlet's, dunkelroth.
— Dakin's, roth, haarig, elliptisch.
— Lee's, roth.
— Platt's, schwarz, glatt, lang.
— Waverham's, roth, haarig, oval.
— bear, ganz schwarz.
— Belmond, schwarzroth.
— bird, Kloken's, roth, haarig, rund.
— bull, roth.
— cluster, Castler's.
— diny, Kloken's.
— dragon, roth.
— eagle, roth, haarig, rund.
— hardy, länglich, grünlich-schwarz, mittelgroß, hat eine große Blume, E. J.
— king, roth, glatt, oval.
— Lady, Mather's, roth, glatt, elliptisch.
— — Coe's, roth, haarig, rundlich.
— Prince, Kloken's.
— — Atkinson's, roth, glatt, rund.
— — Mussey's, roth, haarig, rundl.
— — Rider's, roth, glatt, rund.
— — Shipley's, roth, haarig, rundl.
— — Stapleton's.
— — Thorpe's.
— purple, Kennedy's, roth.
— ram, roth.
— Rose, Stanley's, grün, glatt, ellipt.
— seedling, schwarz.
— Royale, grün, haarig, rundlich.
— Tom, roth, haarig, rund.
— virgin, Smith's, roth, glatt, elliptisch.
— walnut, blutroth.
Blackley Lion, Yearsley's.
Blacksmith, gelb, rund, groß, wohlschmeckend.
Blithfield, gelb, glatt, rund.
Bloodhound, Grave's, roth.
Blucher, Wood's, roth.
Boggart, Houghton's (Hawghton's), roth, glatt, oval.
Bonny Highlander, Ranson's, gelb, glatt, rund.
— Landlady, weiß, haarig, elliptisch.
— Lass, Capper's, weiß, haarig, ellipt.
— — white, weiß.
— Roger, Diggles's, gelb, glatt, oval.
Bottom Sawyer, Capper's, gelb, haarig, oval.
Braggard, roth.
Bragger, Kloken's, roth, haarig, rundlich.

Brandeel, Smith's.
Brandy yellow, Cheetham's, gelb.
— — Rider's, gelb.
Bright farmer, Bell's, gelb, glatt, oval.
— Venus, Cheetham's, roth, glatt, längl.
— — Elliot's, roth, glatt, elliptisch.
— — Taylor's, weiß, haarig, oval.
Britannia, Astley's, roth.
— Clyton's, roth, glatt, elliptisch.
— Leicester's (Lister's), gelb, haarig, oval.
— Lister's.
British Crown, Boardman's, roth, haarig, rundlich.
— Farmer, Down's.
— Hero, Collin's, roth, haarig, ellipt.
— Prince, Boardman's. S. Boardman's Prince Regent.
— Queen, roth.
Briton, Haslam's, roth, glatt, rund.
— Kloken's, grün, oval.
Broom Girl, gelb, glatt, birnenförmig.
Brougham, Gaskell's, grün, haarig, elliptisch.
Brown Bob, Miller's.
Brownsmith.
Buffalo, weiß, haarig, rund.
Bulky Dean, Shaw's.
Bullfinch, Kloken's. S. Waverham's Black, roth, haarig, elliptisch.
Bull-head, Kloken's.
Bullocks heart, Pendleton's, roth.
Bumper, grün, glatt, elliptisch.
Bunker's Hill, Capper's, gelb, glatt, rundl.
Burgoyne, roth.
Butchers fancy, Piggot's, weiß, wohlschmeckend.
Buonapartes Glory.
Caesar, Harrison's, grün.
— Heilton's, grün.
Calash, grün, glatt, elliptisch.
Caledonia, roth.
Canaan, Clyton's, roth, haarig, rund.
Canary, Caton's, gelb.
— Clyton's, grün, haarig, rundlich.
Captain red, roth, haarig, rund.
— white.
Cardinal, roth, haarig, rund.
Careless Blacksmith, Taylor's, gelb.
Carneol, Kloken's, roth, haarig, rund.
Caroline, weiß.
Carpenter, roth.
Carringe Away, grün, glatt, rund.
Catherina, gelb.
Cereus, Creding's, gelb, glatt, rundlich.
Champagne green.
— — Barclay's.
— large pale, grün, haarig, ellipt.
— red, roth, haarig, elliptisch.
— white, weiß, haarig, rundlich.
— yellow, gelb, haarig, rundlich.

Champion Goliath, grün, haarig, rund.
— white, Mill's, weiß, glatt, birnenförmig.
Change green, grün, haarig, elliptisch.
Charles Fox, Monck's, grün, haarig, oval.
Chassé, roth.
Chat, weiß.
Cheshire Boy, roth, lang, groß.
— cheese, Hopley's, gelb, glatt, oval.
— Hero, Bradshaw's, roth.
— Lady, roth, haarig, elliptisch.
— Lass, Saunder's, weiß, haarig, elliptisch.
— man, Yaxley's, roth.
— round, Down's, roth, haarig, rund.
— sheriff, Adam's, roth, glatt, oval.
— — Fox, grün, haarig, rund.
— Stay, Shebnadine's, gelb, glatt, länglich.
— withe walnut, weiß.
China orange, gelb, rund, groß, wohlschmeckend.
Chisel, Blackley's, grün, glatt, rundlich.
— green. S. Viner's Green Balsam.
Chorister, weiß, rund, groß, wohlschmeckend.
Chrystal, weiß, glatt, rundlich.
— red, roth, glatt, rund.
— thin-skinned, weiß.
— white, weiß, haarig, rundlich.
Chromatelle gooseberry, Neelon's, weiß, haarig, rundlich.
Chyntia, Klute's, weiß, länglich, groß.
Citron, Kershaw's, gelb, haarig, rundlich.
Claret, roth, glatt, rundlich.
Cleopatra, Klute's, weiß, glatt, rundlich.
Colonel, Anson's, grün, haarig, elliptisch.
— Tarleton, Knight's, roth.
Comforter, weiß, rund, mittelgroß, wohlschmeckend.
Commander, roth, haarig, oval.
Companion Red, Hopley's, roth, haarig, rundlich.
— white, grün, haarig, oval.
Competitor, weiß.
Complete, Stuart's, roth.
Confect, Kloken's, grün, glatt, elliptisch.
Conquering Hero, Catlow's, gelb, haarig, oval.
— —, Chipendale's, grün, haarig, elliptisch.
Conqueror, Andrew's.
— Carthington's, roth.
— Fishers, gelb, glatt, elliptisch.
— Gregory's, gelb, glatt, birnenf.
— Stafford's, roth, glatt, rundlich.
— Williams's, roth, haarig, elliptisch.
— Worthington's, roth, glatt, ellipt.
Coronation, roth, rund, groß, wohlschmeckend.
Cornwall, roth, haarig, elliptisch. •
Cornwallis, Worthington's, roth.

Coquet, grün, glatt, elliptisch.
Cossac, weiß.
Cottage Girl, Heap's, gelb, haarig, elliptisch.
Counsellor Brougham, weiß, haarig, elliptisch.
Countes of Errol. S. Red Champagne.
Country Lass, weiß.
— Squire, grün, haarig, rund.
Cousin John, Lawton's, roth.
Crafty, Taylor's, gelb.
Cromley? roth, glatt, elliptisch.
Crosier, gelb, glatt, birnenförmig.
Crown Bob, Melling's (Milling's), roth, haarig, elliptisch.
— Prince, Brough's, roth.
— Regent, roth.
Cucumber, Kloken's, grün, glatt, elliptisch.
Cygnet, Kloken's, grün, haarig, rundlich.
Czar, Kloken's, grün, glatt, oval.
Czarina, Kloken's, grün, glatt, oval.
Damson, roth, haarig, rund.
— white, weiß, glatt, rundlich.
Dante, grün, wohlschmeckend.
Danton, grün.
Date, Kloken's, weiß, glatt, elliptisch.
Dark red, large.
Davius Nescio, grün, haarig, rund.
Dr. Davis's Upright. S. Red Champagne.
Defiance, Chektham's, grün.
— Cook's. S. Fisher's Conqueror.
— Leigh's, roth, glatt, elliptisch.
— Worthington's, roth, haarig, oval.
Delight, Devonshire, roth, glatt, rund.
— Thompson's.
— Walker's.
— Weedham's (Needham's), gelb, haarig, birnenförmig.
Derby Ram, grün.
Derbyshire's Privateer, weiß.
Descendent, roth, haarig, oval.
Diamond, Stringer's.
Diana, Bratherton's, weiß, wohlschmeckend, reift früh.
Diane white.
Diogenes, Coe's, grün, glatt, rundlich.
— Whiteley's, grün, haarig, rundl.
Doctor Syntax, Hooton's, grün.
Doyisling, Suchson's, gelb, glatt, rundlich.
Dolphin, Stanley's, gelb, glatt, rundlich.
Dome of Lincoln, weiß, haarig, lang.
Don Cossac, gelb.
Double bearing, Eckersley's. S. Red Walnut.
Dowe, weiß, reift früh.
Downy yellow.
Dragon, Gray's, grün, glatt, rund.
Drap d'or.
Dread nought, Reeve's, roth.
Driver, grün.
Drop, Smith's, weiß.
— of Gold, Maddock's, gelb.

Drum Major, Colclough's, roth.
Dublin, gelb.
Duck Wing, Buerdsill's, gelb, glatt, oval.
Dudley and Ward.
Duke of Bedford, Liptrot's, gelb, glatt, elliptisch.
— — — Yeath's, grün.
— — Clarance.
— — Kent.
— — Lancaster, Kloken's, roth, haarig, elliptisch.
— — Leed's, Union's, roth.
— — Waterloo, Siddon's, gelb.
— — York, Allcock's. S. Leigh's Rifleman, roth, harig, rundl.
— William, Kloken's.
— — Livesey's, roth, haarig, rund.
Dumpling, Hulm's. S. Scotch best Jam, (Hamlot's), gelb.
Duster, Stringer's, weiß.
Dusty Miller, Stringer's, weiß, glatt, oval.
Eagle, Cook's, weiß, glatt, oval.
— Kloken's.
— white, Cook's.
Earl Chatham, Kloken's. gelb, glatt, rund.
— Grosvenor, Hilton's, roth.
— of Bedford.
— — Derby, Stanley's, roth.
Early black.
— brown, gelb.
— Lincoln Gooseberry.
— green, Lee's, grün.
— — Giant, grün.
— — Gascoigne, grün.
— — hairy, grün, haarig, rund.
— — Mill's, grün.
— red, Wilmot's, roth, glatt, rundlich.
— — Mill's, roth.
— rough red, roth, haarig, elliptisch.
— sulphur, gelb.
— white, weiß, haarig, rundlich.
Echo, roth, rund, groß, wohlschmeckend.
Eclipse, Blackley's, gelb, glatt, rundlich.
— Johnson's, roth.
— Thompson's, roth, haarig, rundlich.
— Wrigley's.
Egyptian, Kloken's, gelb, glatt, elliptisch.
Elector, Kloken's, roth, haarig, rundlich.
Electoral Crown, Kloken's, roth, glatt, rund.
Elephant, Blomely's, weiß.
Elijah, Lovart's, roth, haarig, rundlich.
Elisha, Lovart's, grün, haarig, rundlich.
Elizabeth, Eggleston's, weiß.
Emerald, Leigh's, grün.
Emperial Globe, grün, haarig, rund.
Emperor, Gorton's, roth, glatt, rundlich.
— Rival's, roth, glatt, elliptisch.
— Wal's, weiß? roth?
— Napoleon, Rival's, roth, glatt, oval.

Emperor of Marocco, Worthington's, roth, glatt, rund.
Empress, Part's, weiß.
Emy, Kloken's, grün, glatt, oval.
England's Glory, Hassal's, weiß, rund, groß, wohlschmeckend.
Esq. Hammond, roth.
— Whittington, roth.
Evander, Atkinson's, weiß, haarig, rundlich.
— Hague's, grün, glatt, elliptisch.
Evening star, roth, glatt, rund.
Evergreen, Perring's, grün, glatt, oval.
Excellent, roth.
Extra white, weiß.
Fairfax, roth, haarig, rund.
Fair Helen, weiß, reift früh.
— play, Holt's, grün, haarig, elliptisch.
— Rosamond, weiß, glatt, rundlich.
Faithful, Baker's, grün.
Fall-Head, roth, haarig, rund.
Fame, Elgin's, grün, glatt, oval.
Fallow-buck, Kloken's, gelb, haarig, ellipt.
Famous, Chapman's, roth.
Fancy, Bell's, roth, sehr wohlschmeckend, reift früh.
— Butcher's, weiß, wohlschmeckend.
— ball, Forton's (Fenton's), grün.
Fanny, grün, glatt, elliptisch.
Farmer. S. Chapman's Jolly Farmer.
Farmer's Glory, Berry's, roth, haarig, oval.
Favorit, Bates's, grün, glatt, elliptisch.
— Brown's.
— Harrison's, grün.
— Newman's, grün, glatt, oval.
— Rawlinson's, roth.
— Smith's, roth, haarig, rundlich.
— , Wrigley's, grün, glatt, länglich.
Fearfull, gelb, rund, groß, wohlschmeckend.
Ferdinand the 4th, gelb, glatt, rundlich.
Ferret yellow, Johnson's?, gelb, haarig, elliptisch.
Festival, gelb.
Fiddler, weiß.
Fig, white, weiß, glatt, oval.
Fiery-ball, Kloken's, roth, glatt, rund.
Fine spaniard, Kloken's, grün, glatt, längl.
— white, Grimstone's.
— yellow, Jacquin's, gelb.
Fire Ball, Elliot's, grün, haarig, birnenförmig.
First rate, Parkinson's, weiß, glatt, oval
— seedling, Gill's, roth.
Flame, Shephard's.
Fleur de Lis, Hagye's, weiß, haarig, ellipt.
Flora, Kloken's, gelb, glatt, länglich.
Floramour, Kloken's, roth, haarig, oval.
Flos Adonis.
Flower of Chester, grün, haarig, rund.
Flowing Bowl.
Fly, Ware's, gelb, glatt, elliptisch.

Forester, roth, haarig, oval.
Forward, Lovart's, roth.
Foundling, Niven's, weiß.
Fowler, Grundy's.
Fox-grape, Kloken's, grün, haarig, rund.
Foxhunter, Bratherton's, roth, haarig, oval.
Foxwhelp the East, roth, glatt, oval.
Fowler, Grundy's, weiß, haarig, oval.
Free, bearer, Rider's, roth, glatt, lang.
Freecost, Saxton's, grün.
Freedom, weiß, glatt, elliptisch.
Freeholder, Beardly's, roth.
Freeranger (?), Nield's, grün, haarig, rund.
Friend ned, Hopley's, roth.
Fudler, Leigh's, weiß, glatt, elliptisch.
Full-mond, Klute's, schwarz, rund, groß.
Gage, Nield's.
Gascoigne green. S. Early green Hairy, grün, haarig, rund.
—   white.
Gauntlet, grün, glatt, elliptisch.
General, grün.
— Carlton, grün.
— Howe, grün, glatt, rund.
— Hutchinson, Livertley's.
— Lennox
— Wolff, Kloken's, grün, glatt, ellipt.
Gently green, Shelmardine's, grun, glatt, rund.
George Lamb, Hemsley's gelb.
— the Fourth, Colclough's. S. Red Champagne, roth, rund, groß, wohlschmeckend, reift spät.
Germings, Creping's, grün, glatt, rund.
Gibraltar, gelb, glatt, elliptisch.
Gilt-head, Kloken's, grün, glatt, länglich
Glader, Kloken's.
Glass-globe, Kloken's, grün, glatt, rund.
Gleanor, Billington's, grün, reift spät.
Glenton green, grün, haarig, elliptisch.
Glide, Kloken's, roth, Adern hellroth und weiß, theils rundlich, theils länglich, sehr gut, A. A.
Globe green, grün, haarig, rund.
— Hopley's, gelb, haarig, rund.
— large red, roth, haarig, rundlich.
— small red, roth, glatt, rundlich.
— yellow (einiger). S. Rumbullion.
Glorious, Bell's, roth, glatt, oval.
Glory, Eden's.
— of Albion.
— — England, gelb, haarig, oval.
— — Euler, roth, haarig, rund.
— — Kingston, Needham's, grün, glatt, rundlich.
— — Oldham, Needham's, roth, haarig, elliptisch.
— — Radcliff, Allan's, grün, glatt, birnenförmig.
— — Scarisdale, roth.

Glory of the East.
— — — West.
— Whitton's, roth, glatt, elliptisch.
Goggle-eyed, roth, haarig, länglich.
Gold, Burfort's, gelb, rund, groß, wohlschmeckend.
Gold-drop, gelb, haarig, rundlich.
Golden ball, Stanley's. S. Early Sulphur, gelb, glatt, rund.
— bees, gelb, haarig, elliptisch.
— bull. S. Early Sulphur.
— chain, Forbes's, gelb, glatt, elliptisch.
— champion, Cook's.
— conqueror, Lee's, gelb, glatt, rund.
— — Mason's, gelb, glatt, rundlich.
— crown, gelb, lang, groß, wohlschmeckend.
— drop, Jackson's, gelb, haarig, ellipt.
— eagle, Nixon's, gelb, haarig, rundl.
— Emperor.
— fleece, Klute's, goldgelb, rundlich, feinhaarig, überaus schön.
— — Part's, gelb, haarig, oval.
— Glocken, gelb, glatt, elliptisch.
— gourd, Hill's, gelb, haarig, elliptisch.
— griffin, Stanley's, gelb.
— lemon. S. Golden Drop.
— lined, gelb, haarig, länglich.
— lion, Cheadler's, gelb.
— — Kloken's, gelb, haarig, ellipt.
— medal, Bradshaw's.
— orange, Jackson's, gelb, haarig, elliptisch.
— Orb, gelb, rund, groß, wohlschmeckend.
— purse, Bainford's, gelb, glatt, oval.
— Queen, Kay's, gelb, glatt, rundlich.
— scepter, Shaw's, gelb, glatt, rundl.
— — Withington's, gelb, glatt, birnenförmig.
— seal, Boardman's, gelb.
— sovereign, Bratherton's, gelb, haarig, rundlich.
— Walnut, grün.
— wedge, Openshaw's, gelb.
— wren, Kloken's, gelb, glatt, oval.
— yellow, Dixon's, gelb, glatt, ellipt.
— — Hill's, gelb.
Goldfinch, Hatton's, gelb.
— Taylor's, gelb, glatt, rund.
Goldfinder, gelb.
Goldsmith, gelb, haarig, rundlich.
Goliath, Kloken's.
— Stanley's, weiß, sehr groß, spät reifend.
— Rider's, gelb, glatt, oval.
— Champion, Cartenden's.

Goliath Champion, Costerdine's, gelb, glatt, elliptisch.

Gooseberry, Black's, weiß, glatt, rund. / roth, haarig, rund.

Goose-Leb, grün, haarig, rundlich.

Gore-belly, Kloken's, grün, glatt, rund.

Governess, Bratherton's, weiß, haarig, rundlich.

Governor, Bratherton's, roth.

-- Kloken's, grün, haarig, rund.

— Penn, Rider's, roth.

Grand-duke, Kloken's, grün, glatt, oval.

Turk, Hopley's, roth.

Valent, Kloken's.

— Vicar, Kloken's.

Grape, grün, glatt, rundlich.

Great Alexander, Kloken's.

-- Britain, Cowsel's, weiß, glatt, ellipt.

— — Gregory's, roth.

— Briton, roth, glatt, elliptisch.

Caesar, Hulton's, roth, haarig, rund.

-- Captain, Hooper's, roth, glatt, ellipt.

— Chance. S. Farrow's Roaring Lion.

Mogul, weiß, haarig, lang.

— Tup.

Greedy, Logan's, roth, haarig, rund.

Green, Astlet's, grün, haarig, rund.

— Fox's, grün, haarig, rundlich.

Marboury's, grün, glatt, lang.

— Mather's, grün, glatt.

— Sabine's, grün, haarig, rund.

-- Taylor's, grün.

— Vicar, grün, haarig, rundlich.

— Winning's, grün, glatt, rundlich.

— Anchor, Bell's, grün.

— Bug, Hardman's, grün.

balsam, Viner's. S. Chisel, Blackley's.

-- boy, grün.

— chancellor, Kloken's, grün, glatt, elliptisch.

chisel, Blackley's. S. Chisel Blackley's.

Dorrington, grün, glatt, birnenförm.

— dragon, grün, glatt, birnenförmig.

— fig, Kloken's, grün, glatt, oval.

Greenfinch, Blackley's, grün, haarig, rundl.

Green Frog, grün, glatt, birnenförmig.

— Gage, Horsefield's, grün, glatt, rundlich.

—. — Pitmaston's, grün, haarig, oval.

— — Sharret's, grün.

— Gascoign, grün, rund, groß, von überaus gutem weinigten Geschmack und trefflichem Parfüm.

— globe, Kloken's, grün, glatt, rund.

— Goosberry.

— goose, Fox's, grün, haarig, elliptisch.

— griffin, grün.

— gros berry, grün, glatt, rund.

Green John, Jackson's, weiß, glatt, lang.

— Joseph, Kloken's, grün, glatt, ellipt.

— Isle.

— Laurel, grün, haarig, rundlich.

— lined, Taylor's, grün, glatt, rund.

— Lizard, Jackson's, grün.

— margill, Stanley's.

— mantle, grün, rund, groß, wohlschmeckend.

— meadok, grün.

— mountain, Sandiford's, grün, haarig, oval.

— myrtle, Nixon's, grün, glatt, rundl.

— non such, grün.

— Oak, Boardman's, grün, haarig, rundl.

— Ocean, Ingham's.

-- Wainman's, grün, glatt, ellipt.

-- plover, Kloken's, gelb, haarig, ellipt.

— Peak, grün, haarig, birnenförmig.

plum, William's, grün.

— Prince, grün, haarig, elliptisch.

— prolific, Hebburn's. S. Hebburn Green Prolific, grün, haarig, rundlich.

River, grün.

— seedling, grün, haarig, länglich.

Greensmith, grün, haarig, rundlich.

Green sugar, grün, glatt, rund.

-- Thorpe's.

transparent, gelb.

— vale, grün, wohlschmeckend.

-- velvet, Willmot's, grün.

vicar.

walnut, grün, glatt, oval.

— willow, Bratherton's. S. Parkinson's Laurel.

Johnson's, grün, glatt, birnenförmig.

Greenwood, Berry's, grün, glatt, elliptisch.

Grey Lion, roth, haarig; rundlich.

— Kloken's, grün, glatt, rund.

Griffin, Low's.

Guido, Rothwell's, roth, haarig, elliptisch.

Gunner, gelb, rund, groß.

Hairy amber.

— black. S. Iron monger.

— green, Gerrard's, grün, haarig, rundl.

— red, Barton's, roth, haarig, rundlich.

Hamadrynade, Kloken's, weiß, glatt, länglich.

Hangsmau, Rigsby's, roth, reift früh.

Haphazard, Ainsworth's, gelb.

Hardy, Lipuy's, grün, glatt, rund.

— — Black's.

Hare in the bush, roth, wohlschmeckend.

Harreis, roth, glatt, rundlich.

Hatherton red, Whitmore's, roth.

Hatter, gelb.

Hawk, Gaskell's, gelb.

Heart, Nixon's, weiß.

— of Oak, Mussey's, grün, haarig, längl.

Hector, roth, haarig, rundlich.
Hedge Hoy. S. Irish white Raspberry.
Heigh Sheriff, roth, haarig, rund.
Herald, Kloken's, grün, haarig, rund.
Hep, roth, haarig, länglich.
Hercul club, Kloken's, weiß, glatt, oval.
Hercules golden.
— Mason's, roth, glatt, rund.
Heremit, roth, haarig, rundlich.
Hero, Ambersley's, roth, glatt, elliptisch.
— Chadwick's.
— Jackson's, roth.
— Melbourne, gelb, glatt, elliptisch.
— Kilton. S. Hamlet's Kilton.
—, Worthington's, roth, glatt, rundlich.
Heroine, weiß.
Hiberulas glory.
Highland King, Gregory's, weiß.
— white, Chapman's, weiß, haarig, rund.
Highlander, Horsfield's, gelb, haarig, ellipt.
— Logan's, roth, glatt, elliptisch.
Highlands Queen, Boardman's, weiß, glatt, rund.
Highlandman, roth.
High Sheriff, Perth's. roth.
— — of Lancashire, Grundy's, grün, glatt, oval.
Highwayman, Speechley's. S. Bell's Glorious, roth, haarig, rund.
Hit or Miss, Taylor's, roth.
Hob-thurst?, roth, haarig, rund.
Honey white.
Honour of Tick-Hill, weiß.
Hony-apple, Kloken's, grün, haarig, rund.
Hony comb, gelb, glatt, rund.
Hulsworth, roth, glatt, elliptisch.
Hummer yellow, Hall's.
Huntingdon Lass.
Huntress, grün, haarig, elliptisch.
Huntsman, Bratherton's, roth, haarig, rund.
Huntz.
Husbandman, Foster's (Forester's), gelb, glatt, rund.
Imperial long green, grün.
— Stafford's.
Incomparable, Kirk's, roth, glatt, oval.
Independent, Brigg's (Briggs's). grün, glatt, elliptisch.
— Stanley's, gelb.
Industry, Saxton's, roth, wohlschmeckend.
Infant, grün, haarig, elliptisch.
Invincible, Bratherton's, grün, haarig, ellipt.
— Heywood's, gelb, haarig, elliptisch.
Irish Plum, roth, haarig, rundlich.
Ironmonger, weiß, glatt, rund.? S. Red Champagne, roth, haarig, rundlich?
Ironsides, roth.
Jacey, grün, glatt, rund.

Jack-pudding, Kloken's, roth, glatt, rundlich.
Jacob-thurst, Kloken's.
James Dowson yellow, gelb, haarig, rundlich.
Jay's Wing, grün.
Jenny, weiß, glatt, rund.
Jenny-wreen, Kloken's, weiß, haarig, rund.
Jewel, Kloken's, grün, haarig, länglich.
Jingler, Boardman's. grün.
John Bull, Blomerley's, gelb, haarig, oval.
Johnny lad, roth.
Joke, Hodgkinson's, grün, haarig, rundlich.
Jolly, Ashton's.
— Angler, Collier's, grün, haarig, langl.
— — Collin's.
— — Lay's.
— Butcher, Cope's, roth, wohlschmeckend.
— Cope's, roth, glatt, elliptisch.
— Crispin, Proudman's, grün.
— crafter, Bradshaw's, weiß.
— cutter, Cook's, weiß.
— dragon, Sharple's, roth.
— farmer, Chapman's, grun, haarig, birnenförmig.
— fellow, roth, glatt, elliptisch.
— gardener, Brundrit's, weiß.
— — Brown's, grün, glatt, rundlich.
— gipsey, Mason's, gelb, glatt, oval.
— Gunner, Hardcastle's, gelb, haarig, elliptisch.
— Hatter, gelb, wohlschmeckend.
— Miller, Mather's, roth? weiß? gelb?
— Miner, Greenhalgh's, roth, glatt, birnenförmig.
— Nailer, Bromley's (Bromeley's), weiß, haarig, rundlich.
— Painter, Eckersley's, roth, wohlschmeckend.
— Pavier, roth, glatt, rund.
— Printer, roth, glatt, elliptisch.
— red rose, Head's (Read's), roth.
— sailor.
— smoaker.
— soldier, roth, rund, groß, wohlschmeckend.
— Tar, Edward's, grün, glatt, oval.
— Toper, weiß, reift spat.
— yellow.
Joseph, Monk's, grün.
Jove, grün, glatt, rundlich.
Jubilee, Allan's, weiß, haarig, rundlich.
— Hopley's, roth, haarig, rundlich.
Jupiter.
Justicia, rund, groß.
Keepsake, rund, grün, groß, wohlschmeckend.
Kilton, Hamlet's, gelb, haarig, elliptisch.
— Hero.
King, Alcock's, roth, haarig, rund.
— Hogbean's, roth.
— of Prussia, grün, haarig, rund.
— Rawson's, roth.

King, Witley's.
— Lear.
— William, grün, glatt, elliptisch.
— Sheriff, Rider's, roth.
Kingly Admiral, Mather's, grün, rauh, groß.
Kookwood, gelb.
Lady, Kloken's, weiß, haarig, elliptisch.
— Delamere, Wild's, weiß, glatt, elliptisch.
— Houghton, Fish's, weiß.
— Lilford, Grundy's. S. Woodward's Whitesmith.
— Mainwaring, weiß.
— of the Manor, Hopley's, weiß, haarig, rundlich.
— Stanley.
Lamb, Thorpe's, gelb, glatt, rundlich.
Lancashire farmer.
— Lad, Hartshorn's, roth, haarig, rundlich.
— Lass, Wood's. S. Woodward's Whitesmith.
Lancaster Lass, lang, groß, wohlschmeckend.
Lancer, grün.
Landlady, weiß.
Langley green, Mills's, grün, haarig, ellipt.
Large amber, gelb, glatt, rund.
— damson, roth, haarig, rundlich.
— dark red.
— early white, weiß, haarig, oval.
— golden drop, gelb.
— heary crown, grün, glatt, lang.
— hairy.
— paunch, Kloken's, grün, haarig, rund.
— red oval, roth, haarig, oval.
— seedling, weiß, haarig oval.
— smooth green, grün, haarig, oval.
— Thomson, grün, glatt, lang.
white, grün, haarig, oval.
— yellow, gelb, glatt, oval.
Late damson, roth, haarig, lang.
— do, Willmot's.
— green, Forsyth's, grün, haarig, oval.
— red, roth, haarig, rund.
— superb, Wilmot's, roth, haarig, rund.
— white, weiß, glatt, außerordentlich groß, schön, durchsichtig, trefflicher Geschmack, S. Zul.
Laurel, Parkinson's, grün, haarig, oval.
— green, grün.
Laureltress (?), roth, glatt, elliptisch.
Leader, Piggot's, gelb, glatt, rundlich.
Lemon, Kloken's, gelb, glatt, rundlich.
— Rider's, gelb, glatt, rundlich.
Liberator, Ware's, gelb, haarig, rundlich.
Liberty, weiß.
Light green, Kloken's, grün, glatt, ellipt.
Lilly of the Valley, Taylor's, weiß.
Lily, Redford's, weiß.
Lincolnshire tup, roth.

Lion, roth.
— red.
— white, weiß, haarig, oval.
— yellow.
Lioness, Fennyhough's, weiß, glatt, oval.
Lions provider, roth, haarig, elliptisch.
Little Johann, weiß, glatt, rundlich.
— John, roth, haarig, rundlich.
— red hairy. S. Rough Red.
Lively green, Boardman's, grün.
Lizard, Kloken's, grün, glatt, länglich.
Lont-star, Kloken's, grün, haarig, rund.
Lobster.
Lombardy.
London, Barnes's.
— the Heavist.
Long ambra, weiß, glatt, lang.
— red, roth, haarig, elliptisch.
— rouge yellow.
— — white.
Longwaist, Taylor's, weiß.
— Weldon's, roth.
Long yellow, gelb, glatt, elliptisch.
Lord Bridford.
— Byron, Peal's, grün, glatt, rund.
— Clifton.
— Clive, Kloken's, gelb, glatt, elliptisch.
— Combermere, Forester's (Foster's), gelb, glatt, oval.
— Crew, Hopley's, grün, haarig, längl.
— Douglas, gelb, haarig, rundlich.
— Hill, roth, glatt, rund.
— Hood, Tartlow's, grün, glatt, oval.
— Nelson, Boardman's, gelb, haarig, birnenförmig.
Nelsons Monument.
— of the Manor, Bratherton's, roth, haarig, rundlich.
— Spencer's favorite.
— Suffield, Haywood's, gelb, glatt, oval.
— Swenford favorit, gelb, haarig, rund.
— Valentia, weiß, glatt, elliptisch.
— Wellington, Hopley's (Hawley's), roth, glatt, elliptisch.
Lottery, Whitlaker's, roth, wohlschmeckend, reift früh.
Louis the 16th.
Lovely Anne, grün, haarig, oval.
— Jane, weiß.
— Lass, Greenhalgh's, weiß.
— white, Ward's, weiß, glatt, ellipt.
Lucelle, roth, haarig, rund.
Lucks-all, Hardman's, gelb.
Macclesfield Lass, rund, groß, wohlschmeckend.
Magistrate, Diggle's, roth, haarig, oval.
Magnum bonum, Bowman's, weiß.
Maid of the Mill, Stringer's, weiß, haarig, oval.
Major, Kay's, weiß.
— Hill.

Malkin wood, Kloken's, roth, haarig, rund.
Manchester Red, eine sehr gute Desertfrucht.
Marchioness of Devonshire, weiß, haarig, elliptisch.
Marigold, gelb.
Marksman, roth, lang, groß, wohlschmeckend.
Marquis of Rockingham, roth.
-- of Stafford, Knight's, roth, haarig, rundlich.
Master-piece, Kloken's, gelb, haarig, längl.
-- tup, Thorpe's, roth.
— Wolfe, Thorpe's, roth, haarig, längl.
Matadore, roth, glatt, elliptisch.
Mathless, Pendleton's, roth (weiß?), rund, glatt.
— Rider's, grün, haarig, rund.
Wright's, roth, haarig, länglich.
-- Thorpe's.
Mate white, weiß gestreift.
Medal, gelb, lang, groß, wohlschmeckend, reift früh.
Melbourne Hero, Thompson's, roth, wohlschmeckend.
Melon, Yeat's, grün.
— Wrigley's, gelb, glatt, rund.
Mercury, Kloken's, grün, haarig, rundlich.
Mermaid, weiß, glatt, rund.
Merry Lass, grün, glatt, oval.
Merryman, Nuts's, grün, haarig, oval.
Metellus, roth, glatt, elliptisch.
Midas, roth, lang, groß, wohlschmeckend.
Midsummer, grün, glatt, rundlich.
Mignonette, grün, haarig, rundlich.
Milk maid, Grundy's, weiß.
Minerva, grün, glatt, elliptisch.
Miscarriage, Kloken's, gelb, glatt, länglich.
Miss Bold, roth, haarig, rundlich.
— Gold, gelb in's Rothe fallend, reift früh.
— Hammond, weiß, wohlschmeckend.
— Meagor, Speechly's, gelb.
— Scarisbrick, weiß.
— Walton, weiß.
Miter, Simington's, gelb, haarig, rund.
Mogul, Singleton's, roth.
— Pendleton's, grün, sehr groß.
Molly, grün, haarig, rundlich.
Mongrel, roth.
Monach, roth, fast schwarz, glatt, groß, sehr süß, angenehm.
Monkey, Kloken's, weiß, haarig, elliptisch.
Morel, Kloken's, dunkelroth, Adern schwarz und weiß, kurze rothe Härchen, süß.
Moreton Lass, Piggot's, weiß.
Moorville large, roth.
Morning star, grün, glatt, birnenförmig.
Moses, Lovart's, grün, haarig, oval.
Moss wether, roth.
Mountain, grün.
Mountainew, gelb, rund, groß, wohlschmeck.

Mount pleasant, Gregory's, weiß? grün?
Mr. Rutter, gelb, reift früh.
Mr. Tupp, schwarz, lang, haarig.
Mulato, gelb, haarig, rund.
Mullion, Stanley's, gelb.
Murrey. S. Red Walnut, roth, haarig, elliptisch.
Musadel, Kloken's, grün, glatt, rund.
Muscat, grün, haarig, rund.
Musk-ball, Kloken's, weiß, haarig, rund.
Myrtle, Nixon's. S. Green Myrtle, Nixon's.
Nabob, roth, haarig, oval.
Napoleon, Saunder's gelb, glatt, oval.
— Red, roth, haarig, rundlich.
Novarino, Ward's, grün.
Nelsons Waves, Andrew's, grün, haarig, elliptisch.
Nero, Dawn's, roth, haarig, elliptisch.
—, Stafford's, gelb, glatt, rund.
Nescio, Davies, grün, haarig, rund.
Nettle, Fisher's, grün.
— green, Hopley's, grün, haarig, ellipt.
New champaign, roth.
— church, Lovart's, roth.
— Devonshire seedling, grün, haarig, oval.
— jolly Angler, grün, glatt, oval.
Nimrod, Taylor's, grün, glatt, birnenförmig.
Noble Landlady, Taylor's. S. Bonny Landlady.
Nobleman, Hopley's, grün, haarig, elliptisch.
No-bribery, Taylors's, grün, glatt, oval.
Non describe, grün, glatt, rund.
Non-pareil, Smith's. S. Green Walnut.
Non-such, Corton's, roth, haarig, rundlich
— Horrock's, roth.
— Kloken's, roth.
— Pendletons, gelb.
North Briton, gelb, rund, groß, wohlschmeck.
Northern Hero, grün, glatt, oval.
— — white, weiß, haarig, ellipt.
— Ocean, grün, glatt, rundlich.
Nutmeg (einiger). S. Raspberry.
— Brawnlie, roth, glatt, oval.
rough jam, roth.
— scotch, roth, haarig, rund.
— smooth black, roth.
Nymph, Kloken's, grün, rundlich.
Ocean, Wainman's. S. Green Ocean, Wainman's.
Old Ball, grün.
— Briton, Gooseberry.
— Dark, yellow.
— England, Rider's, roth, glatt, rundlich.
— Gold, Astley's, gelb.
— Jubilee.
— Preserver. S. Raspberry.
— rough red, roth.
— Scoth red. S. Rough Red.
Oliver Cromwell.
— Cromwells seedling.

Onston Islander, Willcock's, roth.
Oronoko, Stanley's, roth.
Oregold, Kloken's, gelb, glatt, rund.
Orland, white?
Ostrich, Billington's, weiß, haarig, birnenf.
— egg, roth.
Oswego sylvan.
— — green.
— — red.
— — yellow.
Over-all, Bratherton's, roth, haarig, ellipt.
Paragon, roth.
Pastime, Bratherton's, roth, haarig, oval.
Patrik, Worthington's, grün.
Patriot, Fisher's, roth.
Peace maker Oliver, roth, haarig, rundlich.
Peacock, Lovart's, grün, glatt, rundlich.
Pearl, weiß. Adern gelb, viele weiße Härchen, durchsichtig, sehr dünnhäutig, gut, mittelgroß, M. Jul.
Pearmain, Berlow's, gelblichgrün, an der Sommerseite meistens getüpfelt, längl., trefflich, E. Jul.
Peaver Pecker, Bell's, grün, glatt, oval.
Perfection.
— Gregory's, grün, haarig, rundl.
Philipp the First, weiß.
Pigeons egg. S. Miss Bold, weiß, haarig, oval.
Pilot, Hill's, weiß, haarig, rundlich.
Pine apple, roth, haarig, rund.
Plain long green.
Plantagenet, Down's.
Plantagenet, Edleston's, gelb, glatt, rund. / roth, glatt, rund.
— Taylor's.
Plantino, weiß.
Platina, Lovart's, weiß.
Plentiful bearer, Whiteley's (roth, haarig, rund)?
Ploughboy, Grundy's, roth, haarig, oval.
Plum, Kloken's, roth, glatt, rundlich.
Plump Bob, roth, wohlschmeckend.
Plumper, roth, haarig, rund.
Polander, Hardman's, roth.
Pomme water, Kloken's, grün, glatt, rund.
Poper Kumbellet? gelb, haarig, rundlich.
Porcupine, Henderson's. S. Irish white Raspberry, weiß, haarig, rundlich.
Port-Glasgow, Brown's, roth.
Prelat, grün, haarig, elliptisch.
Premier, roth, lang, groß, wohlschmeckend.
Pride, Jone's.
Pride of the village, rund, mittelgroß, wohlschmeckend.
Prime boy, roth, haarig, elliptisch.
Primrose, Unsworth's, (gelb?) weiß, haarig rund.
Prince Adolphus.

Prince Ernest.
— of London.
— of Hessen, gelb, glatt, elliptisch.
— of Orange, Bell's, gelb, haarig, elliptisch.
— of Walles. S. Chapman's Jolly Farmer.
— Regent, Boardman's, roth, glatt, rundlich.
— Logan's.
Princes Coronet, Kloken's, gelb, glatt, elliptisch.
Princesse Royale, Bratherton's, weiß, haarig, oval.
— Withington's, roth, haarig, rundlich.
Printer, gelb, haarig, oval.
Profit, Prophet's, grün, haarig, elliptisch.
Proud, grün, haarig, elliptisch.
Providence, Hassal's, grün, glatt, elliptisch.
Prize, Darling's, grün, glatt, elliptisch.
— White's, gelb, haarig, elliptisch.
Purple glory, Willmot's, roth.
Pryce Pryce, Bile's, roth.
Pythagoras, roth, glatt, lang.
Pythagoras, Klute's, gelb, glatt, lang.
Queen, gelb, rund, groß, wohlschmeckend.
— Oldacre's.
— Adelaide, grün, wohlschmeckend.
— Ann, Sampson's, weiß, haarig, ellipt.
— Caroline, Lovart's, weiß, glatt, rundlich.
— Charlotte, Peer's, weiß, haarig, länglich.
— Mab? Williamson's, roth, haarig, rund.
— — Hague's.
— Mary, Morris's, weiß, glatt, rundl.
— of England.
— — France.
— — Portugal.
— — Trumps, weiß.
— Vittoria.
Radical, Smith's, gelb.
Rainbow, Taylor's, grün.
Random Jack, roth, wohlschmeckend.
Ranger.
Ranny Lacon, lang, groß, wohlschmeckend.
Ranter, Waddington's, roth.
Raspberry, roth, haarig, rundlich.
— Irish white, weiß, haarig, rund.
Raspe, Richmond's, roth, haarig, rundlich.
Rat catcher, Kloken's.
Rattler, roth, rund, groß, wohlschmeckend.
Rattlesnake, Hardman's, gelb.
Recorder, Bayenham's.
Rector, Worthington's, gelb.
Red, Beaumont's, roth, haarig, rundlich.
— Bellemond, roth, glatt, rund.
— Boardman's, roth, haarig, rundlich.

Red Burgundy, Lee's.
— Button's.
— Bullfinch, Blenohorny, röthlich, rauh.
— Calderbank's, roth.
— Champagne, roth, haarig, rundlich.
— Crawod's.
— Dragoon, Kloken's, roth, haarig, rund.
— dush, roth.
Redfinch, Kloken's, roth, haarig, elliptisch.
Red globe, Ashthon's, roth, haarig, rund.
— — Kloken's.
— — Klute's, roth, rund, haarig.
— Harmy, weiß, glatt, länglich.
— Hatherton.
— hot ball, Elliot's, roth, haarig, rund.
Jagg's, roth, glatt, rundlich.
-- Joseph, roth, haarig, länglich.
— Knight, roth, rund, groß, wohlschmeck.
— Lion, Kloken's.
— — Lee's.
-- — Radclitt's, roth.
— Mather's, roth, fast ganz schwarz, birnenförmig, I. A.
— Mogul, Shole's, roth, haarig, rundlich.
— Orland, roth, glatt, rund.
— Orleans, roth, glatt, elliptisch.
— oval, large, roth, haarig, oval.
— Platt's, roth, haarig, lang.
Redress, Cranshaws's, weiß.
Red, Richmond's, roth.
— Raymond's, roth.
— rose, roth, haarig, länglich.
-- — Kloken's.
— — Pendleton's. roth, haarig, oval.
— Shelmardine's, roth, haarig, rund.
Taylor's, roth, haarig, oval.
— rough, roth, haarig, rund.
— Rover, roth.
— seedling, Willmot's, roth, haarig, länglich.
— smal-Duck rough, roth, haarig, rund.
Redsmith, roth, haarig, oval.
Red, Stakeley's, roth.
-- thick-skinned. S. Rough Red.
— top, Bradshaw's, roth, glatt, länglich.
-- Turkey (einiger). S. Red Champagne, roth, glatt, oval.
— Walnut, roth, haarig, rund.
— — Wild's, roth, glatt, länglich.
-- Warrington, roth, haarig, elliptisch.
— Welshman's, roth.
— Wolf, roth, haarig, elliptisch.
Reform, Taylor's, weiß.
Reformer, Laver's, grün, glatt, elliptisch.
Regent.
Regulator, Holt's, roth.
Prophet's, gelb, haarig, rundl.
Reine Claude, Stanley's, grün, haarig, rundlich.

Renown, rund, groß, wohlschmeckend.
Republican, Timme's, weiß.
Reveller, Ainsworth's, gelb.
Rewarder, Kloken's, roth, haarig, elliptisch.
Richmond Hill, Ward's, roth, glatt, oval.
Rifleman, Grave's, roth, lang, groß.
Leigh's, roth, haarig, rundlich.
London, grün, glatt, oval.
Ringleader, Dudson's, roth.
— Johnson's, roth, glatt, elliptisch.
Ringley Ranter, Lindley's, weiß.
Ringwood, Bell's, gelb, wohlschmeckend.
Roaring, roth.
— lion. (Farrer's) Farrow's, roth, glatt, elliptisch.
Robin Hood, Bell's, grün, haarig, ellipt.
Rob Roy, roth, haarig, oval.
Rock-getter, Sander's, weiß, glatt, ellipt.
Rock savage, roth.
Rockwood, roth, lang, groß, wohlschmeckend, reift früh.
— Prophet's, gelb, haarig, ellipt.
Rodney, Ackerley's (Ackely's), roth, haarig, oval.
Roland, roth, rund, mittelgroß.
Rose, Withington's, weiß.
Rough green.
— pink, Keen's.
purple, Keen's.
Hercules, roth.
-- red, roth, haarig, rund.
— — new.
— — small Dark, roth, haarig, rund.
— Robin, Speechly's. S. Bratherton's Huntsman.
Roger, gelb.
scarlet, hellroth.
white.
-- — early, weiß, haarig, oval.
— yellow. S. Sulphur Apollon.
Round amber, roth.
— yellow. S. Rumbullion.
Royal, Dow's.
— Anne, Yates's. S. Leigh's Rifleman.
Duke, roth, glatt, oval.
Fox's, roth, glatt, länglich.
— George, Bratherton's, roth.
— — Nixon's, grün, glatt, rundl.
— early, weiß, haarig, ellipt.
Rawlinson's, grün.
-- Gunner, Hardcastle's. S. Hardcastle's Jolly Gunner.
— Oak, roth, haarig, rundlich.
-- — , Boardman's, roth, haarig, elliptisch.
Pearson's, weiß, haarig, oval.
-- Rock Gelter, Andrew's, weiß, haarig, oval.

Royal Rock Gelter, Saunder's, weiß, haa-rig, oval.
— scarlet, roth, haarig, rundlich.
— sorrester, roth, haarig, elliptisch.
— souvereign, Hill's.
— sportsman.
— tiger.
— white, weiß, haarig, rund.
— William, roth, wohlschmeckend.
Rule alv, Nayden's, (weiß?) grün, glatt, rundlich.
Rumbullion, gelb, haarig, rundlich.
— green, grün, haarig, rund.
— white, weiß, glatt, rund.
Rung red, roth.
Russet, Wareham, roth.
Rutter, gelb, rund, groß, wohlschmeckend.
Saint David, Spronson's, grün.
— Jean de Cure.
— John, Tillotson's, roth, glatt, oval.
Sampson, gelb, glatt, elliptisch.
— Crompton's, grün.
— Kenyon's, roth.
Sandbank, roth.
Sandbath, Hague's, roth.
Saphir, Dickinson's, hellroth, getüpfelt, viele rothe Härchen, sehr wohlschmeckend.
— Kloken's, weiß, glatt, rund.
Saxon King.
Scarlet non such, Proctor's, roth, haarig, rund.
— seedling, Knight's, roth, glatt, ellipt.
— Jackson's, roth.
— transparent, roth, haarig, rundlich.
Scented Lemon, Rider's, roth, glatt, oval.
Schoolmaster, roth, haarig, elliptisch.
Scorpion, Speechly's, gelb.
Scotch Best Jam, roth, haarig, rundlich.
— rough Jam, roth.
— white lily, weiß.
Second seedling, Gill's, roth.
Seedling, Ackely's, roth.
— Adern, gelb.
— Ashton's, roth.
— Astley's, roth.
— Aston.
— Barley's, gelb.
— Bendoc's, grün, glatt, rundlich.
— Black's.
— Calderbank's, roth.
— Clarke's, roth.
— Coe's, roth.
— Crawfort's, weiß.
— Dale's, roth, haarig, rundlich,
— Darden's.
— Falmer's.
— Gill's first seedling.
— — second —
— Greeng, grün, glatt, rund.

Seedling, Hall's. S. Woodward's white-smith.
— Jackson's scarlet seedling.
— Jeffer's, grün, frühreifend.
— Jone's.
— Keen's black seedling, roth, haarig, elliptisch.
— — Warrington.
— Kloken's, roth, haarig, länglich.
— Knight's.
— Large.
— Laureshee's, grün, glatt, birnenförmig.
— Layforth's, roth.
— Lee's, weiß, glatt, rund.
— Moss's. S. Early Sulphur.
New Devonshire.
Oliver Cromwell's.
— Pollet's, roth, haarig, elliptisch.
Pope's, grün, haarig, rund.
— Ramsay's, roth, haarig, elliptisch.
— Ran's.
— Radclift's, gelb, glatt, rundlich.
— red, Wilmot's, roth, glatt, ellipt.
— Richardson's, roth, haarig, rund.
— Teltz, roth, haarig, rund.
Tillotson's, roth.
Twamblow's, roth.
— Worthington's, roth.
— York. S. Glenton green.
— Yellow.
Shakespear, Denny's, roth, haarig, rundl.
Shannon, Hopley's, grün, glatt, elliptisch.
Sheba Queen, Crompton's, weiß, haarig, oval.
Shuttle, Dudson's, gelb, glatt, birnenförmig.
Signorina, weiß.
Silver-heels, Button's, weiß, haarig, längl.
Sir Edward Pellew.
— Francis Burdet, Mellor's, roth, haarig, oval.
— J. B. Waren, Leigh's, roth.
— John, (roth?) gelb, rund, groß, wohlschmeckend.
— — Cotgrave, Bratherton's, roth, haarig, elliptisch.
— Robert Wilson, Leigh's (Revil's), roth,
— Sidney Smith. S. Woodward's White-smith? weiß, glatt, rundlich.
— Watkin, Leicester's, gelb.
— C. Wolseley, Heywood's, gelb.
Slaughterman, roth.
Slimm, Jackson's, roth, haarig, oval.
Small green, grün, haarig, rund.
— hairy, weiß und gelb.
— — green, grün, haarig, rund.
— red, roth, haarig, rund.
— — globe, roth, haarig, rund.
— rough red.
— yellow, Pope's, gelb.

Smiling Beauty, Beaumont's, grün, glatt, rundlich.
— — yellow.
— Girl, Hoslam's (Haslam's), weiß, glatt, rundlich.
— Mary, grün, glatt, elliptisch.
Smithy Ranger, Fidler and Bullock's.
Smolensko, Greaves's (Grave's), roth, glatt, elliptisch.
Smooth amber.
— early, roth, glatt, rund.
— — green, grün, rund.
— green.
— — large, grün, glatt, oval.
— red, Kloken's. S. Red Turkey, roth, glatt, elliptisch.
— scotch. S. Small Red Globe.
— white, gelb, glatt, elliptisch.
— yellow, Ransleben's, gelb, glatt, rundlich.
Smuggler, Beardsell's (Buerdsill's), gelb, glatt, rundlich.
Snow-ball, Adam's, weiß, haarig, rundlich.
Sophie, Dickenson's, weiß, haarig, rundl.
Southwell Hero, Smith's, grün.
Sovereign, gelb, reift früh.
Spanking Roger, Hume's, roth.
Sparklet, Knight's, grün, glatt, rundlich.
— , Smith's, gelb, glatt, elliptisch.
Speedwell, Taylor's, weiß, haarig, ellipt.
Sportsman, Chadwick's, roth, glatt, oval.
Spring all.
— gun, Lovart's, roth.
Squire Hammond, Lovart's, roth, haarig, rundlich.
— Haugton's, barendloe? weiß.
— Wellington.
— Whittingham, Cook's, roth.
— Whittington.
Stadtholder, roth, haarig, elliptisch.
Stampf, gelb, glatt, rund.
Statesman, Billington's, roth.
Stranger, Speechly's, roth.
Stripling, Young's, weiß, reift früh.
Striped green
— red, Willmot's, roth.
— yellow.
Sugar loaf, weiß.
Sulphur, gelb, haarig, rundlich.
— early, gelb, haarig, rundlich.
— Apollon, gelb, haarig, rundlich.
Sumpf pommewater, weiß, groß, früh.
Superb, Bile's, weiß.
— yellow, Malcolm's, gelb.
Superintendent, Billington's, gelb.
Superior, Cranshaw's, roth, rund, groß.
Supreme, Gregory's, roth.
Surprize, Cheadle's, roth.
— Walton's, grün.
— William's, gelb, haarig, birnenf.

Swan, weiß, rund, groß, wohlschmeckend.
Swans egg, weiß.
Sweet amber, weiß, haarig, rund.
— William, roth, reift spät.
Swing, gelb, lang, groß, wohlschmeckend.
Swing'em, Blackley's, roth.
— Hougton's, gelb.
Swingman, gelb.
Syringe, Stanley's, grün.
Tallyho, weiß, haarig, elliptisch.
Tantararara, Hampson's, roth, haarig, oval.
Tarragon, Bell's, roth, wohlschmeckend, reift spät.
Teazer, Prophet's, (roth?), gelb, rund, groß, wohlschmeckend.
Terrour, gelb.
Thenskind Marmor, roth, glatt, rund.
Theon, Klute's, grün.
Thrasher, Yates's, weiß, glatt, elliptisch.
Thumper, grün, glatt, elliptisch.
Tibullus, Klute's, gelb, glatt, länglich.
Tiger, Bell's, roth.
Tim Bobbin, Clegg's, gelb, glatt, elliptisch.
Tinker, roth, glatt, rund.
Tippo Saib.
Tom, Thinling's, gelb, glatt, rund.
— of Lincoln, dunkelroth, fast schwarz, rund, die Blüthe ist lang und groß, reift Mitte August.
Tompayne, Young's.
Top Marker, Saxton's, roth.
— Sawyer, Capper's, roth, haarig, ellipt.
— Trop's, gelb, glatt, oval.
Toper, Fox's, weiß, haarig, elliptisch.
— Leigh's, weiß, haarig, elliptisch.
Tradesman, roth, wohlschmeckend.
Trafalgar, Hallow's, gelb, haarig, elliptisch.
Tramp, Taylor's, grün.
Transparent, roth, haarig, elliptisch.
Travelling Queen, grün.
Trial, grün, rundlich.
Trim Bobbin, gelb.
Trimmer, roth, glatt, oval.
Triumph, Kloken's, grün, haarig, länglich.
— Rider's, grün, haarig, länglich.
Triumphant, Denny's, roth, haarig, oval.
Tromonger, roth, glatt, rund (dunkelgrün, sehr klein?).
Troubler, Moore's, grün, haarig, rundlich.
Trueman, weiß, haarig, oval.
Trumpe, grün.
Trumpeter, Entwistle's, roth.
Tryal, grün, rundlich.
Tup, Monk's, grün, glatt, rundlich.
— Siddal's, roth.
Turkey, roth, rund, groß, wohlschmeckend.
Turn out, grün, glatt, rundlich.
Twig'em, Johnson's, roth, haarig, rund.
Two pounders, roth.
— to one, Whittaker's, gelb, haarig, ellipt.

Two warrior red, roth, haarig, elliptisch.
Unicorn, Chupi's, grünlich, rund, durchsichtig, mittelgroß, sehr schmackhaft, reift sehr früh.
Unicorn, Shipley's, grün, haarig, oval.
Union, Wild's, weiß.
Upton Hero, rund, groß, wohlschmeckend.
Vanguard, Kenyon's, roth.
— Worthington's, roth.
Van Tyr, Schole's, weiß.
Vaulter, grün, haarig, rund.
Venus, Taylor's.
Vestal, Kloken's, gelb, haarig, länglich.
Victoria, weiß.
Victory, Kloken's, grün, glatt, länglich.
— Lee's, grün, glatt, länglich.
— Lomas's, roth, haarig, rundlich.
— Mather's, gelb, glatt, oval.
— Rawlinson's, roth, haarig, rund.
— Till's, gelb, haarig, rund.
Village maid, Bratherton's, grün? weiß?
Ville de Paris, Gradwell's, gelb, glatt, elliptisch.
Viper, Gorton's, gelb, glatt, birnenförmig.
Vittoria, Denny's (Dennt's?), weiß, glatt, birnenförmig.
Volunteer, Streeche's. S. Red Warrington.
— Taylor's.
Vulture, grün, glatt, birnenförmig.
Waiting maid, Grundy's, weiß.
Walnut, Black's.
— Crimson's, roth.
— green, grün, glatt, oval.
— red, roth, haarig, oval.
— white, weiß, glatt, oval.
Wandering Girl, Jackson's, weiß.
Wanton, Diggle's, weiß, glatt, rundlich.
Warminster, gelb, glatt, elliptisch.
Warrington. S. Red Warrington.
Warrior, Knight's, roth, haarig, oval.
Warwickshire Hero. S. Hallow's Trafalgar.
Washington, Coe's, gelb.
— Clayton's, grün, glatt, rundl.
Waterloo, Fisher's, weiß.
— Sydney's, grün, haarig, ellipt.
Watkin, Monk's, roth.
Waves, Watson's, gelb, lang, mittelgroß, wohlschmeckend.
Weathercock, grün.
Wellingtons Glory, Mason's, weiß, haarig, elliptisch.
Whineham Lass, weiß.
Whipper-in, Bratherton's, roth, glatt, ellipt.
White, Calderbank's, weiß.
— Damson's, weiß, glatt, rund.
— Grawood's, weiß, glatt, rund.
— Holt's, weiß, sehr rauh.
— Jackson's, weiß, glatt, rund.
— Neisd's.
— Platt's, weiß, haarig, rundlich.

White, Ploth's, weiß, haarig, lang.
— Smith's.
— Ball, Johnson's.
— Bear, Moore's, weiß, haarig, oval.
— Belmount, weiß, haarig, lang.
— Champaign. S. Champaign white.
— Champion, Mill's, weiß, glatt, birnenförmig.
— Chrystal. S. Chrystal white.
— drop, Smith's, weißgelb.
— eagle, Cook's. S. Engle, Cook's.
— early, weiß, haarig, rundlich.
— — cluster, weiß.
— Elephant, Mill's, weiß, lang.
— fig, weiß, glatt, oval.
— flower, Knight's, weiß.
— globe, Johnson's, weiß, glatt, birnenförmig.
— greate, Joye's, weiß, haarig, rund.
— green, Adam's, grün, glatt, rund.
— heart, Nixon's, weiß, haarig, herzförmig.
— Hellebore, Rider's, weiß, haarig, oval.
— Imperial, Stafford's, weiß, haarig, rundlich.
— lamb, Kloken's, weiß, haarig, ellipt.
— lily, Kloken's, weiß, glatt, oval.
— lion, Cleworth's, weiß, haarig, oval.
— — Kenyon's, weiß.
— Mogul, Mather's, weiß, glatt, rund.
— Olive, Kloken's, weiß, haarig, rundl.
— Orland, grün, haarig, lang.
— Orleans, grünlichweiß.
— Rasp, weiß, glatt, rund.
— Rock, Brundrett's, weiß, glatt, oval.
— Rose, Kloken's, weiß, glatt, rundl.
— Neil's (Nield's), weiß.
— royal, weiß.
— stag, Hague's.
— — Kloken's, weiß, glatt, oval.
— — Neild's.
— swan, weiß, reift früh.
— triumph, weiß, glatt, längl.
— walnut.
— wreen, Thorpe's, (gelb, glatt, rund?
— — Gray's, gelb, glatt, rund.
Whitesmith, (gelb?) weiß, rund, groß) wohlschmeckend.
— Woodward's, weiß, haarig, rundlich.
Wildman in the wood, Yeat's, roth.
William the 4th, roth, rund, groß, wohlschmeckend, reift spät.
Wing, Bee's, weiß.
—, Jay's, grün.
Winnings, Kloken's, gelb, glatt, birnenförm.
Winter, Wyat's, weiß, glatt, oval.
Winsham Lass, Hodgkinson's, weiß.
Wistaton green, Bratherton's.

Wistnton Hero, Bratherton's, grün, haarig, elliptisch.
— Lass, Bratherton's, (grün?) weiß.
— red.
Witwal, gelb, glatt, oval.
Wonderful, Brown's.
— Going's.
— red, roth, glatt, oval.
— Sander's, roth.
— Young's, roth.
Woodman, Redyard's, roth, haarig, elliot.
Yaxley Hero, Speechley's, roth, haarig, oval.
Yellaw Bulloorn's, gelb, haarig, oval.
Yellow, Goldsmiths.
— Kelk's, gelb, haarig, elliptisch.
— Pope's, gelb, glatt, elliptisch.
— Smith's, gelb.
— Waverham's, gelb, haarig, oval.
— ball, gelb, haarig, rundlich.
— Amber, Rawlinson's, gelb, glatt, elliptisch.
— Champaign, gelb, haarig, rundlich.

Yellow eagle.
— gage, gelb.
— John, Lee's, gelb, glatt, rundlich.
— Hornet, Williamson's, gelb, glatt, oval.
— — Bell's, gelb, haarig, rundl.
— — Taylor's, grün, glatt, oval.
— lion, Ward's, gelb, haarig, rundlich.
— lily, gelb, glatt, rundlich.
— seedling. S. Glenton Green, gelb, glatt, rund.
— Old Dark, gelb, glatt, rundlich.
— top, Bradshaw's, gelb, haarig, rundl.
— — Chapman's.
— Willow, Bell's, gelb, glatt, rundl.
— - Bratherton's, gelb.
— — Kershaw's, gelb, glatt, rundlich.
Yellowsmith, gelb, haarig, rundlich.
Yolk, gelb, glatt, rund.
Yorkshire Lad, Staniforth's, roth.
— red, roth.
Zest, Gillie's, roth.

Anhang,

die genaue Bezeichnung der Aussprache der englischen Namen der Stachelbeersorten

und

der im alphabetischen Verzeichniß vorkommenden Eigennamen für Deutsche enthaltend,

von

Dr. med. Piutti,

Arzt bei der Wasserheilanstalt in Elgersburg.

Nothwendige Bemerkungen zu nachstehender Aussprache = Tabelle.

Die langen Silben haben zweierlei Zeitmaß: ganz lang und weniger lang; erstere sind mit einem eingefügten h in der Aussprache=Tabelle bezeichnet, z. B. Leeds Lihds, auch th z. B. Fäthful ist lang; letztere, die nicht lang, sondern kürzer und rascher (auch härter) ausgesprochen werden, sind alle übrigen, ohne h geschriebenen, auch alle mit Doppellauten, z. B. Dreiver; am kürzesten jedoch von den langen Silben werden diejenigen gesprochen, bei welchen der Consonant verdoppelt ist, z. B. Forrester, Lennox. Die kurzen Silben werden im Allgemeinen sehr kurz ausgesprochen, namentlich die Endungen mit den Vokalen a, e, i und selbst eh; hier ist das h nur deßhalb angefügt, um das e etwas hörbarer zu machen, als bei den Endsilben mit e allein, wo dieses kaum hörbar und als ein unbestimmter Laut klingen muß. — Die Endsilben mit dem Apostroph ' sind streng so auszusprechen, daß man keinen Vokal hört. —

g wird stets hart ausgesprochen, wie ein weiches k.

dsh wird ganz weich ausgesprochen.

Die Aussprache des Vokal a ist verschieden. Wo es das volle deutsche a sein soll, (nur in langen Silben) ist ah gesetzt, z. B. ball, sprich bahl. Wo es ganz wie ä ausgesprochen wird, ist äh gesetzt, z. B. Flame. Flähm. In allen übrigen Fällen — bei Weitem die Mehrzahl - ist es ein Ton, der zwischen das deutsche a und ä fällt, doch zweifach, nämlich einmal mehr dem a, einmal mehr dem ä sich nähernd; hier ist in der Aussprache a oder ä gesetzt, je nachdem die Annäherung des verlangten Tones mehr nach a als ä geht, — z. B. lad, laß, und bäg, länd. Zuweilen klingt es sogar wie eh, z. B. in Lady. Lehdi.

Das englische th ist im Deutschen nicht wieder zu geben, weil sein Laut bei uns nicht existirt. Der Laut entsteht, wenn man die Zunge so weit zwischen den Zähnen vorstreckt, daß, wenn man zubisse, sie getroffen würde, in der angegebenen Lage etwas mehr als weniger gegen die Zähne, ziehe sie rasch, frei in den Mund zurück, ohne die Zahnreihen zu schließen, sondern indem die Zahnreihen wie vorher, als die Zunge dazwischen lag, getrennt stehen bleiben. Der Hauch bei der Aussprache geschieht wie bei dh.

Namen der englischen Stachelbeersorten und Aussprache.

Aaron, Aehren.
Abraham Newland, Aebrähem Njulend.
Abbatess, Abbateß.
Achilles, Achillis.
Admirable, Aedmirebl.
Admiral, Aedmirel.
Adonis, Aedonis.
Adulator, Aedjulehter.
Advance, Aedvänz.
Agasse, Agaß.
Ajax, Aehdschax.
Alchimist, Algimist.
Alass, Aeläß.
Albion, Aelbien.
Albions pride, Aelbiens preid.
Alexander the Great, Alexänder the greht.
Amazon, Ammasen.
Amber common, Amber kommen.
  — hairy,   — hähre.
  — large,   — lardsch.
  — long,   — long.
  — round,   — raund.
  — smooth,   — smuth.
  — sweet,   swiht.
  — yellow,   jelloh.
Ambush, Ambusch.
Ananas, Aenänäs.
Anchor, Aenker.
Angler, Aengler.
Annibal, Annibel.
Apollo, Aepollo.
Argus, Aerkes.
Atlas, Aetles.
Attractor, Aettracter.
Audley lass, Ahdleh laß.

Ball yellow, Bahl jelloh.
Balloon, Baluhn.
Balmura, Balmjuhr.
Bangdown, Bängdaun.
Banger, Bänger.
Bang Europe, Bäng Jurop.
Bang-up, Bäng-up.
Bank of England, Bänk aff Inglend.
Banksman, Bänksman.
Barley sugar, Barleh schukker.
Bassa, Basse.
Bear, Bähr.
Beaufremont, Bohfremont.
Beautiful Betty, Bjutiful Betti.
Beauty, Bjuti.
  — millers wife, — millers weif.
  — spot, — spot.
  — of England, — aff Inglend.
  — of Euler, — aff Euler.
  — of Orkney, — aff Orkneh.
Beggar lad, Begger lad (Becker).
Belle forme, Bell form.
Bellerophon, Bellerophon.
Belli bonne, Belli bonn.
Bellona, Bellone.
Berry Brown, Berri nohn.
Bess of Aston, Beß aff Aeten.
Betty, Betti.
Billy Dean, Bille Dihn.
Bird-lime, Bird-leim.
Black, Bläck.
  — bear, — behr.
  — bird, — börd.
  — bull, — bull.
  — cluster, — kloster.
  — diry, — deiri.

Black dragon, Bläck dräggen (bräck'n).
— eagle, — ihgl (ihl'l).
— hardy, — hehrdi.
— king, — ting.
— lady, — lehdi (wie lehde, doch nicht ganz so, der letzte Vokal ist ganz kurz zwischen i und e.
— Prince, — Prinz.
— purple, — purpel.
— ram, — rämm.
— seedling, — sihdling.
— Tom, — tomm.
— virgin, — wördschin.
— walnut, — wahlnöt.
Blackley Lion, Blackleh Leien.
Blacksmith, Blacksmith.
Blithfield, Blithfihld.
Bloodhound, Bloddhaund.
Blucher, Blühdscher.
Boggart, Boggart.
Bonny Landlady, Bonni Laudlehdi.
— Lass, — laß.
— Roger, — Rodscher.
Bottom Sawyer, Bottem Sahjur.
Braggard, Bräggerd (Bräckerd).
Bragger, Brägger (Bräcker).
Brandeel, Brändihl.
Brandy yellow, Brändi jellob.
Bright farmer, Breit farmer.
— Venus, — Bihneb.
Britannia, Britännie.
British Crown, Britisch Kraun.
— Hero, — Hiro.
— Prince, — Prinz.
— Queen, — Quihn.
Briton, Britten.
Broom Girl, Bruhm görel.
Brougham, Bruhen.
Brown Bob, Braun bobb.
Brownsmith, Braunsmith.
Bulky Dean, Bolke Dihn.
Bullfinch, Bullfinsch.
Bull-head, Bull-härt.
Bullocks heart, Bullocks haart.
Bumper, Bumper.
Bunker's Hill, Bonkers hill.

Burgoyne, Burgonn.
Butchers fancy, Butschers fänzi.
Bounapartes Glory, Bonapartis Glori.
Caesar, Sihser.
Caledonia, Kälebonie.
Canaan, Kähnään.
Canary, Känäri.
Captain red, Käpten rädd.
— white, — weit.
Cardinal, Karbinel.
Careleos Blacksmith, Kährleß.
Carneol, Karneol.
Caroline, Kärolein.
Carpenter, Karpenter.
Catherine, Katherin.
Cereus, Sireus.
Champagne green, Schampähn grihn.
— large pale, — laardsch pahl.
Change green, Dschehnsch grihn.
Charles Fox, Dscharls For.
Chassé, Dschasseh.
Chat, Dschatt.
Cheshire Boy, Dschäscher Boi.
— cheese, — dschihß.
round, — raund.
sheriff, — scherriff.
stag, — stag (staf).
China orange, Dscheine orrendsch.
Chisel, Dschissel.
— green, — grihn.
Chorister, Korrister.
Chrystal, Kristel.
— thin-skinnet, — thin skinnt.
Chyntia, Dschintie.
Citron, Sitron.
Claret, Kläret.
Cleopatra, Kleopatra.
Colonel, Körrnel.
— Tarleton, — Tahrlten.
Comforter, Komforter.
Commander, Komähnd'r.
Companion, Kompännien.
Competitor, Kompetiter.
Confeet, Konfect.
Conquering Hero, Konkering Hiro.
Conqueror, Konferer.
Coronation, Koronzschen.

Cornwallis, Kornwellis.

Cossae, Koffäl.

Cottage Girl, Kottedsch Görrl.

Counsellor Brougham, Kaunseler Bruhm.

Countess of Errol, Kauntess aff Errol.

Country lass, Könntri laß.

Cousin John, Kußn Dschonn.

Crafty, Krafti.

Crown Bob, Kraun Bobb.

— Regent, — Rihdschent.

Cucumber, Kjukumber.

Cygnet, Signet.

Czar, Sahr.

Damson, Damsen.

Dante, Dänte.

Danton, Danton.

Date, Däht.

Dark red, large. Dark redd, lardsch.

Defiance, Defeienz.

Delight, Deleit.

Derbishire's Privateer, Derbischnes Preiwetihr.

Diamond, Deimond.

Diane, Deiana.

Diogenes, Deiodschinis.

Doctor Syntax, Docter Sintax.

Dolphin, Dolphin.

Dome of Lincoln. Dohm aff Linken.

Don Cossac. Don Koffäl.

Double bearing. Dubbl bähring.

Dowe, Dau.

Downy yellow, Dauni jelloh.

Dragon, Draggon.

Drap d'or, Drap dohr.

Dreadnought, Drednaht.

Driver, Dreiwer.

Drop, Drop.

— of Gold, — aff Gohld.

Drum Major, Drum Mähdscher.

Dublin, Dubblin.

Duck Wing, Dock wing.

Dudley and Ward. Dodleh and Waard.

Duke of Bedford, Djuhk aff Bedford.

— — Clarance, — — Klarrenz.

— — Kent, — — Kent.

— — Lancaster. — — Lankaster.

— — Leeds, — — Lihds.

Duke of Waterloo, Djuhk aff Wahderluh.

— — York, — — Jork.

— William, — Williem.

Dumpling, Dompling.

Duster, Doster.

Dusty Miller, Dosti Miller.

Eagle, Ihg'l (Ihk'l).

Earl Chatham], Achrl Dschattem.

Grosvenor, — Krovener.

— of Derby, — aff Derbi.

Early black, Aehrli black.

— brown, — braun.

rough red, — roff rädd.

— sulphur, sulfer.

Echo, Ecko.

Eclipse, Iklips.

Egyptian, Idschipschen.

Elector, Electer.

Electoral Crown, Eletterel Kraun.

Elephant, Elefend (Elef'nd).

Elijah, Eleidsche.

Elisha, Eleischa.

Elisabeth, Elisebeth.

Emerald, Emmerelt.

Emperor, Emperer.

Empress, Empreß.

Emy, Emmi.

Englands Glory, Inglends glori (glohri).

Evergreen, Ewwergrihn.

Excellent, Exzellent.

Extra white, Extra weit.

Fair Helen, Fähr Hellen.

— play, — pläh.

— Rosamond, — Rossemond.

Faithful, Fäthful.

Fallow-buck, Fallo=buck.

Famous, Fähmes.

Fancy, Fänzi.

— ball, — bahl.

Farmer, Farmer.

— glory, — glori.

Favorit, Fähverit.

Fearfull, Fihrfull.

Ferd. the 4th., F. the forth.

Festival, Festivel.

Fiddler, Fiddler.

Fig, Fig.

Fiery-ball, Feiri bahl.

Fine Spaniard, Fein Spannjerd.
Fire Ball, Feir bahl.
First rate, First räht.
Flame, Flähm.
Fleur de Lis, Flöhr de Lih.
Flora, Flore.
Floramour, Floramuhr.
Flos Adonis, Floß Adenis.
Flower of Chester, Flaur aff Dschester.
Flowing Bowl, Flowing Bohl.
Fly, Flei.
Forester, Forrester.
Forward, Forward.
Foundling, Faundling.
Fowler, Fauler.
Fox-grave, Fox-gräf.
Foxhunter, Foxhunter.
Foxwhelp, Foxhelp.
Freebearer, Fribbährer.
Freecost, Fribkohst.
Freedom, Frihdom.
Freeholder, Fribhohlder.
Friend ned, Freund nädd.
Fudler, Foddler.
Full-mond (Full-moon), Full-muhn.
Gage, Gähdsch.
Gascoigne, Gaskoin.
General Carlton, Dschener'l Karlt'n.
— Hutchinson, — Hutschinson.
— Lennox, — Lennox.
— Wolff, — Wulff.
Gently green, Gentli (G hart) grihn.
Georg Lamb, Dschoredsch Lamm.
George IV., — the forth.
Germings, Dschermings.
Gibraltar, Dschibralt'r.
Gilt-head, Gilt-hädd.
Glader, Gläder.
Glass-globe, Glaß-globb.
Gleaner, Glihner.
Glenton green, Glent'n grihn.
Glide, Gleid.
Globe, Globb.
— large red, — lahrdsch rädd.
Glorious, Glories.
Glory, Glori.
— of Kingston, — aff Kingst'n.
— of Oldham, — aff Ohldh'm.

Glory of Scarisdale, Glori aff Skährsdähl.
— — the East, — — Ihst.
— — — West, — — West.
Goldenball, Gohldenbahl.
— bees, — bihs.
— bull, — bull.
— chain, — dschähn.
— champion, — dschampien.
— drop, — dropp.
— fleece, — flihs.
— gourd, — gurtt.
— griffin, — griffin.
— lemon, — lemm'n.
— medal, — mädd'l.
— orange, — errändsch.
— orb, — erb.
— purse, — purrs.
— scepter, — sept'r.
— seal, — sihl.
— sovereign, — sowwerän.
— wedge, — wehdsch.
— wren, — ränn.
Goldfinch, Gohldfintsch.
Goldfinder, Gohldfeind'r.
Goldsmith, Gohldsmith.
Goliath, Goleieth.
Gooseberry, Guhsbürri.
Gore-belly, Gohr-belli.
Governess, Gowwerneß.
Governor, Gowwerner.
Grand-duke, Grand-djuhk.
— Turk, Turk.
Valent, - Valent.
Vicar, - Vicker.
Great Alexander, Greht Aleränder.
— Britain, — Britten.
— Briton, - Britt'n.
— captain, — Käpten.
— chance, — dschänz.
— mogul, — mogul.
— Tup, Topp.
Greedy, Grihde.
Green, Grihn.
— Anchor, — Ank'r.
— Bag, — bäg.
— balsam, — bahm.
— chancellor, — dschanzell'r.
— Dorrington, — Dorringt'n.

Green Gage, Grihn gähtſch.
— gascoign, — geßlein.
— goose, guhß.
— gros berry, greh bärri.
— Joseph, — Dſchoſeph.
— Isle, — Eil.
— Laurel, — Lorrel.
— lined, leind.
— margill, margill.
— martle, mart'l.
— meadok, — mäddel (?)
 mättew.
— mountain, maunten.
— myrtle, mirt'l.
— non such, neu ſotſch.
— oak, ohk.
— plover, plowwer.
— plum, plumm.
— prolific, — proliſik.
— River, Riwwer.
— sugar, ſchugg'r (ſchuck'r).
— transparent, — tranßpärent.
— vale, wähl.
— velvet, wälwet.
— willow, — willoh.
Greenwood, Grihnwud.
Grey, Gräh.
Guido, Gihdo.
Gunner, Gunner.
Hairy amber, Hähri amb'r.
Hamadryada, Hamadreiet.
Hangsman, Hängßman.
Haphazard, Haphaſſerd.
Hardy, Hahrde.
Hare in the bush, Hähr in the buſch.
Hatherton red, Hathert'n rädd.
Haller, Haller.
Heart, Hahrt.
Hector, Häkt'r.
Hedgehog, Hedſchog.
Herald, Härreld.
Hercul club (?) Hercules club, Hebb.
Hercules, Härkiules.
Hero, Hiro.
Heroine, Herroin.
Hibernias glory, Hibernieß glori.
Highland, Heiländ.
Highlander, Heiländer.

High Sheriff, Hei Scherriff.
— — of Lancashire, off Lan-
 keſch'r.
Highwayman, Henwähman.
Hit or miss, Hitt or miß.
Honey, Honneh.
Honour of Tick Hill, Onner aff Tick
 neill.
Hony-apple, Henni-app'l.
 comb, — kohm.
Hulsworth, Helsworth.
Huntingdon Lass, Houtingb'n Laß.
Huntsman, Hontßman.
Huntz (?), Honß. (?)
Husbandman, Hußbendman.
imperiel long p., Impiriel.
inconparehle, Inkompäräbl.
independent, Independent.
industry, Induſtri.
invincible, Inwinzibl.
Ironmonger, Eiernmonger.
Ironsides, Eiernſeidß.
Jack-pudding, Dſchäk-pudding.
Jacob-thurst, (? thirst) Dſchäkob-thirſt.
Jay wing, Dſchäh wing.
Jeanny-wreen (?) wren, Dſchinne rænn.
Jewel, Dſchuel.
Jingler, Dſchingler.
John Bull, Dſchonn Bull.
Johnny lad, Dſchonne lad.
Joke, Dſchohk.
Jolly, Dſcholle.
Jolly Angler, Dſcholle Angler.
— butcher, butſcher.
— crispin, — krißpin.
— crafter, — krafter.
— cutter, — kutter.
— farmer, — farmer.
— fellow, — fälleh.
— gardener, — gahrdener.
— gipsey, — Dſchipſe.
— gunner, — gonner.
— hatter, — hatter.
— miner, — meiner.
— nailer, — nähler.
— painter, — pähnter.
— pavier, — pävier.
— printer, — printer.

Jolly red nose, Dscholle râdd nohß.
— sailor, — sähler.
— smoaker, — smohker.
— soldier, — sohldscher.
— tar, — tahr.
— toper, — toper.
Jubilee, Dschubilih.
Jupiter, Dschupit'r.
Justicia, Dschustischia.
Keepsake, Kihpsähk.
Kilton, Kilt'n.
King, King.
Kingly admiral, Kingle Aedmiräl.
Kookwood (?), Kuhkwood.
Lady, Lehdi.
— Delamere, Lehdi Delamihr.
— Houghton, — Haut'n.
— Lilford, — Lilford.
— Mainwaring, — Mähnwähring.
— of the Manor, — aff the Mauner.
— Stanley, — Stauleh.
Lamb, Lämm.
Lancashire farmer, Lankäsch'r farmer.
Lancaster lass, Läukäster laß.
Lancer, Lauser.
Landlady, Ländlehde.
Langley green, Längleh grihn.
Large amber, Lahrdsch amber.
— damson, — damf'n.
— golden drop — gohlden drop.
— heavy crown — häffi kraun.
— paunch — pohndsch.
— red oval, — rädd ohval.
— smooth green, — smuth grihn.
— Thomson — Thomf'n.
Late damson, Läht Damf'n.
Laurel, Lorrel.
Leader, Lihder.
Lemon, Lömmen.
Liberator, Liberehter.
Liberty, Libberte.
Light green, Leit grihn.
Lilly of the valley, Lille off the wälledsch.
Lily, Lille.
Lincolnshire tup, Link'nscher tup.
Lion, Leien.
Lioness, Leieneß.
Lions provider, Leiens proveider.

Little Johann, Littel Dschohan.
— John, — Dschonn.
— red hairy — rädd hähre.
Levely green, Leivele grihn.
Lizard, Lifferd.
Loat-star, Loht=stahr.
Lobster, Lobster.
Lombardy, Lomberde.
London the heaviest, London the hävieft.
Long ambre, Long (ambra) amber.
Longwaist, Longwehft.
Lord Bridford, Lohrd Briddford.
— Byron, — Beir'n.
— Clifton, — Klift'n.
— Clive, — Kleif.
— Combermere, — Kombermihr.
— Crew, — Kruh.
— Douglas, — Doglas.
— Hood, — Huud.
— Nelson, — Nälf'n.
— — monument, Lohrd Nälf'n monjument.
Spencer's favorit, Lohrd Spänzers fäverit.
— Suffield, Lohrd Soffihld.
— Valentia, — Balenzia.
— Wellington, — Wällingtou.
Lottery, Lotteri.
Louis XVI., Luis the sirtihndth.
Lovely Anne, Lovele Aenn.
— Jane, — Dschähn.
Lucelle, Lusell.
Lucks-all, Löcks=ahl.
Macclesfield lass, Maklsfihld laß.
Magistrate, Madschisträt.
Magnum bonum, Magnum bonum.
Maid of the mill, Mähd aff the mill.
Major, Mädscher.
Malkin wood, Malkin wuhd.
Marchioness of Downshire, Mahrt=schoneß aff Daunscher.
Marigold, Märigohld.
Marksman, Markßman.
Marquis of Rockingham, Marquis aff Rockinghem.
— — Stafford, Stafford.
Master-piece, Master=pihß.

Master tup, Master tup.
— Wolfe, — wulf.
(Mathless, Mathleß. ?) Matchless, Mat-
schleß (unvergleichlich, unerreicht.)
Mate, Mäht.
Medal, Meddel.
Melon, Mellon.
Mercury, Märkjure.
Merry lass, Märri laß.
Merryman, Märriman.
Midas, Meides.
Midsummer, Midsummer.
Mignonette, Minjonet.
Milkmaid, Milkmähd.
Minerva, Minerve.
Miscarriage, Mißkärridsch.
Miss Bold, Miß Bold.
— Hammond, — Hammond.
— Meagor, — Mißjur.
— Scarisbrick, — Skärrisbrick.
— Walton, Wahlt'n.
Mongrel, Mongrel.
Monkey, Monkeh.
Morel, Morrel.
Moorville, Muhrvill.
Morning star, Morning stahr.
Moses, Moses.
Mountain, Maunten.
Mountainer, (?) Mauntenihr.
Mount pleasant, Mnunt pleffent.
Mr. Rutter, Mister Rötter.
— Tupp, — Topp.
Mullion, Mollien.
Murrey, Morreh.
Musadel, Moskadell.
Musk-ball, Mosk-bahl.
Myrtle, Mirrtl.
Navarino, Navarino.
Nelsons waves, Nälsens wav's.
Nero, Niro.
Nescio, Näscie.
Nettlegreen, Nättelgrihn.
New champaign, Nju schampähn.
— church, — dschördsch. •
— Devonshire, — Dövvunscher.
— jolly angler, — dscholly angler.
Nimrod, Nimrod.
Noble Landlady, Nohb'l Landlehdi.

Nobleman, Nohb'lman.
No-bribery, No-breibere.
Non describe, Non deskreib.
— parail, Nonparell.
— such, — sötsch.
North Briton, North Britten.
Nutmeg Brawnlie, Notmäg Braunlie.
— rough jam, — roff dschamm.
— scotch, — skotsch.
— smooth black, — smuhth bläck.
Nymph, Nimph.
Ocean, Ohsch'n.
Old Ball, Ohld bahl.
— dark, — dark.
— England, — Ingland.
Oliver Cromwell, Olliver Kromwell.
— peace maker, pihs mäker.
Onston Islander, Onst'n Eiländer.
Oronoko, Oronoko.
Oregold, Ohrgohld.
Ostrich, Ostridsch.
— egg, — ägg (äht).
Oswego sylvan, Oswigo silven.
Over-all, Over-ahl.
Paragon, Paragon.
Pastime, Pasteim.
Patrik, Patrik.
Patriot, Patriot.
Perfection, Perfekschen.
Philipp I., Phillip the first.
Pigeons egg, Pidschens ägg.
Pilot, Peilot.
Pine apple, Pein app'l.
Plantino, Plantino.
Platina, Platina.
Plentiful bearer, Pläntiful bärer.
Ploughboy, Plauboi.
Plum, Plomm.
Plumper, Plomper.
Polander, Pohländer.
Pomme water, Pomm wahter.
Porcupine, Porkjupein.
Port-Glascow, Port-Glaskoh.
Premier, Premier.
Pride, Preid.
— of the village, Preid aff the Vil-
lädsch.
Prime boy, Preim boi.

Primrose, Primrohs.
Prince Adolphus, Prinz Adolphus.
— Ernest, — Aernest.
— of Orange, — aff Orrändsch.
— — Wallis, — — Wales
(Wähls).
— Regent, — Rihdschent.
Princes Coronet, Prinzeß Korrnet.
Princesse Royale, Prinzeß Reyäl.
Printer, Printer.
Profit, Proffit.
Providence, Providenz.
Prize, Preis.
Purple glory, Pörp'l glori.
Pryce Pryce, Preis Preis.
Pythagoras, Pithagoras.
Queen, Quihn.
— Adelaide, Quihn Adelet.
— Anne, Ann.
— Caroline, — Kärolein.
— Charlotte, — Scharlott.
— Mary, — Mähri.
— of France, — aff Fränz.
— — Portugal, — — Portjugal.
— — Trumps, — — Trumps.
— Vittoria, — Wittorie.
Radical, Radikel.
Rainbow, Rähnboh.
Random sack, Random dschack.
Ranger, Rehndscher.
Ranny Lacon, Ranni Läk'n.
Raspberry, Rahsbärri.
Raspe, Rähsp.
Rat catchar, Rat kätscher.
Rattler, Rattler.
Rattlesnake, Rattelsnähk.
Recorder, Rikorder.
Rector, Räkter.
Red Champagne, Rädd Schampähn.
— Dragoon, — Drägnhn.
— dush, (?) — dusch.
— globe, — glohb.
— Harmy, — Harme.
— hot ball, — hot bahl.
— knight, — neit.
— Orleans, — Orleens.
— oval, — ohvel.
— rough, — roff.

Red Turkey, Rädd Törsch.
Reformer, Reformer.
Regalator, Regjulehter.
Renown, Rinaun.
Republican, Repoblifen.
Reveller, Reveler.
Rewarder, Rewahrder.
Richmond, Ridschmond.
Rifleman, Reif'lman.
Ringleader, Ringlihder.
Ringley Ranter, Ringle Ranter.
Ringwood, Ringwuhd.
Roaring, Rohring.
Robin Hood, Robbin Huhd.
Rob Roy, Rob Roi.
Rock-getter, Rock-getter.
— savage, — sawwidsch.
Rockwood? Rockwuhd (Ruhlrenht).
Rodney, Roddneh.
Roland, Rohlend.
Rough, Roff.
— purple, Roff pörp'l.
— scarlet, — skarlet.
Round amber, Raund amber.
Royal, Reijel.
— George, — Dschohrdsch.
— Gunner (?) — Genner (Gunner).
— oak, — ohk.
— sorrester, — sorrester (?).
— souvereign, — somwerän.
— sportsman, — spohrtsman.
— tiger, — teiger (teihter).
Rule al (?), Ruhl ahl (?).
Rumbullion, Rumbullien.
Saint David, Sähnt Dävid.
— Jean d'Are — Dschähn dark.
Sally painter, Salli pähnter.
Sampson, Samsen.
Sandbath, Sändbath.
Saxon king, Sären king.
Scarlet non such, Skärlet non sötsch.
— transparent, — transpährent.
Scented lemon, Sönted lämmen.
Schoolmaster, Skuhlmester.
Scotch best jam, Skotsch best dschamm.
Seedling, Sihdling.
— large, — lahrdsch.
— Lawresher, — Lahrascher.

Shakespeare, Schäffspihr.
Shannon, Schannon.
Signorina, Sinjoreine.
Silver-heels, Silver-hihls.
Sir John Cotgrave, Sörr Dschonn Kot-gräf.
— C. Wolseley. — C. Wuhlslch.
Slaughterman, Slahtermen.
Small rough red, Smahl roff redd.
Smiling beauty, Smeiling bjuti.
Smithy Ranger, Smithe Rehndscher.
Smolensko, Smolensko.
Smuggler, Smuggler.
Snow-ball, Snoh-bahl.
Southwell Hero, Santhwell Hiro.
Sovereign, Sovverän.
Spanking Roger, Spänking Rohdscher.
Sparklet, Sparklet.
Speedwell, Spihdwell.
Squire Haugton's, Squeir Haht'ns (?).
Stadtholder, Stadthohlder.
Statesman, Stähtsman.
Stripling, Strippling.
Striped green, Streipd grihn.
Sugar loaf, Schugger lohf (loof).
Superintendent, Superintendent.
Superior, Supirier.
Supreme, Suprihm.
Surprize, Sürpreis.
Swan, Swann.
Syringe, Sirrindsch.
Tarragon, Tarragon.
Teacook, (?) Tihkähk (Teacake, Thee-kuchen).
Teazer, Tihser.
Theon, Thion.
Thrasher, Thrascher.
Tiger, Teiger (Teihker).
Tompagne, Tompähn.
Top Sawyer, Top Sahjer.
Tradesman, Trädsman.
Transparent, Transpährent.
Travelling Queen, Travveling quihn.
Trial, Treiel.
Triumph, Treiumph.
Triumphant, Treiumphant.
Troubler, Trubbler.
Trouman, Truhmen.

Trumpe (?), Trump.
Trumpeter, Trumpeter.
Tup, Tup.
Turkey, Törkeh.
Turnout, Törnaut.
Two pounders, Tuh paunders.
— to one, — tu wann.
— warrior, wahrier.
Unicorn, Innikorn.
Union, Junien.
Upton Hero, Upton Hiro.
Vanguard, Vangahrd.
Van Tyr, Vann Teir.
Venus, Vihnes.
Vestal, Västel.
Victory, Victori.
Village maid, Villedsch mahd.
Viper, Veiper.
Vittoria, Vittorie.
Volunteer, Voluntihr.
Waiting maid, Wehding mähd.
Walnut, Wahlnut.
Wandering girl, Wandering görrl.
Wanton, Wanten.
Warminster, Wahrminster.
Warrington, Warringtön.
Warrior, Wahrier.
Warwickshire Hero, Warwickscher Hiro.
Washington, Waschingtön.
Waterloo, Wahterluh.
Watkin, Watkin.
Waves, Wehvs.
Weathercock, Wätherkock.
Wellingtons Glory, Wällingtens Glori.
Whincham, Weinham.
Whipper-in, Wipper-in.
White Crystal, Weit Krystel.
— early, — ährle.
— flower, — flauer.
— greate (?) great, Weit greht.
— heart, Weit haart.
— Hellebore, — Höllebohr.
— Imperial, — Impiriel.
— land, — länn.
— lily, — lille.
— Olive, — Olliv.
— Orland, — Orländ.
— Orleans, — Orleens.

White rasp, Weit raßp.
— stag, — ſtåg (ſtåhf).
— swan. — ſwann.
— triumph. — treiumph.
— wren, — ränn.
Wildman in the wood, Weiltman in the wuhd.
Wing, Wing.
Winnings, Winnings.
Winter, Winter.

Windsham lass, Windſchem laß.
Wistaton. Wiſtåten.
Wonderful. Wonderful.
Woodman, Wuhdman.
Yaxley, Järl.
Yellow gage, Jålloh gådſch.
— hornet. — horrnet.
— willow, — willoh.
Yorkshire lod, — Jorkſcher lad.
Zest, Säßt.

Eigennamen.

Acherley, Aedſcherleh.
Achely, Aeckele.
Adam, Aedåm.
Adern, Adern.
Ainsworth, Aehusworth.
Allan, Allen.
Allcock, Ahlkock.
Allen, Allen.
Ambersley, Ambersleh.
Andrew, Aendruh.
Anson, Aenſ'n.
Ashton, Aeſchten.
Astlet, Aeſtlet.
Astley, Aeſtleh.
Aston, Aſton.
Astrong, Aſtrong.
Audley, Ahdleh.
Baker, Bähler.
Bamford, Bamford.
Bang. Bang.
Bangdown, Bangdaun.
Banger, Banger.
Barclay, Barkleh.
Barley, Barleh.
Barton, Bart'n.
Bates, Bäht's.
Bayenham, Bah'nh'm (Bahnem).
Beardsell, Bihrdſell.
Beaumont, Bohmont.
Bell, Böll.

Bellmont, Böllmont.
Bendoc, Bondof.
Berlow, Bärloh.
Berry, Bärri.
Biggs, Biggs.
Billington, Billingtön.
Bile, Beil.
Black, Bläck.
Blackley, Bläckleh.
Blenohorny, Blenohorne.
Blomeley, Bluhmleh.
Blomerley, Blommerleh.
Boardman, Bohrdman.
Boote, Buht.
Bowman, Bohman.
Bradshaw, Brädſchah.
Bratherton, Bräthert'n.
Brigg, Brigg.
Bromley, Bromleh.
Brough, Brau.
Brown, Braun.
Brownlie, Braunli.
Brundit, Brundit.
Brundrett, Brundrett.
Brundritt, Brundritt.
Buerdsill, Buhrdſill.
Bunker, Bonker.
Budford, Budford.
Burgoyne, Burgoin.
Butcher, Butſcher.

Button, Bott'n.
Calderbank, Kahlberbänk.
Capper, Kapper.
Cartenden, Kartenden.
Carthington, Kahrthingtön.
Castler, Kästler.
Catlow, Katloh.
Caton, Käht'n.
Chadwik, Dschatwick.
Chapman, Dschappman.
Cheadle, Dschid'l.
Cheetham, Dschihthem.
Chipendale, Dschippendähl.
Chupis, Dschupis.
Clarke, Klark.
Clegg, Klägg.
Cleworth, Klihworth.
Clyton, Kleit'n.
Coe, Koh.
Colclough, Kolklau.
Collier, Kollier.
Collin, Kollin.
Compton, Kumton.
Cook, Kunk.
Cope, Koop.
Costerdine, Kosterdihn.
Cowsel, Kohsel.
Cranshaw, Kranschah.
Crawod, Krahwud.
Creding, Krihding.
Creping, Krihping.
Crimson, Krims'n.
Crompton, Krumton.
Dakin, Däkin.
Dale, Dähl.
Damson, Dams'n.
Darling, Dahrling.
Davis, Dehvis.
Davies, Dehvies.
Denny, Dänne.
Denut, Denut.
Derby, Därbi.
Dickinson, Dickius'n.
Diggles, Diggels.
Dixon, Dix'n.
Dow, Dau.
Down, Daun.
Dudson, Dods'n.

Eckerley, Eckerle.
Eckersley, Eckersle.
Eden, Ihden.
Edwards, Eddwards.
Eggleston, Egglest'n.
Elgin, Elgin.
Elliot, Elliot.
Entwistle, Entwißl.
Falurner, Falorner.
Farrow, Farro.
Pennyhaugh, Fännihah.
Fenton, Fänt'n.
Fish, Fisch.
Fisher, Fischer.
Forbes, Forbs.
Forester, Forrester.
Forsith, Forseith.
Foster, Foster.
Fox, Fox.
Gaskell, Gaskell.
Gerrard, Gerrard.
Gerriot, Gerriot.
Gibston, Gibst'n.
Gill, Gill.
Gillie, Gilli.
Going, Going.
Gradwell, Gradwell.
Grange, Grähnsch.
Gorton, Gort'n.
Grave, Gräf.
Grawood, Grahwuhd.
Greaves, Grihves.
Greeny, Grihne.
Greenbalgh, Grihnhah.
Gregory, Gregori.
Grimstone, Grimstön.
Grundy, Grundi.
Hague, Hägh (Hähl).
Hall, Hahl.
Hallow, Hallo.
Halmon, Hahlmon.
Hamlet, Hämlet.
Hampson, Hams'n.
Hardcastle, Hahrtkästl.
Hardman, Hahrdman.
Harrison, Härris'n.
Hartshorn, Hartshorn.
Haslam, Haslam.

Neist, Nihst.
Nield, Nield.
Niven, Niwwen.
Nixon, Nix'n.
Nutt, Nött.
Nuts, Nöts.
Oliver, Olliver.
Openshaw, Openschah.
Parkinson, Parkins'n.
Part, Pahrt.
Pearson, Pihrs'n.
Peat, Piht.
Peer, Pihr.
Pendleton, Pändelt'n.
Perring, Pärring.
Perth, Pärth.
Piggot, Piggot.
Pitmaston, Pitmast'n.
Platt, Platt.
Ploth, Ploth.
Pollet, Pollet.
Pope, Pohp.
Proctor, Procter.
Prophet, Prophet.
Proudman, Proudman.
Raffold, Raffod.
Ramsay, Ramseh.
Random, Random.
Ransleben, Ransleben.
Ratcliff, Rätkliff.
Rawlinson, Rahlins'n.
Rawson, Rahs'n.
Raymond, Rähmond.
Read, Riht.
Redfort, Rädfort.
Redyard, Räddiard.
Reeve, Rihf.
Richardson, Ritscherds'n.
Rider, Reider.
Rigsby, Rigöbi.
Rival, Reivel.
Robinson, Robbins'n.
Rothwell, Rothwell.
Sabine, Sabbin.
Sampson, Samsen.
Sander, Sänder.
Sandifor, Sändifor.
Sandiford, Sändiford.

Saunder, Sahnder.
Saxton, Särt'n.
Schole, Skohl.
Sharple, Scharpel.
Sharret, Schärret.
Shaw, Schah.
Shelmardine, Schälmardin.
Shipley, Schipleh.
Siddal, Sibb'l.
Siddon, Sibb'n.
Singleton, Singelt'n.
Smith, Smith.
Speechley, Spihschleh.
Speechly, Spihschle.
Spronson, Spronf'n.
Stafford, Stafford.
Staniforth, Stanniforth.
Stanley, Stanleh.
Stapleton, Stäpelt'n.
Streeche, Strihbsch.
Stringer, Stringer.
Stuart, Stjuart.
Stukeley, Stjukele.
Sydney, Sibbneh.
Tartlow, Tartloh.
Taylor, Tähler.
Telty, Tälty.
Thenskind, Thänskind.
Thinling, Thinling.
Thompson, Toms'n.
Thorpe, Thorp.
Till, Till.
Tillotson, Tillots'n.
Timme, Timm.
Trop, Trop.
Twamblow, Twammbleh.
Tyrer, Teirer.
Union, Junien.
Unsworth, Onsworth.
Viner, Veiner.
Waddington, Waddingt'n.
Wainman, Wähnman.
Walker, Wahker.
Wals, Wahls. (?)
Walton, Wahlt'n.
Wanton, Want'n.
Ward, Wahrd.
Ware, Währ.

Warcham, Währham.
Warrington, Warringt'n.
Watson, Watf'u.
Waverham, Wäverham.
Weedbam, Wihdam.
Weldon, Wäld'n.
Welshman, Wälfchman.
White, Weit.
Whiteley, Weitleh.
Whitmore, Wittmohr.
Whittaker, Wittäker.
Whitton, Witt'n.
Wild, Weild.
Willcock, Willkeck.
William, William.
Williamson, Willjemf'u.
Wilmot, Wilmot.

Winning, Winning.
Winsham, Winnfchem.
Wilhington, Withingt'n.
Witley, Witleh.
Wood, Wuhd.
Woodward, Wuhdwahrd.
Worthington, Worthingt'u.
Wright, Reit.
Wrigley, Riggleh.
Wyat, Weict.
Yaxley, Järleh.
Yearsley, Jihröleh.
Yates, Jäht's.
Yeats, Jiht's.
Young, Jong.
York, Jork.

www.ingramcontent.com/pod-product-compliance
Lightning Source LLC
Chambersburg PA
CBHW021522210326
41599CB00012B/1355

* 9 7 8 3 9 5 7 0 0 2 3 2 7 *